JN176613

元素の

周期＼族	1	2	3	4	5	6	7	8	9
1	1 H 水素 1.00784~ 1.00811								
2	3 Li リチウム 6.938~ 6.997	4 Be ベリリウム 9.0121831							
3	11 Na ナトリウム 22.98976928	12 Mg マグネシウム 24.304~ 24.307							
4	19 K カリウム 39.0983	20 Ca カルシウム 40.078	21 Sc スカンジウム 44.955908	22 Ti チタン 47.867	23 V バナジウム 50.9415	24 Cr クロム 51.9961	25 Mn マンガン 54.938044	26 Fe 鉄 55.845	27 C コバルト 58.93319
5	37 Rb ルビジウム 85.4678	38 Sr ストロンチウム 87.62	39 Y イットリウム 88.90584	40 Zr ジルコニウム 91.224	41 Nb ニオブ 92.90637	42 Mo モリブデン 95.95	43 Tc* テクネチウム (99)	44 Ru ルテニウム 101.07	45 R ロジウム 102.9055
6	55 Cs セシウム 132.90545196	56 Ba バリウム 137.327	57~71 ランタノイド	72 Hf ハフニウム 178.49	73 Ta タンタル 180.94788	74 W タングステン 183.84	75 Re レニウム 186.207	76 Os オスミウム 190.23	77 Ir イリジウ 192.217
7	87 Fr* フランシウム (223)	88 Ra* ラジウム (226)	89~103 アクチノイド	104 Rf* ラザホージウム (267)	105 Db* ドブニウム (268)	106 Sg* シーボーギウム (271)	107 Bh* ボーリウム (272)	108 Hs* ハッシウム (277)	109 Mt マイトネリウ (276)

原子番号	元素記号[注1]
元素名	
原子量(2017)[注2]	

ランタノイド	57 La ランタン 138.90547	58 Ce セリウム 140.116	59 Pr プラセオジム 140.90766	60 Nd ネオジム 144.242	61 Pm* プロメチウム (145)	62 Sm サマリウム 150.36	63 Eu ユウロピウ 151.964
アクチノイド	89 Ac* アクチニウム (227)	90 Th* トリウム 232.0377	91 Pa* プロトアクチニウム 231.03588	92 U* ウラン 238.02891	93 Np* ネプツニウム (237)	94 Pu* プルトニウム (239)	95 An アメリシウ (243)

注１：元素記号の右肩の*はその元素には安定同位体が存在しないことを示す。
Pa，U については天然で特定の同位体組成を示すので原子量が与えられる
注２：この周期表には最新の原子量「原子量表（2017）」が示されている。原子
数の安定同位体が存在し，その組成が天然において大きく変動するため単
数値の最後の桁にある。

備考：原子番号104番以降の超アクチノイドの周期表の位置は暫定的である。

©2017 日本化学会　原子量専門委員会

周期表(2017)

10	11	12	13	14	15	16	17	18	族／周期
								2 He ヘリウム 4.002602	1
			5 B ホウ素 10.806~ 10.821	6 C 炭素 12.0096~ 12.0116	7 N 窒素 14.00643~ 14.00728	8 O 酸素 15.99903~ 15.99977	9 F フッ素 18.998403163	10 Ne ネオン 20.1797	2
			13 Al アルミニウム 26.9815385	14 Si ケイ素 28.084~ 28.086	15 P リン 30.973761998	16 S 硫黄 32.059~ 32.076	17 Cl 塩素 35.446~ 35.457	18 Ar アルゴン 39.948	3
Ni ッケル 8.6934	29 Cu 銅 63.546	30 Zn 亜鉛 65.38	31 Ga ガリウム 69.723	32 Ge ゲルマニウム 72.630	33 As ヒ素 74.921595	34 Se セレン 78.971	35 Br 臭素 79.901~ 79.907	36 Kr クリプトン 83.798	4
Pd ラジウム 06.42	47 Ag 銀 107.8682	48 Cd カドミウム 112.414	49 In インジウム 114.818	50 Sn スズ 118.710	51 Sb アンチモン 121.760	52 Te テルル 127.60	53 I ヨウ素 126.90447	54 Xe キセノン 131.293	5
Pt 白金 95.084	79 Au 金 196.966569	80 Hg 水銀 200.592	81 Tl タリウム 204.382~ 204.385	82 Pb 鉛 207.2	83 Bi* ビスマス 208.98040	84 Po* ポロニウム (210)	85 At* アスタチン (210)	86 Rn* ラドン (222)	6
0 Ds* ムスタチウム (281)	111 Rg* レントゲニウム (280)	112 Cn* コペルニシウム (285)	113 Nh* ニホニウム (278)	114 Fl* フレロビウム (289)	115 Mc* モスコビウム (289)	116 Lv* リバモリウム (293)	117 Ts* テネシン (293)	118 Og* オガネソン (294)	7

Gd リニウム 57.25	65 Tb テルビウム 158.92535	66 Dy ジスプロシウム 162.500	67 Ho ホルミウム 164.93033	68 Er エルビウム 167.259	69 Tm ツリウム 168.93422	70 Yb イッテルビウム 173.045	71 Lu ルテチウム 174.9668
Cm* ュリウム (247)	97 Bk* バークリウム (247)	98 Cf* カリホルニウム (252)	99 Es* アインスタイニウム (252)	100 Fm* フェルミウム (257)	101 Md* メンデレビウム (258)	102 No* ノーベリウム (259)	103 Lr* ローレンシウム (262)

ような元素については放射性同位体の質量数の一例を（　）内に示した。ただし，Bi，Th，

単一の数値あるいは変動範囲で示されている。原子量が範囲で示されている12元素には複
数値で原子量が与えられない。その他の72元素については，原子量の不確かさは示された

基礎分析化学

小熊幸一
酒井忠雄
[編著]

石田康行
井村久則
梅村知也
大堺利行
北川慎也
椎木 弘
手嶋紀雄
長岡 勉
波多宣子
平山直紀
[著]

朝倉書店

編著者

小熊幸一　千葉大学名誉教授

酒井忠雄　愛知工業大学名誉教授

執筆者（五十音順）

石田康行　中部大学　応用生物学部　教授

井村久則　金沢大学　理工研究域　教授

梅村知也　東京薬科大学　生命科学部　教授

大堺利行　神戸大学大学院　理学研究科　准教授

北川慎也　名古屋工業大学大学院　工学研究科　准教授

椎木　弘　大阪府立大学大学院　工学研究科　准教授

手嶋紀雄　愛知工業大学　工学部　教授

長岡　勉　大阪府立大学大学院　工学研究科　教授

波多宣子　富山大学大学院　理工学研究部　准教授

平山直紀　東邦大学　理学部　教授

はじめに

朝倉書店の「基本化学シリーズ」の7「基礎分析化学」は，1997年3月に初版が発刊されて以来好評を博し，2013年6月には第15刷が刊行された．しかし，近年の科学技術の著しい進歩に対応するため，内容の見直しを行い，次のように改訂することとなった．すなわち，5章では分離・濃縮技術とし最近注目されている固相抽出を取り上げ，6章では各種クロマトグラフィーに加えて電気泳動を紹介し，さらに9章として新しい分野である生物学的分析を追加した．

本書は，大学学部の低学年生を対象とした定量分析化学の教科書として利用されることを意図しており，執筆にあたっては基本的なことをわかりやすく記述するように心がけた．

容量分析と重量分析は，進展著しい機器分析法が分離分析技術として重要視されている中においても，化学平衡に基づく信頼できる方法として認識されている．また，これらの古典的な分析技術は，機器分析における検量線用標準液の調製法として重要な位置を占めているので，原理を中心に詳しく記述した．代表的な分離技術である液－液抽出と固相抽出は，環境試料や高純度材料などの微量成分分析において，測定機器の感度と選択性を補う必要不可欠な前処理技術である．そのため，両抽出の具体的な応用面を中心に紹介した．

各種のクロマトグラフィーは，汎用性の高い技術として認識され広範な領域で適用されているが，電気泳動を加えて，基礎および新しい分離技術を詳しく記述した．光分析では，古くから広く普及し，なじみ深い吸光光度分析と蛍光光度分析をはじめとして，原子吸光分析および誘導結合プラズマ発光分析の基礎と分子および元素の分析例を示した．電気化学分析は実用分析に利用されているが，代表的な手法の基本原理を詳しく解説した．

近年，バイオ化学に関する学術進展が著しく，分析化学においての学術的寄与が大きいことを配慮し，ここでは，バイオアッセイ，イムノアッセイ，バイオセンサを取り上げ，その基礎と応用について記述した．

なお，構造解析に関する機器分析法やマイクロ技術・高感度センサなどについては，紙数の関係で割愛した．

本書が分析化学の教科書として，あるいは参考書として学生諸君のお役に立てば幸いである.

終わりに，本書の刊行にあたってご尽力頂いた朝倉書店の編集部にお礼を申しあげる.

2015 年 2 月

編　著　者

目　　次

第1章
分析化学の基礎知識

1.1 分析化学とは

化学は，物質の性質や物質間の反応などを研究する自然科学の一部門である．その化学の一分野である「分析化学（analytical chemistry）」は，どのようなことをするのであろうか．

日常生活における「分析」という言葉は，物事をいくつかの要素に分け，その要素・成分・構成などを明らかにすることを意味する．一方，化学における分析は，内容によって大きく2つに分けることができる．その1つは，注目した物質が何であるかを明らかにすることであり，これを「定性分析（qualitative analysis）」と呼ぶ．もう1つは，注目した物質の量（または濃度）を測定することであり，これを「定量分析（quantitative analysis）」と呼ぶ．一般に，定性分析が先に行われ，それに続いて定量分析が行われる．その理由は，物質が何であるかがわかって，初めてその量を測定する方法を決めることができるからである．分析化学は，このような定性分析と定量分析の「方法」およびその方法の基礎となる「理論」を研究する化学の分野である．

化学の学習の初期に体験する炎色反応は，アルカリ金属イオンなどを含む溶液を白金線につけ，ガスバーナーの炎にかざし，炎についた色によって金属イオンの種類を判定するものであり，代表的な定性分析である．その炎の色の濃さから白金線につけた溶液中の金属イオン濃度の濃い，薄いが判断できる．この肉眼での判断は個人差があり正確ではないが，定量分析の原点といえる．炎の色のもとになっている光の波長を知り，その光の強度を機器で測定すれば，元素の濃度が精密に測定できる．

各元素や化合物の定量分析は，1960年代まで溶液内反応に基づく滴定，重量分析，吸光分析などの湿式化学分析（wet chemical analysis）が主に用いられていた．その後，原子スペクトル分析，X線分析，質量分析などの機器分析（instrumental analysis）が進歩し，極低濃度あるいは極微量の測定が可能となってきている．定性分析においても機器の利用が進み，とくに有機化合物の膨大な物性値がデータベース化され，試料が既知化合物のどれと同一化合物であるかを確かめる（この操作を同定という）ことが容易になっている．

また，最近の傾向として，生物化学的な作用を利用する分析法が，医療診断と関連して活発に研究されている．さらに，元素の生体への影響は，その元素がどのような化合物あるいは酸化状態で存在するかによって著しく異なる．例えば，クロムの毒性は原子価によって大きく異なり，問題なのは強い酸化性の6価クロムを含むクロム酸や二クロム酸の塩類であるため，化学種別に濃度（量）を測定することの重要性が認識されるようになった．このような分析はスペシエーション分析（speciation analysis）と呼ばれ，環境科学の研究には欠かせないものとなっている．

近年，新機能を持つ工業材料の研究や医療診断などの過程では，目的成分の分布に関する情報が必要となり，検出した成分を2次元表示する技術も開発されている．2次元表示されたものはマップ（map）と呼ばれる．

分析化学は，物質の同定と測定を主目的とすることから，化学の基礎であるとよくいわれる．他方，分析化学は，上記のように，化学の他分野はもちろんのこと，物理学，生物学などの応用という側面も持っている．したがって，分析化学は化学全般を担っていると同時に，化学の他分野および周辺領域によって支えられているともいえる．

[小熊　幸一]

1.2　定量分析の手順

1.2.1　分析法の選択

分析の対象とその目的が定まると，目的成分の定量方法を含む分析法を選択し，具体的な操作や手順を考えることになる．このとき，入手できる分析試料の形状と量，試料に含まれる目的成分量（濃度）によって，また，定量すべき成分の数と求められる定量の精度と正確さ，さらには，簡便・迅速性，利用できる機器や設備などによっても選択可能な分析法が制限される．

試料が固体の場合には，そのまま分析（非破壊分析）が可能なこともある．例えば，PM2.5などのエアロゾルの元素分析では，試料をフィルターに採取後，蛍光X線分析や荷電粒子励起X線分析，放射化分析などの非破壊多元素同時分析法が用いられる．しかし，一般には固体試料を溶解あるいは分解して，溶液にして分析される．その理由は，溶液は均一であり，次のような操作が容易であるからである．①分取や分注，②希釈および濃縮，③中和，錯形成，酸化還元などの化学反応の制御，④沈殿，溶媒抽出，イオン交換，固相抽出などの化学分離，⑤標準溶液の調製，⑥機器への導入，⑦内標準法や標準添加法の適用．

溶液の分析法には，重量分析，容量分析（滴定）をはじめとして，吸光光度分析，原子吸光分析，ICP発光分析，ICP質量分析などのスペクトロメトリーや，フローインジェクション法，各種クロマトグラフィー，キャピラリー電気泳動法などの複合分析法など，様々な方法があり，分析法の選択に当たっては，それらの基礎知識が不可欠である．

1.2.2 試料の採取と調製

分析の対象と目的に応じた試料の採取と調製法が必要である．例えば，工業製品の品質保証のための分析では，大量生産されたロットから，いかに平均的な試料を採取するかが重要であり，試料が固体の場合には，粉砕によって微粉化して均一な分析試料を調製する．また，大気，水，土壌，動植物などの環境試料や，血液や生体組織などの生体試料の場合には，気体，液体，固体の適切な採取法を用いて，分析目的に合致した代表的な試料を採取する必要があり，定量目的成分によって試料の調製法は異なる．いずれの場合にも，試料採取から調製にわたって，試料の変質と汚染には細心の注意を払わなければならない．

1.2.3 試料の溶解・分解

固体試料の溶液化は，分析の前処理の中で最も重要で，かつ，問題も生じやすい操作である．一般に固体試料の溶解あるいは分解の試薬として，①水や有機溶媒，②酸，③塩基，④酸性融剤，⑤塩基性融剤，が用いられる．②として塩酸，硝酸，硫酸，過塩素酸，フッ化水素酸などが，また，③として水酸化アルカリ，アンモニア水や水酸化テトラメチルアンモニウムなどが，試料の特性に応じて使用される．④と⑤は①～③では溶解・分解が困難な難溶性酸化物やケイ酸塩などの融解に用いられる．これらの前処理過程で注意すべき点は，試薬，容器，周辺雰囲気からの汚染を最小限にすることと，目的成分の吸着，揮散による損失を防ぐことである．

1.2.4 目的成分の前分離・濃縮

微量の目的成分の測定において，試料中のマトリックス成分が妨害となることは珍しいことではない．また，試料中の目的成分濃度が低すぎて，測定できないこともある．このような場合には，目的成分を試料マトリックスから分離し，また必要に応じて濃縮する必要がある．この目的に用いられる化学分離法として，液－液抽出，固相抽出，イオン交換，蒸留などがある．

1.2.5 目的成分の測定

測定は定量分析の核心部分であり，目的成分に対する感度と選択性，必要な精確さを満たす方法でなければならない．重量分析，滴定，電量分析，同位体希釈分析は，検量線を必要としない絶対定量法であるが，それら以外の機器分析は検量線を用いる比較法である．定量の正確さを高める方法として，内標準法や標準添加法がしばしば用いられる.

1.2.6　濃度計算および結果の評価

検量線によって得られた定量値と空試験値（試料を用いずに同一操作によって得た定量値）から，分析した試料中の目的成分量を計算し，試料の秤量値あるいは体積から，その成分の濃度を計算することができる．分析操作には多くの不確かさの要因があり，普通は3〜5回の定量を行って，その平均を計算するとともに，標準偏差によって不確かさを評価する（1.5参照）．また，用いた分析法の定量限界と検出限界を計算し，得られた分析値が分析目的を満たすものかどうか評価する.

1.3　単位と物理量

長さ，質量，時間などの物理量は，数値と単位の積で表される.

$$\text{物理量} = \text{数値} \times \text{単位}$$

化学と関連分野においては，国際純正・応用化学連合（International Union of Pure and Applied Chemistry；IUPAC）が中心となり，世界共通のルールとして国際単位系 International System of Units（SI）に基づいて物理量を表すことが推奨されている（日本化学会，2009, 2010)．SIには，7つの基本物理量とそれらの基本単位がある（表1.1)．物理量の記号は，ローマ字あるいはギリシャ文字のアルファベットで表され，イタリック体（斜体）で書かれる．一方，単位はローマン体（立体）で書かれ，省略記号ピリオドなどを付けてはならない．例えば，基本物理量の1つである長さは，記号 l で表され，その単位はメートルと称し記号 m で表される．東京スカイツリーの高さ（長さ）は，$l = 634\ \mathrm{m}$ と表され，その数値は $l/\mathrm{m} = 634$ と書かれる.

表1.1の7つの基本物理量は次のように定義されている.

表1.1　SI基本単位の名称と記号

物理量	物理量の記号	SI単位の名称	SI単位の記号
長さ length	l	メートル metre	m
質量 mass	m	キログラム kilogram	kg
時間 time	t	秒 second	s
電流 electric current	I	アンペア ampere	A
熱力学温度 thermodynamic temperature	T	ケルビン kelvin	K
光度 luminous intensity	I_v	カンデラ candela	cd
物質量 amount of substance	n	モル mole	mol

長さ　1 s の 299 792 458 分の 1 の時間に，光が真空中を伝わる行程の長さを 1 m とする．

質量　パリ郊外にある国際度量衡局に保管されている Ir–Pt 合金製の国際キログラム原器の質量を 1 kg とする．

時間　^{133}Cs 原子の基底状態の 2 つの超微細構造準位間の遷移にともなう放射の周期を 9 192 631 770 倍した時間を 1 s とする．

電流　無限に小さい円形断面積を有する無限に長い 2 本の直線導体を，真空中に 1 m の間隔で平行に配置し，それらに一定の電流を通じたとき，その導体間に 1 m 当たり 2×10^{-7} N の力を生じさせる電流を 1 A とする．

温度　水の三重点を表す熱力学的温度の 1/273.16 を 1 K とする．

光度　周波数 540×10^{12} Hz の光（波長約 555 nm）を放出し，1 sr（ステラジアンと読み，立体角の単位を表す）当たり 1/683 W のエネルギーを放出する光源の光度を 1 cd とする．

物質量　0.012 kg の ^{12}C に含まれる炭素原子と同数の要素粒子を含む系の物質の量を 1 mol とする．ただし，要素粒子とは原子，分子，イオン，電子，そのほかの粒子またはこれらの集合体で，それが明確に特定されていなければならない．例えば，「窒素の物質量」は誤りで「N_2 分子の物質量」と特定しなければならない．また，物質量とほかの物理量との関係は次のようになる．1 mol の NO_2 は，Avogadro（アボガドロ）定数 N_A 個の NO_2 分子を含み，その質量は 0.046 01 kg である．1 mol の電子は 6.022×10^{23} 個の電子であり，5.485×10^{-4} g の質量をもつ．

すべての物理量の単位は，いくつかの基本単位の積・商で表され，1 以外の数値の係数が入らないようになっている．表 1.2 に固有の名称を持つ SI 組立単位を示すが，次元 1（無次元）のラジアンとステラジアン以外は基本単位の掛け算または割り算で導かれており，それぞれの物理量の定義あるいは誘導方法がわかる．表 1.3 に化学で重要なそのほかの単位を示す．単位が 1 と書かれているときは，無次元量であることを示す．

SI 単位の 10 進の倍量あるいは分量を表すのに，表 1.4 の接頭語が用いられる．その際，接頭語の記号はローマン体で書き，接頭語と単位記号との間にはスペースを入れない．また，接頭語を単独で用いたり，複数の接頭語を併用してはならない．接頭語を付けた単位記号は，1 つの新しい記号と見なされる．例えば，

$$1\ \mathrm{cm}^3 = (0.01\ \mathrm{m})^3 = 10^{-6}\ \mathrm{m}^3$$

$$1\ \mu\mathrm{s}^{-1} = (10^{-6}\ \mathrm{s})^{-1} = 10^6\ \mathrm{s}^{-1}$$

$$1\ \mathrm{mmol\ dm}^{-3} = 1\ \mathrm{mol\ m}^{-3}$$

表1.2　固有の名称と記号を持つSI組立単位

物理量	SI単位の名称	SI単位の記号	SI基本単位による表現
周波数，振動数 frequency	ヘルツ hertz	Hz	s^{-1}
力 force	ニュートン newton	N	$m\ kg\ s^{-2}$
圧力 pressure	パスカル pascal	Pa	$m^{-1}\ kg\ s^{-2}$ $(=N\ m^{-2})$
エネルギー，仕事，熱量 energy, work, heat	ジュール joule	J	$m^2\ kg\ s^{-2}$ $(=N\ m=Pa\ m^3)$
仕事率 power	ワット watt	W	$m^2\ kg\ s^{-3}$ $(=J\ s^{-1})$
電荷，電気量 electric charge	クーロン coulomb	C	$A\ s$
電位差，起電力 electric potential	ボルト volt	V	$m^2\ kg\ s^{-3}\ A^{-1}$ $(=J\ C^{-1})$
電気抵抗 electric resistance	オーム ohm	Ω	$m^2\ kg\ s^{-3}\ A^{-2}$ $(=V\ A^{-1})$
電気容量 electric capacitance	ファラド farad	F	$m^{-2}\ kg^{-1}\ s^4\ A^2$ $(=C\ V^{-1})$
コンダクタンス electric conductance	ジーメンス siemens	S	$m^{-2}\ kg^{-1}\ s^3\ A^2$ $(=\Omega^{-1})$
磁束 magnetic flux	ウェーバ weber	Wb	$m^2\ kg\ s^{-2}\ A^{-1}$ $(=V\ s)$
磁束密度 magnetic flux density	テスラ tesla	T	$kg\ s^{-2}\ A^{-1}$ $(=V\ s\ m^{-2})$
インダクタンス inductance	ヘンリー henry	H	$m^2\ kg\ s^{-2}\ A^{-2}$ $(=V\ A^{-1}\ s)$
セルシウス温度* Celsius temperature	セルシウス度 degree Celsius	℃	K
光束 luminous flux	ルーメン lumen	lm	$cd\ sr=cd$
照度 illuminance	ルクス lux	lx	$lm\ m^{-2}=cd\ m^{-2}$
核種の放射能 activity	ベクレル becquerel	Bq	s^{-1}
吸収線量，カーマ absorbed dose, kerma	グレイ gray	Gy	$m^2\ s^{-2}$ $(=J\ kg^{-1})$
線量当量 dose equivalent	シーベルト sievert	Sv	$m^2\ s^{-2}$ $(=J\ kg^{-1})$
平面角 plane angle	ラジアン radian	rad	$m\ m^{-1}=1$
立体角 solid angle	ステラジアン steradian	sr	$m^2\ m^{-2}=1$
酵素活性，触媒活性 catalytic activity	カタール katal	kat	$mol\ s^{-1}$

＊　セルシウス温度 t は，$t/℃ = T/K - 273.15$ で定義される．

以上のSI単位のほかに，今後も適当な文脈の中であれば，SIと併用できる単位として表1.5に挙げた非SI単位がある．一方，表1.6の非SI単位は，主に古い文献で使われているが，やむを得ず使用する場合には，SI単位に基づく定義も与えることが望ましい．

表1.3 そのほかの物理量のSI組立単位の例

物理量	SI基本単位による表現
面積 area	m^2
体積 volume	m^3
波数 wavenumber	m^{-1}
速度 velocity	$m\ s^{-1}$
加速度 acceleration	$m\ s^{-2}$
密度 density	$kg\ m^{-3}$
アボガドロ定数 Avogadro constant	mol^{-1}
相対原子質量（原子量） relative atomic mass (atomic weight)	1
質量分率 mass fraction	1
体積分率 volume fraction	1
モル分率 mole fraction	1
質量濃度 mass concentration	$kg\ m^{-3}$
数濃度 number concentration	m^{-3}
質量モル濃度 molality	$mol\ kg^{-1}$
モル濃度 molarity	$mol\ dm^{-3}$
電場の強さ electric field strength	$V\ m^{-1}$
電気双極子モーメント electric dipole moment	$C\ m$
伝導率（電導率）conductivity	$S\ m^{-1}$
（相対）活量（活動度） (relative) activity	1
モル吸光係数 molar absorption coefficient	$m^2\ mol^{-1}$
拡散係数 diffusion coefficient	$m^2\ s^{-1}$
粘性率 viscosity	$Pa\ s$ $(=N\ s\ m^{-2})$

表1.4 SI接頭語

倍数	接頭語		記号	倍数	接頭語		記号
10^{-1}	デシ	deci	d	10	デカ	deca	da
10^{-2}	センチ	centi	c	10^2	ヘクト	hecto	h
10^{-3}	ミリ	milli	m	10^3	キロ	kilo	k
10^{-6}	マイクロ	micro	μ	10^6	メガ	mega	M
10^{-9}	ナノ	nano	n	10^9	ギガ	giga	G
10^{-12}	ピコ	pico	p	10^{12}	テラ	tera	T
10^{-15}	フェムト	femto	f	10^{15}	ペタ	peta	P
10^{-18}	アト	atto	a	10^{18}	エクサ	exa	E
10^{-21}	ゼプト	zepto	z	10^{21}	ゼタ	zetta	Z
10^{-24}	ヨクト	yocto	y	10^{24}	ヨタ	yotta	Y

表1.5　SI 単位と併用することが認められている非 SI 単位

物理量	単位の名称	単位の記号	SI 単位による値
時間 time	分 minute	min	60 s
時間 time	時 hour	h	3600 s
時間 time	日 day	d	86400 s
体積 volume	リットル litre	L, l	10^{-3} m^3
質量 mass	トン tonne	t	10^3 kg
平面角 plane angle	度 degree	°, deg	(π/180) rad
エネルギー energy	電子ボルト electronvolt	eV	$1.602\,18\times10^{-19}$ J
質量 mass	ダルトン，統一原子質量単位 dalton, unified atomic mass unit	Da, u	$1.660\,54\times10^{-27}$ kg
長さ length	海里 nautical mile	M	1852 m
	天文単位 astronomical unit	ua	$1.495\,98\times10^{11}$ m

表1.6　そのほかの非 SI 単位

物理量	単位の名称	単位の記号	SI 単位による値
長さ length	オングストローム ångström	Å	10^{-10}m
力 force	ダイン dyne	dyn	10^{-5} N
圧力 pressure	標準大気圧 standard atmosphere	atm	101 325 Pa
	トル torr (mmHg)	Torr	133.322 (=101 325/760) Pa
エネルギー energy	エルグ erg	erg	10^{-7} J
	熱化学カロリー calorie	cal	4.184 J
磁束密度 magnetic flux density	ガウス gauss	G	10^{-4} T
電気双極子モーメント electric dipole moment	デバイ debye	D	$3.335\,64\times10^{-30}$ C m
粘性率 dynamic viscosity	ポアズ poise	P	10^{-1} Pa s
動粘性率 kinematic viscosity	ストークス stokes	St	10^{-4} m^2 s^{-1}

1.4　溶液の濃度

溶液内の化学反応および平衡は，反応に関わる溶質の濃度によって規定される．また，例えば，滴定によって目的成分を定量するには，反応物の当量関係を把握し，溶液の濃度と体積から物質量を計算する必要がある．濃度には様々な表現方法があるが，目的に応じて最適のものを用いなければならない．様々な濃度の表し方と単位，用語，記号をまとめる．

1.4.1 モル濃度（molarity, amount concentration）

物質量濃度とも呼ばれ，溶液 $1\,\mathrm{dm}^3$（$=1\,\mathrm{L}$）中の溶質の物質量で表される．$V\,\mathrm{cm}^3$（$=V\,\mathrm{mL}$）の溶液に n_B mol の溶質 B が溶けているとき，

$$c_\mathrm{B} = [\mathrm{B}] = \frac{1000\,n_\mathrm{B}}{V}$$

と記される．単位は $\mathrm{mol\,dm^{-3}}$ であり，$\mathrm{mol\,L^{-1}}$ や，場合によっては慣用の M の使用も許されている．溶液の体積は簡単に量れて便利なため，最もよく用いられるが，温度の変化によって体積が変わり，濃度も変化することを忘れてはならない．20 ℃以外の温度でガラス測容器を使用する際の温度補正の方法が知られている．

1.4.2 質量モル濃度（molality）

溶媒 1 kg 中に溶解している溶質の物質量で表される．溶媒 W_A g に溶質 n_B mol が溶解しているとき

$$m_\mathrm{B} = \frac{1000\,n_\mathrm{B}}{W_\mathrm{A}}$$

と記され，単位は $\mathrm{mol\,kg^{-1}}$ である．溶液の温度には影響されない．

1.4.3 モル分率（mole fraction）

溶液の全成分の物質量の総和に対する，ある成分の物質量の割合であり，成分 A，B いずれが溶媒，溶質であっても構わない．溶媒 A（n_A mol）と溶質 B（n_B mol）からなる溶液の B のモル分率 x_B は，次のように記され，単位は無次元である．

$$x_\mathrm{B} = \frac{n_\mathrm{B}}{n_\mathrm{A} + n_\mathrm{B}}$$

百分率で表すときは，%(mole) あるいは%(mole/mole) と表記する

1.4.4 質量パーセント（mass percent, percentage by mass）

溶液の質量 $(W_\mathrm{A} + W_\mathrm{B})$ に対する溶質 B の質量 W_B の割合である質量分率（mass fraction）を百分率で表したものである．

$$\%(\mathrm{m/m}) = \frac{100\,W_\mathrm{B}}{W_\mathrm{A} + W_\mathrm{B}}$$

%(mass/mass)，mass%あるいは慣用の%(w/w) も用いられ，単位は無次元である．

1.4.5 超微量物質の濃度を表すのに用いられる質量分率の慣用単位

ppm（parts per million）；　$1\,\mathrm{ppm} = 1\,\mathrm{mg\,kg^{-1}} = 1\,\mathrm{\mu g\,g^{-1}}$

ppb（parts per billion）；　$1\,\mathrm{ppb} = 1\,\mathrm{\mu g\,kg^{-1}} = 1\,\mathrm{ng\,g^{-1}}$

ppt (parts per trillion)；　$1\,\mathrm{ppt} = 1\,\mathrm{ng\,kg^{-1}} = 1\,\mathrm{pg\,g^{-1}}$

1.4.6　容量パーセント（volume percent, percentage by volume）

溶液の体積 $(V_A + V_B)$ に対する溶質Bの体積 V_B の割合である体積分率（volume fraction）を百分率で表したものである．

$$\%(\mathrm{v/v}) = \frac{100\,V_B}{V_A + V_B}$$

vol%とも書かれ，単位は無次元である．

1.4.7　質量／容量パーセント（percent mass/volume）

溶液 $V\,\mathrm{cm^3}$ に，溶質 W_B g が溶けているとき，次のように記され，

$$\%(\mathrm{w/v}) = \frac{100\,W_B}{V}$$

$1\% = 10\,\mathrm{g\,L^{-1}} = 0.01\,\mathrm{g\,mL^{-1}}$ である．

1.4.8　対数（指数）表示（exponent）

桁数の異なる小さな数値を取り扱うのに便利な表記法である．本書では，10を底とする常用対数を log と表記する．自然対数は ln とする．

$$\mathrm{pX} = -\log X$$

代表的なものに $\mathrm{pH} = -\log a_{\mathrm{H^+}}$ がある．ここで，$a_{\mathrm{H^+}}$ は水素イオン活量である．対数値であることから有効数字には注意を要する．例えば，pH＝6.86の有効数字は小数点以下の2桁である．

1.5　分析データの評価

得られた定量値の信頼性（reliability）を示すには，統計的な取扱いが必要となる．分析の誤差には，測定値の真の値からのかたよりを表す系統誤差（systematic error）と，ばらつきを表す偶然誤差（random error）がある．定量値のかたよりの程度は真度（trueness）あるいは正確さ（accuracy）と呼ばれ，かたよりの原因が明らかな場合には補正することができる．一方，ばらつきの程度は精度（precision）と呼ばれ，一般に標準偏差（standard deviation）によって表される．近年，国際的な取組みにより，真度と精度を合わせた概念として精確さ（accuracy）が，また，誤差に代わる概念として不確かさ（uncertainty）が用いられるようになってきた．不確かさは標準偏差で表され，分析操作において，その要因ごとに推定された標準偏差を用いて求められる．精度についても，同一条件下で連続測定によって得られる併行精度あるいは繰

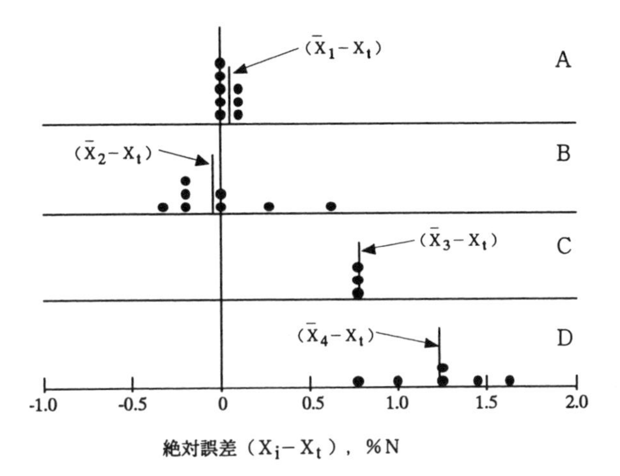

図 1.1　測定データの正確さと精度
$\bar{X}_1$～$\bar{X}_4$ はそれぞれ分析者 A ～ D の測定データの平均値，X_t は真値を表す.

返し精度（repeatability），条件を変えて測定したときの室内再現精度（intermediate precision），測定法なども異なる室間再現精度（reproducibility）に区分される.

定量値を評価するのに最も簡便でよい方法は，分析試料の組成に類似した認証標準物質（certified reference material）を，同じ分析法を用いて同一の手順で分析することである．標準物質の成分含量は最も信頼できる分析法で決定され，国の計量標準制度のもと認証されており，得られた定量値を認証値と比較することによって，真度や精度が評価できる.

図 1.1 に，真度（正確さ）と精度の概念を示す．横軸は個々の測定値と真の値との差を表す絶対誤差を，縦軸はその度数（頻度）を表している．A は真度，精度ともに高く，B は真度は高いが精度は低い．一方，C は真度は低いが精度が高く，D は精度，真度ともに低い.

具体的なデータ処理方法を挙げてみよう．測定を n 回繰り返して得られた測定値 x_1, x_2, ⋯, x_n から定量値を得るのに，平均（mean）と，測定のばらつきの尺度として標準偏差が計算される.

1.5.1　平　　均　　$\bar{x}$

$$\bar{x} = \frac{x_1 + x_2 + \cdots + x_n}{n} \tag{1.1}$$

$\bar{x}$ は測定回数が多くなるにつれて真の値 μ に近づく.

1.5.2 標本標準偏差 s

単に標準偏差とも呼ばれ，n が有限で μ がわからないときに用いられる．

$$s = \sqrt{\frac{\sum_{i=1}^{n}(x_i - \bar{x})^2}{n-1}} \tag{1.2}$$

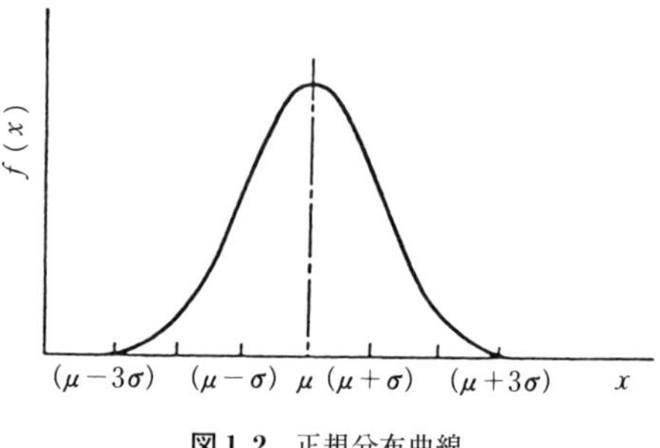

図 1.2 正規分布曲線

得られた定量値は，$\bar{x} \pm s$ と記し，必ず n の値も $n=5$ などと明記する．また，$100\,s/\bar{x}$ を相対標準偏差（relative standard deviation；RSD）あるいは変動係数（coefficient of variation；CV）と呼び，定量結果の精度の比較に便利である．なお，s は n が十分に大きくなれば，次の母標準偏差と同じになる．

1.5.3 母標準偏差 σ

測定回数 n が限りなく大きいとき，データの組は母集団と呼ばれ，図 1.2 に示すようにデータの集団は正規分布となる．系統誤差が無視できるとき母集団の平均（母平均）は μ となり，σ は次式から算出される．

$$\sigma = \sqrt{\frac{\sum_{i=1}^{n}(x_i - \mu)^2}{n}} \tag{1.3}$$

ここで，σ は標準偏差（母標準偏差）であり，$\mu \pm \sigma$ の範囲に入るデータは全データの 68.26%，$\mu \pm 2\sigma$ で 95.44%，$\mu \pm 3\sigma$ では 99.73% となる．

1.5.4 有効数字と数値の丸め方

測定によって得られた数値の何桁までが確実で，どの桁に不確かさがあるかを示すのが有効数字（significant figure）の考え方である．現在でも，アナログ目盛の器具が数多く使われており，測定の際には最小目盛の 1/10 まで目分量で読み取るのが原則である．したがって，測定値の最後（最小）の桁に必ず不確かさが入ることになる．デジタルデータも同様で，得られた数値の最も小さな桁に不確かさがあり，その桁を含めて有効数字とする．測定値の四則演算における有効数字の取扱いは知っておくべきである．加減算の場合は，最後の有効数字の位が最も高い数値に合わせる．また，乗除算の場合は，有効数字の最も少ない数値に有効数字の桁数を合わせる．次に計算例を示す．

$$235.0 + 1.79(= 236.79) = 236.8 \quad （小数第1位まで）$$
$$235 + 1.79(= 236.79) = 237 \quad （1の位まで）$$

表 1.7 Q 値

n	$Q_{0.90}$	$Q_{0.95}$
3	0.941	0.970
4	0.765	0.829
5	0.642	0.710
6	0.560	0.625
7	0.507	0.568
8	0.468	0.526
9	0.437	0.493
10	0.412	0.466

表 1.8 Grubbs 検定の $g(n, \alpha)$ 値

n	$g(n, 0.05)$	$g(n, 0.01)$
3	1.153	1.155
4	1.463	1.492
5	1.672	1.749
6	1.822	1.944
7	1.938	2.097
8	2.032	2.221
9	2.110	2.323
10	2.176	2.410

$$1.50\times6.987(=10.4805)=10.5 \qquad (3\text{ 桁})$$
$$1.5\times6.987(=10.4805)=1.0\times10 \qquad (2\text{ 桁})$$

数値は普通，四捨五入によってまるめる．このとき，最後の桁の5を常に切り上げると，明らかに値のかたよりが生じる．そこで，5を四捨五入して得られた数値の最後の桁の数字が，常に偶数となるようにすることが推奨されている．例えば，有効数字が2桁のとき，2.55は2.6に，2.45は2.4にまるめる．

1.5.5 異常値の棄却検定

測定で得られた数値は，何があろうと意図的に操作してはならない．これは，最も基本的な科学者倫理である．ほかの値から異常にかけ離れたデータがあり，それについて実験上の誤りや記載の誤りなどが明らかな場合には棄却してよい．しかし，単に疑わしい場合には，そのデータが棄却できるかどうか，統計に基づいて検定しなければならない．

統計的な棄却検定方法として，次のようなものが知られている．ただし，これらの検定を繰り返して複数の値を棄却してはならない．

① Q テスト

$Q=|$疑わしい値 − 最近接値$|$/(最大値 − 最小値) を計算し，表1.7の $Q_{0.90}$（90%の信頼限界）や $Q_{0.95}$（95%の信頼限界）値よりも大きいときに，疑わしい値は棄却できる．

② Grubbs の棄却検定法

$g_0=|$疑わしい値 $-\bar{x}\,|/s$ を計算し，表1.8に示したGrubbs検定の $g(n, \alpha)$ 値よりも大きいときに，疑わしい値は棄却できる．ここで，α は有意水準を表し，一般に0.05あるいは0.01が使用される．これらは誤った判定をする確率を示している．

［井村　久則］

参考図書

日本分析化学会編（2004）『分析化学実験の単位操作法』，朝倉書店．

Gary. D. Christian 著・原口　紘炁監訳（2005）『原書６版　クリスチャン分析化学Ⅰ　基礎編』，丸善出版.

小熊　幸一ほか（2013）『基礎分析化学（基本化学シリーズ 7)』，朝倉書店.

参考文献

日本化学会監修・産業技術総合研究所計量標準総合センター訳（2009）『物理化学で用いられる量・単位・記号　第３版』，講談社.

日本化学会訳書作成委員会（2010）『物理化学で用いられる量・単位・記号　要約版』，日本化学会.

第2章
容　量　分　析

ある化学平衡

$$A + B \rightleftharpoons C + D \tag{2.1}$$

の平衡定数が十分に大きく，ほぼ定量的（化学量論的）に反応が右側に進行するとき，反応に要したBの物質量から，それに対応するAの物質量を知ることができる．2つの水溶液を混合した場合を考えてみると，反応に要したB水溶液の体積と濃度，およびA水溶液の体積を正確に知ることができれば，A水溶液の濃度を求めることができる．この考え方に基づいて行う定量分析を容量分析（volumetric analysis）という．濃度既知のB水溶液を標準液（standard solution）といい，実験的には，反応が完結する点である当量点（equivalence point）に達するまでこの標準液を少量ずつ滴下していくことから，容量分析で行う実験操作を滴定（titration）という．

2.1　酸塩基滴定

2.1.1　酸・塩基の概念

酸（acid）・塩基（base）の定義としては，S. A. Arrhenius（アレニウス），J. N. Brønsted（ブレンステッド）と T. M. Lowry（ローリー），G. N. Lewis（ルイス）のそれぞれが提唱した概念が知られている．このうち Lewis の提唱した概念については，2.4 節で紹介する．

a.　Arrhenius の定義

1887 年に提唱された Arrhenius の定義によれば，酸は「水に溶けると水素イオンを放出するもの」，塩基は「水に溶けると水酸化物イオンを放出するもの」とされている．

$$\text{酸：}\quad HA \rightleftharpoons H^+ + A^- \tag{2.2}$$

$$\text{塩基：}BOH \rightleftharpoons B^+ + OH^- \tag{2.3}$$

この定義によれば，酸と塩基が反応すると塩と水が生じる．すなわち，

$$HA + BOH \rightleftharpoons AB + H_2O \tag{2.4}$$

このことからわかるように，Arrhenius の概念は水溶液中，すなわち水という特定の溶媒中での反応のみを想定して考えられたものである．また，この考え方を厳密に

適用すると，アンモニア（NH_3）が塩基としての性質を示すことを説明できず，水和の概念を導入して

$$NH_3 + H_2O \rightleftharpoons NH_4OH \tag{2.5}$$

という反応を考え，生成した NH_4OH が塩基としてはたらくと考える必要があった．このような Arrhenius 概念の持つ様々な問題点を克服できる二種類の考え方が，1923年に相次いで提唱された．1つは Brønsted と Lowry によって同時期にそれぞれ別個に提唱されたものであり，もう1つは Lewis の提唱したものである．

b.　Brønsted-Lowry の定義

Brønsted-Lowry の定義によれば，酸は「プロトンをほかに供与できるもの」，塩基は「ほかからプロトンを受容できるもの」とされている．ここでいう「プロトン(H^+)」は Arrhenius の概念における「水素イオン」とは異なるものである．Arrhenius の概念における「水素イオン」は，Brønsted-Lowry 概念では「オキソニウムイオン」といい，H_3O^+ と表される．

H_3O^+ は H_2O がプロトンを受容することによって生じる．これを平衡式で表すと，

$$H_2O + H^+ \rightleftharpoons H_3O^+ \tag{2.6}$$

となる．これを上記の定義に当てはめてみると，H_2O は塩基であり，H_3O^+ は酸である．一方，OH^- は H_2O がプロトンを放出することによって生じ，これは

$$H_2O \rightleftharpoons OH^- + H^+ \tag{2.7}$$

という平衡式で表されるが，この場合では H_2O は酸であり，OH^- は塩基ということになる．このように，Brønsted-Lowry 概念における酸と塩基は相対的なものであり，プロトンを介した酸・塩基の組合せが生じる．この組合せ（H_3O^+ と H_2O，H_2O と OH^-）を共役酸塩基対（conjugate acid-base pair）という．H_2O は，酸 H_3O^+ の共役塩基であると同時に，塩基 OH^- の共役酸でもある．

プロトンは半径が極めて小さいため電荷密度が高く，溶液内で裸のまま存在することができない．したがって，プロトン放出とプロトン受容は常にセットになる．すなわち，酸塩基反応は，2つの共役酸塩基対の間でのプロトンの受渡し反応ということになる．この考え方を用いることで，酸塩基反応に関する様々な現象を説明することができる．

式(2.6)と式(2.7)とを足し合わせると，

$$2\,H_2O \rightleftharpoons H_3O^+ + OH^- \tag{2.8}$$

という平衡を考えることができる．この平衡を水の自己プロトン解離（autoprotolysis）という．希薄溶液においては活量は濃度に等しいと近似でき，さらに溶液中の溶媒分子の活量は1とするため，この平衡の平衡定数（自己プロトン解離定数）は

$$K_w = [H_3O^+][OH^-] \tag{2.9}$$

のように表されるが，これは水のイオン積（$K_w = 1.0 \times 10^{-14}$）にほかならない．この

考え方は自己プロトン解離の可能なすべての溶媒に適用できる．例えば，エタノール C_2H_5OH の自己プロトン解離は

$$2\,C_2H_5OH \rightleftharpoons C_2H_5OH_2^+ + C_2H_5O^- \tag{2.10}$$

のように表され，その平衡定数（エタノールのイオン積）は $K_{EtOH}=1.3\times10^{-19}$ である．

次に，水溶液中における酸 HA や塩基 B の強さについて考えてみる．HA がプロトンを放出する反応は

$$HA \rightleftharpoons H^+ + A^- \tag{2.11}$$

で表される．溶媒である H_2O 分子はプロトンを受容できることから，式(2.11)と式(2.6)を足し合わせた

$$HA + H_2O \rightleftharpoons H_3O^+ + A^- \tag{2.12}$$

という平衡を考えることができる．このとき，HA が H_3O^+ より強い酸であれば，この平衡は右へ大きくかたより，HA のほぼすべてがプロトンを放出してしまうことになる．すなわち，水溶液中では H_3O^+ より強い酸が事実上存在できず，その強さは H_3O^+ の強さにまで抑え込まれる．塩基 B についても同様に，B がプロトンを受容する反応

$$B + H^+ \rightleftharpoons HB^+ \tag{2.13}$$

と式(2.7)を足し合わせた平衡

$$B + H_2O \rightleftharpoons HB^+ + OH^- \tag{2.14}$$

を考えると，水溶液中では OH^- より強い塩基が事実上存在できず，その強さは OH^- の強さにまで抑え込まれる．このことを水平化効果（leveling effect）という．水溶液系で塩酸（HCl），硝酸（HNO_3），過塩素酸（$HClO_4$）がいずれも強酸としてはたらくのはこの水平化効果によるものであるが，溶媒が変われば状況が変わる．例えば氷酢酸（CH_3COOH）中では，HCl や HNO_3 は弱酸となり，強酸のままでいるのは $HClO_4$ のみである（なお，Brønsted-Lowry 概念では OH^- が特別な地位を有していないため，Arrhenius 概念で塩基と定義されている水酸化ナトリウム NaOH については，単に解離して生じる OH^- が塩基としてはたらくと考えればよい）．

2.1.2 酸・塩基の解離平衡と pH

水溶液中での酸や塩基の解離平衡は，Brønsted-Lowry 概念ではそれぞれ式(2.12)，式(2.14)のように表される．前者の平衡定数を酸解離定数（acid-dissociation constant；K_a）といい，

$$K_a = \frac{[H_3O^+][A^-]}{[HA]} \tag{2.15}$$

で表される．同様に，後者の平衡定数を塩基解離定数（base-dissociation constant；

K_b）といい，

$$K_b = \frac{[BH^+][OH^-]}{[B]} \tag{2.16}$$

のように表される．K_a, K_b が大きいほど相対的に強い酸，塩基ということになり，水平化効果を示すような強酸，強塩基では K_a, $K_b>1$ となる．なお，塩基Bの K_b とその共役酸である HB^+ の K_a との積は K_w に等しくなる．

水溶液の酸性度は $[H_3O^+]$ で表すことができる．しかし，K_w の値からもわかるように $[H_3O^+]$ は非常に小さな値となることから，

$$pH = -\log[H_3O^+] \tag{2.17}$$

という形を用いて表現することが多い（厳密には H_3O^+ の活量を用いて $pH = -\log a_{H_3O^+}$ と定義されているが，希薄溶液では濃度と活量は等しいと見なせる）．すなわち，pH の低い水溶液ほど酸性であり，高い溶液ほど塩基性である．なお，この“p”は小さな数値を表すための演算子と見ることができ，実際

$$pK_a = -\log K_a \tag{2.18}$$

$$pK_b = -\log K_b \tag{2.19}$$

$$pOH = -\log[OH^-] \tag{2.20}$$

のように幅広く用いられている．

水溶液中には裸のプロトンが存在しないことから，オキソニウムイオン H_3O^+ を簡略化して水素イオン H^+ と表すことが多い．この場合，酸解離平衡（式(2.12)）は

$$HA \rightleftharpoons H^+ + A^- \tag{2.21}$$

のように簡略化して表現され（式(2.11)と見た目は同じであるが意味が全く異なる），K_a, K_w, pH についても

$$K_a = \frac{[H^+][A^-]}{[HA]} \tag{2.22}$$

$$K_w = [H^+][OH^-] \tag{2.23}$$

$$pH = -\log[H^+] \tag{2.24}$$

のように定義の表現が変わる．以降はこの表現を用いることとする．

水溶液の pH は，適切な方程式を立ててこれを解くことにより求めることができる．弱酸 HA の水溶液（濃度 C_{HA}）を例として，実際に考えてみる．

方程式を立てる際には，次の3点について考える必要がある．

①物質収支（mass balance）：　加えた物質と平衡状態にある化学種との量的関係

$$C_{HA} = [HA] + [A^-] \tag{2.25}$$

②電荷収支（charge balance）：　水溶液の電気的中性

$$[H^+] = [A^-] + [OH^-] \tag{2.26}$$

③質量作用の法則（mass-action law）：　水自体も含め，すべての化学平衡を考える．

ここでは式(2.22)および式(2.23)

実際，式(2.22)に式(2.25)，(2.26)を代入すると

$$K_a = \frac{[H^+]([H^+]-[OH^-])}{C_{HA}-([H^+]-[OH^-])} \tag{2.27}$$

となり，さらに式(2.23)を代入して整理すると

$$[H^+]^3 + K_a[H^+]^2 - (K_aC_{HA} + K_w)[H^+] - K_aK_w = 0 \tag{2.28}$$

という3次式が得られ，pHを求めることができる．しかし，様々な近似を用いることにより，より簡単にpHを求めることができる．まず，ほとんどの場合 $[H^+] \gg [OH^-]$ という近似が可能であるため，式(2.27)，(2.28)は

$$K_a = \frac{[H^+]^2}{C_{HA}-[H^+]} \tag{2.29}$$

$$[H^+]^2 + K_a[H^+] - K_aC_{HA} = 0 \tag{2.30}$$

のように簡略化できる．さらに，酸濃度が高く，$C_{HA} \gg [H^+]$ と近似できる場合には

$$K_a = \frac{[H^+]^2}{C_{HA}} \tag{2.31}$$

$$[H^+] = (K_aC_{HA})^{1/2} \tag{2.32}$$

すなわち

$$\mathrm{pH} = \frac{1}{2}(\mathrm{p}K_a - \log C_{HA}) \tag{2.33}$$

となる．

弱塩基Bの水溶液（濃度 C_B）については，同様の考え方で $[OH^-]$ を求め，そこから $[H^+]$ を計算すればよい．すなわち，$[OH^-]$ に関する3次式

$$[OH^-]^3 + K_b[OH^-]^2 - (K_bC_B + K_w)[OH^-] - K_bK_w = 0 \tag{2.34}$$

が得られ，$[OH^-] \gg [H^+]$ という近似により

$$[OH^-]^2 + K_b[OH^-] - K_bC_B = 0 \tag{2.35}$$

となる．さらに，塩基濃度が高く，$C_B \gg [OH^-]$ と近似できる場合には

$$[OH^-] = (K_bC_B)^{1/2} \tag{2.36}$$

$$\therefore\ \mathrm{pH} = 14.00 - \frac{1}{2}(\mathrm{p}K_b - \log C_B) \tag{2.37}$$

となる．

強酸や強塩基の水溶液のpHは，完全解離を前提として簡単に求めることができる．ただし，$[H^+] \gg [OH^-]$ あるいは $[OH^-] \gg [H^+]$ という近似が成り立たないほど希薄な水溶液の場合は注意が必要である．

強酸と強塩基との塩の水溶液のpHは7.00であるが，弱酸と強塩基との塩の場合は7.00よりも塩基性側であり，強酸と弱塩基との塩では酸性側になる．これらについて

も同様に方程式を立てて求めることができる．例えば，弱酸 HA と強塩基 NaOH との塩 NaA の水溶液（濃度 C_{NaA}）については，

$$[\mathrm{OH}^-]^3+\frac{K_\mathrm{w}}{K_\mathrm{a}}[\mathrm{OH}^-]^2-\left(\frac{K_\mathrm{w}}{K_\mathrm{a}}C_{\mathrm{NaA}}+K_\mathrm{w}\right)[\mathrm{OH}^-]+\frac{K_\mathrm{w}^2}{K_\mathrm{a}}=0 \qquad (2.38)$$

となるが，これは式(2.34)と同じ形をしており，HA の共役塩基 A^-の水溶液と考えてよいということがわかる（A^-の塩基解離定数は $K_\mathrm{w}/K_\mathrm{a}$ となる）．すなわち，$[\mathrm{OH}^-]\gg[\mathrm{H}^+]$，$C_{\mathrm{NaA}}\gg[\mathrm{OH}^-]$ であれば

$$\mathrm{pH}=14.00-\frac{1}{2}(14.00-\mathrm{p}K_\mathrm{a}-\log C_{\mathrm{NaA}})=7.00+\frac{1}{2}(\mathrm{p}K_\mathrm{a}+\log C_{\mathrm{NaA}}) \qquad (2.39)$$

となる．

2.1.3 緩　衝　液

弱酸とその強塩基との塩の両方を含む水溶液の pH について考えてみる．弱酸 HA（濃度 C_{HA}）とそのナトリウム塩（濃度 C_{NaA}）の両方を含む水溶液について方程式を立てると，物質収支に関して

$$C_{\mathrm{HA}}+C_{\mathrm{NaA}}=[\mathrm{HA}]+[\mathrm{A}^-] \qquad (2.40)$$

$$C_{\mathrm{NaA}}=[\mathrm{Na}^+] \qquad (2.41)$$

の 2 式が，電荷収支に関して

$$[\mathrm{Na}^+]+[\mathrm{H}^+]=[\mathrm{A}^-]+[\mathrm{OH}^-] \qquad (2.42)$$

が得られる．これらから

$$[\mathrm{A}^-]=C_{\mathrm{NaA}}+([\mathrm{H}^+]-[\mathrm{OH}^-]) \qquad (2.43)$$

$$[\mathrm{HA}]=C_{\mathrm{HA}}-([\mathrm{H}^+]-[\mathrm{OH}^-]) \qquad (2.44)$$

となるが，C_{HA} および C_{NaA} が十分大きければ $([\mathrm{H}^+]-[\mathrm{OH}^-])$ の項は無視することができ，式(2.22)より

$$\mathrm{pH}=\mathrm{p}K_\mathrm{a}+\log\frac{[\mathrm{A}^-]}{[\mathrm{HA}]}=\mathrm{p}K_\mathrm{a}+\log\frac{C_{\mathrm{NaA}}}{C_{\mathrm{HA}}} \qquad (2.45)$$

の関係が得られる．この場合，混合溶液を希釈しても濃度比は変化しないため pH は変化しない．また，少量の酸や塩基を加えても，[HA] や $[\mathrm{A}^-]$ の変化量が C_{HA} や C_{NaA} に比べて小さいため，pH はほとんど変化しない．弱塩基とその強酸との塩との混合溶液でも同様の現象が起こる．このような溶液を緩衝液（buffer solution）といい，とくに $C_{\mathrm{HA}}=C_{\mathrm{NaA}}$ のとき（$\mathrm{pH}=\mathrm{p}K_\mathrm{a}$）緩衝作用が最も強い．例えば，酢酸と酢酸ナトリウムをそれぞれ 0.100 mol L^{-1} 含む緩衝液（pH 4.76）20.00 mL に 1.00×10^{-2} mol L^{-1} 水酸化ナトリウム 2.00 mL を加えても pH は 4.77 とほとんど変化しないが，同じ pH で同体積の塩酸水溶液（濃度 1.74×10^{-5} mol L^{-1}）に同じ操作をすると pH は 10.96 になってしまう．

2.1.4 多塩基酸と多酸塩基

硫酸（H_2SO_4）やリン酸（H_3PO_4）は複数個のプロトンを放出することができる．このような酸を多塩基酸（polybasic acid）という．また，エチレンジアミン（$H_2NCH_2CH_2NH_2$）のように複数個のプロトンを受容できる塩基を多酸塩基（polyacidic base）という．これに対し，出し入れ可能なプロトンが1個であるものは，それぞれ一塩基酸（monobasic acid），一酸塩基（monoacidic base）という．多塩基酸や多酸塩基は段階的に解離し，各段階ごとに平衡が成り立っている．ここではリン酸を例として取り上げる．

三塩基酸であるリン酸の酸解離平衡は，次のように表される．

$$H_3PO_4 \rightleftharpoons H^+ + H_2PO_4^- \tag{2.46}$$

$$H_2PO_4^- \rightleftharpoons H^+ + HPO_4^{2-} \tag{2.47}$$

$$HPO_4^{2-} \rightleftharpoons H^+ + PO_4^{3-} \tag{2.48}$$

それぞれの酸解離定数は

$$K_{a1} = \frac{[H^+][H_2PO_4^-]}{[H_3PO_4]} = 7.94 \times 10^{-3} \tag{2.49}$$

$$K_{a2} = \frac{[H^+][HPO_4^{2-}]}{[H_2PO_4^-]} = 1.95 \times 10^{-7} \tag{2.50}$$

$$K_{a3} = \frac{[H^+][PO_4^{3-}]}{[HPO_4^{2-}]} = 1.58 \times 10^{-12} \tag{2.51}$$

のようになる．このとき，例えば$H_2PO_4^-$は酸H_3PO_4の共役塩基であると同時に，塩基HPO_4^{2-}の共役酸でもある．リン酸の4つの化学種（H_3PO_4, $H_2PO_4^-$, HPO_4^{2-}, PO_4^{3-}）の存在率はpHの関数となり，これらの酸解離定数を用いて求めることができる．計算結果を図2.1に示すが，化学種が3つ以上共存するpH領域はほとんど存在しないことがわかる．

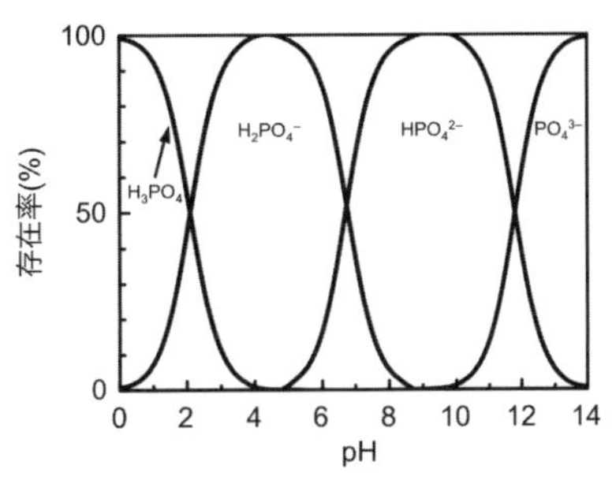

図2.1 リン酸の各化学種の存在率とpHとの関係

2.1.5 酸塩基滴定と酸塩基指示薬

酸塩基反応をもとにして溶液試料中の酸や塩基を定量する容量分析法を酸塩基滴定（acid-base titration）または中和滴定（neutralization titration）という．塩基溶液の濃度決定では塩酸などの強酸水溶液を，酸溶液の濃度決定では水酸化ナトリウムなどの強塩基水溶液をそれぞれ標準液として用いるのが一般的である．

試料溶液中の反応に関係するある化学種の量や物理量を，標準液の滴下量に対してプロットした図を一般に滴定曲線（titration curve）という．酸塩基滴定の場合には，通常はpHが縦軸として選択される．滴定溶液の場合でも，2.1.2項に記したように①物質収支，②電荷収支，③質量作用の法則の3つに注意して方程式を立て，適切な近似を適用すればpHを計算できる．ただし，滴定の場合には2つの溶液が混合されるため，体積が増大して溶液が薄められることに注意する必要がある．

酸塩基滴定における滴定曲線の例として，0.100 mol L^{-1} HCl（強酸）または CH_3COOH（弱酸，pK_a=4.76）20.00 mLを0.100 mol L^{-1} NaOH（強塩基）で滴定したときの滴定曲線を図2.2に示す．強酸を強塩基で，またはその逆で滴定する場合には，中和された残り（不足分もしくは過剰分）の強酸または強塩基の水溶液と考え，体積に注意して濃度を計算すれば滴定溶液のpHを求めることができる．また，当量点での滴定溶液の状態は強酸と強塩基の塩の水溶液となっているため，濃度によらずpH=7.00となる．

弱酸を強塩基で滴定する場合，当量点では「弱酸と強塩基との塩」の水溶液となっており，pHは7.00よりも高くなる．また，当量点前の滴定溶液は「弱酸」と「弱酸と強塩基との塩」の混合溶液となっており，2.1.3項に記した緩衝液の状態と考えることができる（実際，当量点の半分に相当する滴下量では，pHが酢酸のpK_aと等しくなる）．一方，弱塩基を強酸で滴定する場合はちょうど話が逆になり，当量点のpHは7.00より低くなる．

当量点近傍では，滴定溶液のpHが大きく変化する．したがって，それ自体が酸もしくは塩基であり，共役酸塩基の色調が著しく異なる試薬を指示薬として用いれば，滴定の終点を目視で決定することができる．このような試薬を酸塩基指示薬（acid-

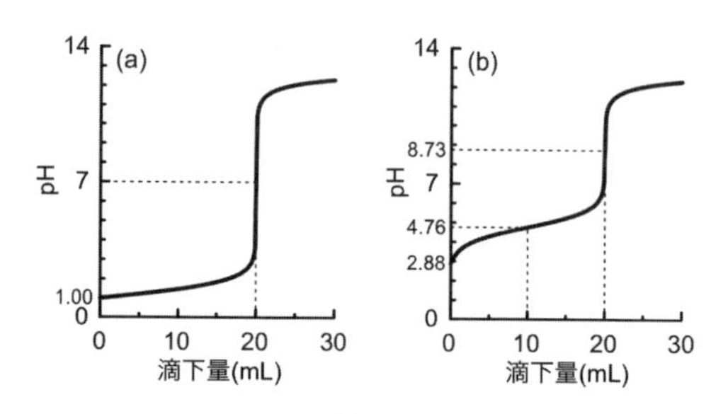

図2.2
(a) 0.100 mol L^{-1} HCl（強酸）20.00 mLを0.100 mol L^{-1} NaOH（強塩基）で滴定したときの滴定曲線
(b) 0.100 mol L^{-1} CH_3COOH（弱酸，pK_a=4.76）20.00 mLを0.100 mol L^{-1} NaOH（強塩基）で滴定したときの滴定曲線

表 2.1 代表的な酸塩基指示薬

酸塩基指示薬	酸性色	変色域 pH	塩基性色
チモールブルー（酸性側）	赤	1.2 ～ 2.8	黄
2, 6-ジニトロフェノール	無色	2.4 ～ 4.0	黄
ブロモフェノールブルー	黄	3.0 ～ 4.6	青紫
メチルオレンジ	赤	3.1 ～ 4.4	橙黄
ブロモクレゾールグリーン	黄	3.8 ～ 5.4	青
メチルレッド	赤	4.2 ～ 6.3	黄
p-ニトロフェノール	無色	5.0 ～ 7.0	黄
ブロモチモールブルー	黄	6.0 ～ 7.6	青
フェノールレッド	黄	6.8 ～ 8.4	赤
クレゾールレッド	黄	7.2 ～ 8.8	赤
チモールブルー（塩基性側）	黄	8.0 ～ 9.6	青
フェノールフタレイン	無色	8.3 ～ 10.0	紅
チモールフタレイン	無色	9.3 ～ 10.5	青
アリザリンイエロー GG	黄	10.0 ～ 12.0	褐色

日本分析化学会編（2011）『分析化学便覧　改訂六版』，丸善出版，p. 693 より抜粋

base indicator）という．代表的な酸塩基指示薬を表 2.1 に示す．滴定の条件に合わせて適切な酸塩基指示薬を選択することが重要である（酸や塩基が弱い場合には当量点近傍の pH のジャンプが小さくなり，酸塩基指示薬の選択が難しくなる）．

2.2 酸化還元滴定

2.2.1 酸化還元反応

ある化学種が電子を放出することを酸化（oxidation）といい，逆に電子を受け取ることを還元（reduction）という．均一溶液中では電子が単独で存在することはないため，酸化と還元が同時に起こる．このときの化学平衡を酸化還元平衡（redox equilibrium）という．

Brønsted-Lowry の酸・塩基概念で考えられた共役酸塩基対のように，電子を介在させた酸化体（oxidant；Ox）と還元体（reductant；Red）との半反応式を

$$\mathrm{Ox} + n\,\mathrm{e}^- \rightleftharpoons \mathrm{Red} \tag{2.52}$$

のように考えることができる．この半反応を電池における電極反応に見立てる（電極反応についての詳細は 8.1 節参照）と，その電極電位 E は Ox および Red の活量 a_{Ox}, a_{Red} を用いて次のように表される．

$$E = E^\circ + \frac{RT}{nF} \ln \frac{a_{\mathrm{Ox}}}{a_{\mathrm{Red}}} \tag{2.53}$$

この式は Nernst（ネルンスト）の式と呼ばれ，電気化学反応の基本式である．ここで

F は Faraday（ファラデー）定数，R は気体定数，T は絶対温度である．また，E° は標準酸化還元電位（standard redox potential）と呼ばれ，各電極反応に固有の定数である．一般に，E° の値が大きいほど酸化体の酸化力が強く，逆に小さいほど還元体の還元力が強い．なお，電位は電位差という形，すなわち相対値でしか測定できないので，標準水素電極（standard hydrogen electrode；SHE，図 2.3）における電極反応

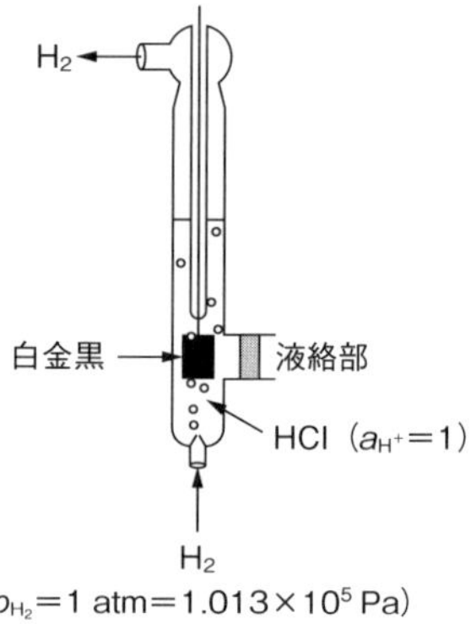

$$2\,H^+(a_{H^+} = 1) + 2\,e^- \rightleftharpoons H_2$$
$$(p_{H_2} = 1\ \text{atm} = 1.013 \times 10^5\ \text{Pa}) \qquad (2.54)$$

図 2.3　標準水素電極（SHE）

の電極電位を温度によらず 0 V と定義し，とくに指定がなければすべての電極電位はこれに対する相対値として表すことと定められている．

活量係数 γ を用いて式(2.53)を濃度表記に変換すると，次式が得られる．

$$E = E^\circ + \frac{RT}{nF} \ln \frac{\gamma_{Ox}[Ox]}{\gamma_{Red}[Red]}$$
$$= E^{\circ\prime} + \frac{RT}{nF} \ln \frac{[Ox]}{[Red]} \qquad (2.55)$$

ここで，$E^{\circ\prime}$（$= E^\circ + (RT/nF)\ln(\gamma_{Ox}/\gamma_{Red})$）は式量電位（formal potential）と呼ばれている値であり，溶液のイオン強度などによって変化するが，$E^{\circ\prime} \approx E^\circ$ と近似できる場合も多い．一般には，温度を 25 ℃とした次式が用いられる．

$$E = E^{\circ\prime} + \frac{0.0592}{n} \log \frac{[Ox]}{[Red]} \qquad (2.56)$$

酸化還元平衡と標準酸化還元電位の間には密接な関係がある．2 つの半反応式

$$Ox_{(1)} + m\,e^- \rightleftharpoons Red_{(1)} \qquad (2.57)$$
$$Ox_{(2)} + n\,e^- \rightleftharpoons Red_{(2)} \qquad (2.58)$$

の組合せで構成される酸化還元平衡

$$n\,Ox_{(1)} + m\,Red_{(2)} \rightleftharpoons n\,Red_{(1)} + m\,Ox_{(2)} \qquad (2.59)$$

の平衡定数

$$K = \frac{[Red_{(1)}]^n\,[Ox_{(2)}]^m}{[Ox_{(1)}]^n\,[Red_{(2)}]^m} \qquad (2.60)$$

について考える．平衡状態にあるとき各化学種の濃度は変化しないため，2 つの電極電位

$$E_{(1)} = E^{\circ\prime}{}_{(1)} + \frac{0.0592}{m} \log \frac{[\mathrm{Ox}_{(1)}]}{[\mathrm{Red}_{(1)}]} \tag{2.61}$$

$$E_{(2)} = E^{\circ\prime}{}_{(2)} + \frac{0.0592}{n} \log \frac{[\mathrm{Ox}_{(2)}]}{[\mathrm{Red}_{(2)}]} \tag{2.62}$$

は等しくならなければならない．すなわち，

$$E^{\circ\prime}{}_{(1)} + \frac{0.0592}{m} \log \frac{[\mathrm{Ox}_{(1)}]}{[\mathrm{Red}_{(1)}]} = E^{\circ\prime}{}_{(2)} + \frac{0.0592}{n} \log \frac{[\mathrm{Ox}_{(2)}]}{[\mathrm{Red}_{(2)}]} \tag{2.63}$$

したがって，

$$\log K = \frac{mn(E^{\circ\prime}{}_{(1)} - E^{\circ\prime}{}_{(2)})}{0.0592} \tag{2.64}$$

となる．すなわち，式量電位の差（≈標準酸化還元電位の差）が大きな酸化還元平衡ほどKが大きくなる．ただし，Kが大きくても反応速度が遅いため反応が進行しない場合もある．

2.2.2 酸化還元滴定と滴定曲線

酸化還元反応を利用して酸化性物質や還元性物質の定量を行う容量分析法を酸化還元滴定（redox titration）という．酸化還元滴定では，試料溶液の示す電位を滴下量に対してプロットすることにより滴定曲線を作成することができる．ここでは，1 mol L^{-1} 硫酸酸性条件下で，0.100 mol L^{-1} Fe^{2+}溶液 20.00 mL を 0.100 mol L^{-1} Ce^{4+}溶液で滴定する場合を取り上げる．

このときの酸化還元平衡は，

$$\mathrm{Fe^{2+} + Ce^{4+} \rightleftharpoons Fe^{3+} + Ce^{3+}} \tag{2.65}$$

で表される．この平衡を構成する 2 つの半反応

$$\mathrm{Fe^{3+} + e^- \rightleftharpoons Fe^{2+}} \tag{2.66}$$

$$\mathrm{Ce^{4+} + e^- \rightleftharpoons Ce^{3+}} \tag{2.67}$$

の 1 mol L^{-1} 硫酸酸性条件下での式量電位は，それぞれ $E^{\circ\prime}{}_{\mathrm{Fe}} = +0.68$ V, $E^{\circ\prime}{}_{\mathrm{Ce}} = +1.44$ V であるから，式(2.64)より平衡定数は $K = 10^{12.8}$ と求められ，この平衡が右に大きくかたよっていることがわかる．滴定溶液の電位は

$$E = E^{\circ\prime}{}_{\mathrm{Fe}} + 0.0592 \log \frac{[\mathrm{Fe^{3+}}]}{[\mathrm{Fe^{2+}}]} \tag{2.68}$$

$$E = E^{\circ\prime}{}_{\mathrm{Ce}} + 0.0592 \log \frac{[\mathrm{Ce^{4+}}]}{[\mathrm{Ce^{3+}}]} \tag{2.69}$$

のどちらの式からでも求めることができるので，場面に応じて計算式を使い分けるとよい．

滴下量を V mL とすると，$V < 20.00$（当量点より前）では，加えられたCe^{4+}に相

当する量だけFe^{2+}がFe^{3+}に酸化されると考えることができる．すなわち，

$$[Fe^{3+}] = [Ce^{3+}] = 0.100 \times \frac{V}{20.00+V}\ (\mathrm{mol\ L^{-1}}) \tag{2.70}$$

$$[Fe^{2+}] = 0.100 \times \frac{20.00}{20.00+V} - [Fe^{3+}] = 0.100 \times \frac{20.00-V}{20.00+V}\ (\mathrm{mol\ L^{-1}}) \tag{2.71}$$

したがって，式(2.68)より

$$E = 0.68 + 0.0592 \log \frac{V}{20.00-V}\ (\mathrm{V}) \tag{2.72}$$

となる．なお，このとき$[Ce^{4+}]$は

$$[Ce^{4+}] = \frac{[Fe^{3+}][Ce^{3+}]}{[Fe^{2+}]K} = \frac{V^2}{(20.00+V)(20.00-V)} \times 10^{-13.8}\ (\mathrm{mol\ L^{-1}}) \tag{2.73}$$

と求められ，極めて小さな値となることがわかる．

V=20.00（当量点）では，$[Fe^{3+}]=[Ce^{3+}]$, $[Fe^{2+}]=[Ce^{4+}]$の関係が成り立つ．したがって，式(2.68)と式(2.69)とを足し合わせることにより，

$$E = \frac{1}{2}\left(E^{\circ\prime}{}_{\mathrm{Fe}} + E^{\circ\prime}{}_{\mathrm{Ce}} + 0.0592 \log \frac{[Fe^{3+}][Ce^{4+}]}{[Fe^{2+}][Ce^{3+}]}\right) = 1.06\ (\mathrm{V}) \tag{2.74}$$

と求めることができる．

$V>20.00$（当量点より後）では，最初にあったFe^{2+}のほぼ全量がCe^{4+}によってFe^{3+}に酸化されていると考えればよい．すなわち，

$$[Fe^{3+}] = [Ce^{3+}] = 0.100 \times \frac{20.00}{20.00+V}\ (\mathrm{mol\ L^{-1}}) \tag{2.75}$$

$$[Ce^{4+}] = 0.100 \times \frac{V}{20.00+V} - [Ce^{3+}] = 0.100 \times \frac{V-20.00}{20.00+V}\ (\mathrm{mol\ L^{-1}}) \tag{2.76}$$

したがって，式(2.69)より

$$E = 1.44 + 0.0592 \log \frac{V-20.00}{20.00}\ (\mathrm{V}) \tag{2.77}$$

となる．なお，このとき$[Fe^{2+}]$は

$$[Fe^{2+}] = \frac{[Fe^{3+}][Ce^{3+}]}{[Ce^{4+}]K} = \frac{V^2}{(20.00+V)(V-20.00)} \times 10^{-13.8}\ (\mathrm{mol\ L^{-1}}) \tag{2.78}$$

と求められ，極めて小さな値となることがわかる．

このようにして得られた滴定曲線を図2.4に示す．中和滴定におけるpHと同様に，酸化還元滴定におけるEの値は当量点近傍において大きく変化するため，これに近い条件（電位）で可逆的な酸化還元反応を起こす変色試薬を酸化還元指示薬（redox indicator）として用いることができる．代表的な酸化還元指示薬を表2.2に示す．

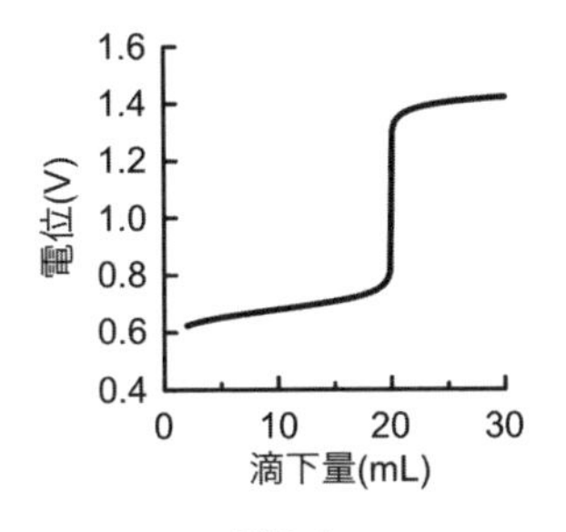

図 2.4
0.100 mol L^{-1} Fe^{2+}溶液 20.00 mL に対して 0.100 mol L^{-1} Ce^{4+}溶液を滴下したときの滴定曲線（1 mol L^{-1} 硫酸酸性条件下）

表 2.2　代表的な酸化還元指示薬

酸化還元指示薬	酸化型の色	変色電位（V）（pH 0）	還元型の色
ニトロフェロイン	薄青	1.25	赤
フェロイン	薄青	1.14	赤
p-ニトロジフェニルアミン	紫	1.06	無色
エリオグラウシン A	赤	1.00	緑
ジフェニルアミン	紫	0.76	無色
メチレンブルー	緑青	0.53	無色
インジゴスルホン酸	青	0.29	無色

日本分析化学会編（2011）『分析化学便覧　改訂六版』，丸善出版，p. 693 より抜粋

2.2.3　代表的な酸化還元滴定

a.　過マンガン酸カリウム滴定

過マンガン酸イオン（MnO_4^-）は，酸性条件下で強い酸化剤としてはたらく．

$$MnO_4^- + 8\,H^+ + 5\,e^- \rightleftharpoons Mn^{2+} + 4\,H_2O \qquad (E^\circ = +1.51\ V) \tag{2.79}$$

MnO_4^-が赤紫色を呈するのに対し，Mn^{2+}は薄桃色で，希薄溶液ではほとんど色を識別できない．そこで，鉄(Ⅱ)イオン（Fe^{2+}）や亜硝酸イオン（NO_2^-）などの被酸化性目的成分を含む硫酸酸性溶液に過マンガン酸カリウム（$KMnO_4$）標準液を滴下し，MnO_4^-の赤紫色が消えなくなった点を終点とすることで定量が可能になる（厳密には，MnO_4^-の赤紫色は通常の酸化還元指示薬の色ほど濃くはないため，着色分が過剰となり，終点の補正を必要とする）．反応速度が遅いため，滴定時には試料溶液を 60～70 ℃に加温するのが通例である．

MnO_4^-は，中性および塩基性条件下でも酸化剤として機能する．

$$MnO_4^- + 2\,H_2O + 3\,e^- \rightleftharpoons MnO_2 + 4\,OH^- \qquad (E^\circ = +0.588\ V) \tag{2.80}$$

しかし，酸化マンガン(Ⅳ)（MnO_2）が水に不溶であり，かつ MnO_2 には MnO_4^-を分解する作用があるため，式(2.80)の酸化還元系は容量分析にはあまり用いられない．

b. 二クロム酸カリウム滴定

二クロム酸イオン（$Cr_2O_7^{2-}$）もまた，酸性条件下で強い酸化剤としてはたらく．

$$Cr_2O_7^{2-} + 14\,H^+ + 6\,e^- \rightleftharpoons 2\,Cr^{3+} + 7\,H_2O \qquad (E^\circ = +1.33\,V) \qquad (2.81)$$

二クロム酸カリウム（$K_2Cr_2O_7$）は純粋なものが比較的容易に得られ，かつ水溶液中で安定であるため，標準試薬として用いることができる．$Cr_2O_7^{2-}$は橙色，Cr^{3+}は緑色であるが，着色が弱く色の変化が不明瞭であるため，酸化還元指示薬を用いて終点を決定するのが一般的である．

c. ヨウ素滴定

ヨウ素（I_2）は，還元反応によりヨウ化物イオン（I^-）を生じる．

$$I_2 + 2\,e^- \rightleftharpoons 2\,I^- \qquad (E^\circ = +0.535\,V) \qquad (2.82)$$

標準酸化還元電位が中程度であるため，I_2を酸化剤として用いるヨウ素酸化滴定(iodimetry）と，I^-を還元剤として用いるヨウ素還元滴定（iodometry）の両方が可能である．ただし，I_2は水に溶けにくく，また揮発性であることから，多くの場合過剰のヨウ化カリウム（KI）存在下で実験を行い，

$$I_2 + I^- \longrightarrow I_3^- \qquad (2.83)$$

の反応によって安定化を図る．三ヨウ化物イオン（I_3^-）の還元反応は

$$I_3^- + 2\,e^- \rightleftharpoons 3\,I^- \qquad (E^\circ = +0.536\,V) \qquad (2.84)$$

のように表される．

ヨウ素酸化滴定では，チオ硫酸イオン（$S_2O_3^{2-}$），亜硫酸イオン（SO_3^{2-}），スズ(Ⅱ)イオン（Sn^{2+}）などの被酸化性目的成分を含む溶液に対して，I_3^-標準液（I_2-KI溶液）を滴下して分析を行う．これに対し，ヨウ素還元滴定ではヨウ素酸イオン(${IO_3}^-$）や過酸化水素（H_2O_2）などの被還元性目的成分を含む溶液に過剰量のKIを加え，生じたI_3^-をチオ硫酸ナトリウム溶液で滴定することによって定量する．前者ではI_3^-が還元されずに残る点が，後者ではI_3^-が消失する点がそれぞれ滴定終点であるが，I_3^-の褐色は目視で確認しにくいため，一般にはヨウ素-デンプン反応によって生じる青紫色錯体で終点決定を行う（ここで用いるデンプンはI_3^-の検出試薬であり，酸化還元指示薬ではない）．

[平山 直紀]

2.3 沈 殿 滴 定

ハロゲン化物イオン（X^-）を含む溶液に硝酸銀溶液を加えると，$X^- + Ag^+ \longrightarrow AgX \downarrow$ のような反応が起こり，難溶性の沈殿を生ずる．例えば目的イオンCl^-に濃度のわかった硝酸銀溶液を加えていくとAgClが生成し，Cl^-イオンが減少する．最終的にはCl^-イオンはすべてAgClとなり，この反応の終点を何らかの方法で求め，加え

た硝酸銀溶液（Ag^+）の量から存在していたCl^-の量を知ることができる．このような沈殿反応に基づく滴定を沈殿滴定（precipitation titration）と呼ぶ．とくに硝酸銀溶液を標準液とする方法を銀滴定（argentometry），またチオシアン酸塩標準液を用いる滴定をチオシアン酸塩滴定（thiocyanimetry）と呼ぶ．これらの方法により，例えば海水，醤油中のCl^-イオンの量や生理食塩水中のCl^-イオン（ハロゲン化物イオン）濃度などを求めることができる．

2.3.1 溶解度と溶解度積

沈殿反応は$Ag^+ + Cl^- \rightleftharpoons AgCl\downarrow$のように難溶性化合物を生成する反応である．ハロゲン化物イオンを$AgNO_3$標準液で滴定する方法が一般的によく用いられるが，ほかに$Ag^+ + SCN^- \rightleftharpoons AgSCN\downarrow$, $SO_4^{2-} + Ba^{2+} \rightleftharpoons BaSO_4\downarrow$の反応もしばしば用いられる．

これら難溶性化合物を水に飽和させたとき，難溶性塩（固体）と溶液中のイオンとは平衡状態にあると考えることができる．すなわち

$$\underset{(固体)}{AgCl} \rightleftharpoons \underset{(溶液)}{AgCl} \rightleftharpoons \underset{(溶液)}{Ag^+} + \underset{(溶液)}{Cl^-} \tag{2.85}$$

と考えることができ，この平衡においては溶解と沈殿の反応の速度は等しく，溶液中の塩の濃度はある温度において一定の値を示す．上記の反応の平衡定数をKとして表すと次のように示すことができる．

$$K = \frac{[Ag^+][Cl^-]}{[AgCl]} \tag{2.86}$$

ここで，[ ]はモル濃度を示す．Ag^+イオンとCl^-イオンの濃度はAgClの溶解度に依存し，存在する固体の塩化銀の量には依存しない．AgClの固体中ではAgClの濃度は一定であるので，これを平衡定数Kに含めて扱うことができる．すると平衡定数Kに固体中のAgClの濃度を掛けたものも定数となり，これをK_{sp}という記号で表し，溶解度積（solubility product）と呼ぶ．

$$K[AgCl] = [Ag^+][Cl^-] = K_{sp} \quad (定数) \tag{2.87}$$

巻末の付表3に代表的化合物の溶解度積を示す．この定数は濃度で表した平衡定数であり，正確には活量で表す必要があるが，希薄溶液ではモル濃度を用いてよい．

一般に共存するイオン濃度の積が溶解度積より大きいか小さいかは溶液の性質に影響を与える．すなわち，あるイオンA^+とB^-において$[A^+][B^-] > K_{sp}$であれば$A^+ + B^- \longrightarrow AB\downarrow$の反応が進行する．また，$[A^+][B^-] < K_{sp}$であればABの沈殿は溶解するかあるいは沈殿生成は起こらない．例えば，溶解したNaClの塩化物イオンの濃度が10^{-5} Mとし，これに10^{-4} M $AgNO_3$を加えると沈殿が生成するかどうかを考えてみよう．ただし，$K_{sp,\,AgCl} = 1\times10^{-10}$とする．$[Ag^+][Cl^-] = 10^{-4}\times10^{-5} = 1\times10^{-9} >$

$K_{sp,\,AgCl}$であり，沈殿が生成する．

一方，多価イオンとの沈殿生成はどのように考えればよいだろう．CrO_4^{2-}とAg^+について考えると次の反応が起こる．

$$2\,Ag^+ + CrO_4^{2-} \rightleftharpoons Ag_2CrO_4 \downarrow \tag{2.88}$$

$$K_{sp,\,Ag_2CrO_4} = [Ag^+][Ag^+][CrO_4^{2-}] = [Ag^+]^2[CrO_4^{2-}] \tag{2.89}$$

したがって，塩の組成が1：1でない場合は上の式に適用して沈殿の生成の可否を考えればよい．

塩の溶解度がわかれば，その溶解度積を計算により求めることができる．25℃においてヨウ化銀が1×10^{-8} Mだけ純水に溶けるとすると，ヨウ化銀の溶解度積は

$$K_{sp,\,AgI} = [Ag^+][I^-] = (1\times10^{-8})(1\times10^{-8}) = 1\times10^{-16} \tag{2.90}$$

となる．

また，ある温度におけるAg_2CrO_4の溶解度が8×10^{-5} Mとすると，

$$K_{sp,\,Ag_2CrO_4} = [Ag^+]^2[CrO_4^{2-}] = (8\times10^{-5}\times2)^2(8\times10^{-5}) = 2\times10^{-12} \tag{2.91}$$

となる．ここで注意しなければならないことは，Ag^+イオンのモル濃度は溶解したクロム酸銀のモル濃度の2倍であることである．

溶解度積が小さい難溶性塩の沈殿生成は容易であるが，大きい場合は沈殿が生成しにくい．例えば，金属イオンの定性反応において$AgCl$と$PbCl_2$の沈殿を分離するために共存する両沈殿に温水を注ぎ，分別を行うことができる．これは室温付近での$K_{sp,\,AgCl}=1\times10^{-10}$に対して$K_{sp,\,PbCl_2}$は$1.6\times10^{-5}$と大きく，また，液温の上昇により$PbCl_2$の溶解度が大きくなり，$PbCl_2$が溶解することに基づいている．

2.3.2 分 別 沈 殿

Cl^-イオンとI^-イオンとの混合溶液に少量のAg^+イオンを加えた場合について述べる．$AgCl$とAgIの沈殿が生成するには，それぞれのイオン積がおのおのの溶解度積$K_{sp,\,AgCl}$, $K_{sp,\,AgI}$より大きくなければならない．

$$K_{sp,\,AgCl} = [Ag^+][Cl^-] = 1\times10^{-10} \tag{2.92}$$

$$K_{sp,\,AgI} = [Ag^+][I^-] = 1\times10^{-16} \tag{2.93}$$

2つの沈殿が生成するようにAg^+が加えられたとき，上式より

$$[Ag^+] = \frac{K_{sp,\,AgCl}}{[Cl^-]} = \frac{K_{sp,\,AgI}}{[I^-]} \tag{2.94}$$

となり，

$$\frac{[Cl^-]}{[I^-]} = \frac{K_{sp,\,AgCl}}{K_{sp,\,AgI}} = \frac{1\times10^{-10}}{1\times10^{-16}} = 10^6 \tag{2.95}$$

となる．すなわちCl^-とI^-の混合溶液にAg^+を加えていくと$[Cl^-]$が$[I^-]$の約10^6以

下のときは AgI のみが沈殿し 10^6 倍に達したとき AgCl の沈殿が生成する．したがって理論的には Cl^- イオンと I^- イオンが共存する溶液に $AgNO_3$ 溶液を加え，まず AgI を沈殿させ，ろ過した後 $AgNO_3$ 溶液を加えれば AgCl の沈殿が得られることになる．

2.3.3 滴 定 曲 線

沈殿滴定の滴定曲線は強酸-強塩基の中和滴定の滴定曲線と同様に考えることができる．pH を pX（X は滴定されるハロゲン化物イオン）と見なし，水のイオン積 K_w を沈殿する化合物の溶解度積 K_{sp} と見なせば，次の例に基づき計算により pX を求め，pX と硝酸銀溶液の滴定値をプロットすれば滴定曲線を描くことができる．

例えば，0.100 M NaCl 溶液 50.0 mL を，0.100 M $AgNO_3$ 溶液で滴定するときの滴定曲線を作成するとしよう．ただし，$K_{sp,\,AgCl} = 1 \times 10^{-10}$ とする．

①滴定開始前：　$[Cl^-] = 0.100$ M なので $pCl = -\log(0.100) = 1.00$

②当量点前までの滴定：　NaCl 溶液に $AgNO_3$ 溶液を加えると

$$Cl^- + Ag^+ \longrightarrow AgCl \downarrow$$

の沈殿が生成される．なお当量点までは溶液中の $[Cl^-]$ は滴定されていない Cl^- と AgCl の溶解により生じた Cl^-（$= [Ag^+] = K_{sp,\,AgCl}/[Cl^-]$）との和である．

例えば 10.0 mL の $AgNO_3$ 溶液を加えたときの溶液中の Cl^- の濃度は

$$[Cl^-] = \frac{\text{最初の}Cl^-\,(\text{mmol}) - \text{添加した}Ag^+\,(\text{mmol})}{\text{溶液の全体積}\,(\text{mL})} + \frac{K_{sp,\,AgCl}}{[Cl^-]}$$

$$= \frac{0.100\,(\text{M}) \times 50.0\,(\text{mL}) - 0.100\,(\text{M}) \times 10.0\,(\text{mL})}{50.0\,(\text{mL}) + 10.00\,(\text{mL})} + \frac{1 \times 10^{-10}}{[Cl^-]}$$

$$= 0.067\,(\text{M}) + \frac{1 \times 10^{-10}}{[Cl^-]} \qquad (2.96)$$

式(2.96)の右辺の第 2 項は当量点の近傍を除けば無視できるので，$[Cl^-] = 0.067$ M となり，$pCl = -\log(0.067) = 1.17$ となる．

40.00 mL を加えたとき

$$[Cl^-] = \frac{\text{最初の}Cl^-\,(\text{mmol}) - \text{添加した}Ag^+\,(\text{mmol})}{\text{溶液の全体積}\,(\text{mL})} + \frac{K_{sp,\,AgCl}}{[Cl^-]}$$

$$= \frac{0.100\,(\text{M}) \times 50.0\,(\text{mL}) - 0.100\,(\text{M}) \times 40.00\,(\text{mL})}{50.0\,(\text{mL}) + 40.00\,(\text{mL})} + \frac{1 \times 10^{-10}}{[Cl^-]}$$

$$= 1.1 \times 10^{-2}\ \text{M} + \frac{1 \times 10^{-10}}{[Cl^-]} \qquad (2.97)$$

よって，$pCl = 1.96$.

49.9 mL を加えたとき

$$[\mathrm{Cl^-}] = \frac{\text{最初の}\mathrm{Cl^-}\,(\mathrm{mmol}) - \text{添加した}\mathrm{Ag^+}\,(\mathrm{mmol})}{\text{溶液の全体積}\,(\mathrm{mL})} + \frac{K_{sp,\,\mathrm{AgCl}}}{[\mathrm{Cl^-}]}$$

$$= \frac{0.100\,(\mathrm{M})\times 50.0\,(\mathrm{mL}) - 0.100\,(\mathrm{M})\times 49.9\,(\mathrm{mL})}{50.0\,(\mathrm{mL}) + 49.9\,(\mathrm{mL})} + \frac{1\times 10^{-10}}{[\mathrm{Cl^-}]}$$

$$= 1.00\times 10^{-4}\ \mathrm{M} + \frac{1\times 10^{-10}}{[\mathrm{Cl^-}]} \tag{2.98}$$

よって，$\mathrm{pCl} = 4.00$.

③当量点：　$AgNO_3$ 溶液を 50 mL 加えたときに相当する.

$$[\mathrm{Cl^-}] = [\mathrm{Ag^+}] = \sqrt{1\times 10^{-10}} = 1\times 10^{-5}\,(\mathrm{M}),\ \mathrm{pCl} = 5.0$$

④当量点後の滴定：　溶液中の $[Ag^+]$ は加えた過剰の $AgNO_3$ と AgCl の溶解により生じた Ag^+（$= [Cl^-] = K_{sp,\,AgCl}/[Ag^+]$）の和である.

51.00 mL の $AgNO_3$ 溶液を加えたときの溶液中の Ag^+ の濃度は

$$[\mathrm{Ag^+}] = \frac{\text{当量点後に添加した}\mathrm{Ag^+}\,(\mathrm{mmol})}{\text{溶液の全体積}\,(\mathrm{mL})} + \frac{K_{sp,\,\mathrm{AgCl}}}{[\mathrm{Ag^+}]}$$

$$= \frac{0.100\,(\mathrm{M})\times 1.00\,(\mathrm{mL})}{101.0\,(\mathrm{mL})} + \frac{1\times 10^{-10}}{[\mathrm{Ag^+}]}$$

$$[\mathrm{Ag^+}] = 9.90\times 10^{-4}\ \mathrm{M} \tag{2.99}$$

となる．したがって

$$[\mathrm{Cl^-}] = \frac{1\times 10^{-10}}{9.90\times 10^{-4}} = 1\times 10^{-7}\ \mathrm{M}$$

$$\mathrm{pCl} = 7.0 \tag{2.100}$$

60.0 mL の $AgNO_3$ 溶液を加えたときの溶液中の Ag^+ の濃度は

$$[\mathrm{Ag^+}] = \frac{\text{当量点後に添加した}\mathrm{Ag^+}\,(\mathrm{mmol})}{\text{溶液の全体積}\,(\mathrm{mL})} + \frac{K_{sp,\,\mathrm{AgCl}}}{[\mathrm{Ag^+}]}$$

$$= \frac{0.100\,(\mathrm{M})\times 10\,(\mathrm{mL})}{110.0\,(\mathrm{mL})} + \frac{1\times 10^{-10}}{[\mathrm{Ag^+}]}$$

$$[\mathrm{Ag^+}] = 9.1\times 10^{-3}\ \mathrm{M} \tag{2.101}$$

となる．したがって

$$[\mathrm{Cl^-}] = \frac{1\times 10^{-10}}{9.1\times 10^{-3}} = 1.1\times 10^{-8} \tag{2.102}$$

$$\mathrm{pCl} = -\log[\mathrm{Cl^-}] = -\log(1.1\times 10^{-8}) = 7.96 \tag{2.103}$$

表2.3に 0.100 M NaX の 50 mL を 0.100 M $AgNO_3$ 溶液で滴定したときの濃度 $[X^-]$ と pX 値を示す．また図2.5はそれらの滴定曲線を示す.

表 2.3　0.100 M NaX* 50.0 mL を 0.100 M $AgNO_3$ で滴定

$AgNO_3$ [mL]	$[Cl^-]$/M	pCl	$[Br^-]$/M	pBr	$[I^-]$/M	pI
0.0	0.10	1.00	0.10	1.00	0.10	1.00
10.0	0.067	1.17	0.067	1.17	0.067	1.17
20.0	0.043	1.37	0.043	1.37	0.043	1.37
30.0	0.025	1.60	0.025	1.60	0.025	1.60
40.0	0.011	1.96	0.011	1.96	0.011	1.96
49.0	0.001	3.00	0.001	3.00	0.001	3.00
49.9	1.0×10^{-4}	4.00	1.0×10^{-4}	4.00	1.0×10^{-4}	4.00
50.0	1.0×10^{-5}	5.00	6.3×10^{-7}	6.20	1.0×10^{-8}	8.00
50.1	1.0×10^{-6}	6.00	4.0×10^{-9}	8.40	1.0×10^{-12}	12.0
51.0	1.0×10^{-7}	7.00	4.0×10^{-10}	9.40	1.0×10^{-13}	13.0
60.0	1.1×10^{-8}	7.96	4.4×10^{-11}	10.4	1.1×10^{-14}	14.0

X*：Cl^-, Br^- または I^-

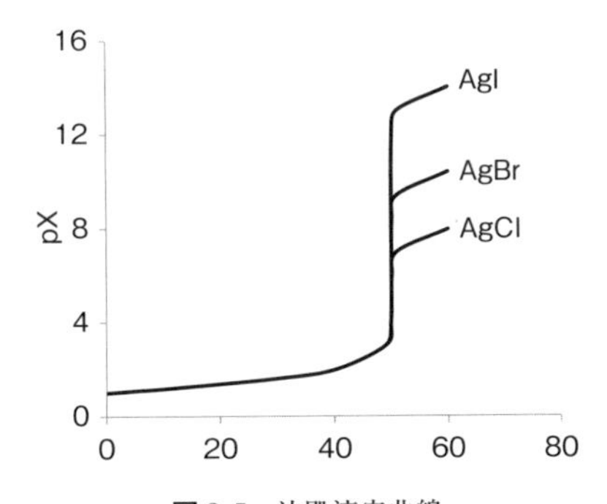

図 2.5　沈殿滴定曲線

0.100 M の NaX（X：Cl^-, Br^-, I^-）50.0 mL を 0.100 M $AgNO_3$ で滴定

2.3.4　終 点 の 決 定

a.　Mohr 法

この方法は F. Mohr（モール）によって提唱されたもので，指示薬としてクロム酸カリウム（K_2CrO_4）溶液を用い，$AgNO_3$ 標準液で塩化物イオン Cl^- や臭化物イオン Br^- を滴定する方法である．以下の反応により

$$Cl^- + Ag^+ \longrightarrow AgCl \downarrow \tag{2.104}$$

$$Br^- + Ag^+ \longrightarrow AgBr \downarrow \tag{2.105}$$

AgCl および AgBr の沈殿を生成する．$AgNO_3$ 標準液がわずかに過剰に加えられると，

$$2\,Ag^+ + CrO_4^{2-} \longrightarrow Ag_2CrO_4 \downarrow \quad （赤色） \tag{2.106}$$

の沈殿が生成し，終点を求めることができる．

この滴定では Cl^- イオンが優先的に Ag^+ イオンと反応し AgCl が沈殿する．これは

AgCl（溶解度 1×10^{-5} M）が Ag_2CrO_4（溶解度約 8×10^{-5} M）より難溶性であるためである．原理は分別沈殿の原理で説明できる．$K_{sp,\ AgCl}=1\times10^{-10}$，$K_{sp,\ Ag_2CrO_4}=1.1\times10^{-12}$ とし，$[Cl^-]$，$[CrO_4^{2-}]$ の濃度がともに 1×10^{-3} M 存在していると仮定すると，沈殿に必要な $[Ag^+]$ の濃度は次のように算出できる．

$$[Ag^+]=\frac{K_{sp,\ AgCl}}{[Cl^-]}=\frac{1\times10^{-10}}{1\times10^{-3}}=1\times10^{-7}\ \mathrm{M} \tag{2.107}$$

$$[Ag^+]=\sqrt{\frac{K_{sp,\ Ag_2CrO_4}}{[CrO_4^{2-}]}}=\sqrt{\frac{1.1\times10^{-12}}{1\times10^{-3}}}=3.3\times10^{-4}\ \mathrm{M} \tag{2.108}$$

となり，$[Ag^+]$ の濃度が小さくても AgCl の沈殿が先に生成し，後に Ag_2CrO_4 の沈殿が生成する．すなわち，この滴定においては $[Ag^+]^2\,[CrO_4^{2-}]>K_{sp,\ Ag_2CrO_4}$ の条件が満たされたとき Ag_2CrO_4 の沈殿が生成する．pAg＝pCl＝5.0 の当量点において Ag_2CrO_4 が沈殿するのに必要な CrO_4^{2-} の濃度は以下のように計算できる．

$$[Ag^+]^2[CrO_4^{2-}]=1.1\times10^{-12}$$

$$[CrO_4^{2-}]=\frac{1.1\times10^{-12}}{(1\times10^{-5})^2}=0.011\ \mathrm{M} \tag{2.109}$$

しかし，実際には CrO_4^{2-} の濃度が 0.011 M では CrO_4^{2-} イオンの黄色が強すぎて赤色沈殿の生成の判定がしにくいため，CrO_4^{2-} の濃度は 0.002 ～ 0.005 M の範囲に保たれる．

また，終点の決定においてごくわずかの $[Ag^+]$ が過剰に加えられるが，この誤差は空試験（blank test）により補正すればよい．この滴定を酸性で行うと，

$$2\,CrO_4^{2-}+2\,H_3O^+ \rightleftharpoons 2\,HCrO_4^-+2\,H_2O \rightleftharpoons Cr_2O_7^{2-}+3\,H_2O \tag{2.110}$$

の平衡が右にずれる．$AgHCrO_4$ および $Ag_2Cr_2O_7$ の溶解度は Ag_2CrO_4 にくらべて大きいので，終点を検知するまでに要する $[Ag^+]$ の量が多くなる．また，アルカリ性が強くなると，Ag_2O の沈殿が生成し，滴定できなくなる．このような理由によりモール法では pH を 7～10 に保つ必要がある．モール法は I^- と SCN^- には適用できない．それは AgI と AgSCN の沈殿が Ag_2CrO_4 の沈殿に吸着し，当量点前に着色するためである．

b. Fajans 法

この方法は K. Fajans（ファヤンス）により提案されたもので，指示薬として酸性染料である蛍光性フルオレセインがよく用いられる．この染料の酸解離定数（pK_a）は約 6.4 であり，pH 7～10 の領域において使用すると −1 価のイオンとして存在し，黄緑色の蛍光を示す．Cl^- イオンを $AgNO_3$ 溶液で滴定するとき，当量点前までは AgCl の沈殿が生成するが，この沈殿の周りは図 2.6 のように過剰の Cl^- に取り囲まれた状態で存在している．すなわち $[(AgCl)\text{-}Cl]^-$ のように電荷を与える．したがって，沈

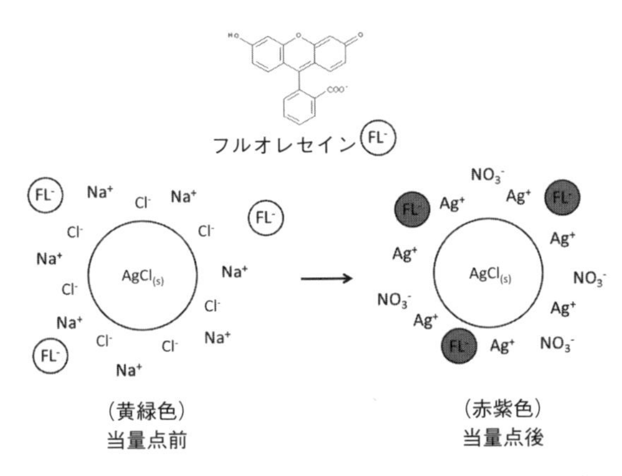

図 2.6 ファヤンス法でのフルオレセイン指示薬の終点応答

殿粒子と陰イオンであるフルオレセイン（Fl^-）とは相互作用せず，色素の蛍光性は維持される．しかし，当量点を過ぎると沈殿の周りには Ag^+ が存在し，沈殿粒子はプラスの電荷を帯びた状態 $[(AgCl)\text{-}Ag]^+$ となり，フルオレセインと相互作用する．その結果，フルオレセインが吸着されて $[(AgCl)\text{-}Ag]^+\cdot[Fl^-]$ の凝集体を形成し，蛍光は失われ赤色に変色する．この場合も Ag^+ がわずかに過剰に加えられることになるが，その量は無視できるほど小さい．このように沈殿粒子に染料が吸着することからこのような指示薬を吸着指示薬（adsorption indicator）と呼ぶ．被滴定液が強い酸性である場合は指示薬の解離が抑制され沈殿への吸着が起こらない．ほかにはジクロロフルオレセインやエオシンなどが用いられる（図 2.7）．表 2.4 にはいくつかの吸着指示薬の適用例を示す．$AgNO_3$ 溶液を KBr で滴定する場合，生成するコロイド性 AgBr は終点で過剰の Br^- を吸着し，マイナスに帯電するので，塩基性染料のローダミン 6G を用いる．

c. Volhard 法

この方法は Ag^+ イオンを NH_4SCN 標準液で滴定し，Fe^{3+} を指示薬として終点を決定する方法で J. Volhard（フォルハルト）が提案した．Ag^+ イオンを含む溶液を硝酸酸性にし，Fe^{3+} を加え，NH_4SCN 標準液で滴定すると次の反応が起こる．

$$Ag^+ + SCN^- \longrightarrow AgSCN\downarrow \qquad (K_{sp,\,AgSCN} = 1\times10^{-12}) \tag{2.111}$$

当量点を過ぎると加えられていた Fe^{3+} と SCN^- が錯イオンを形成し，赤橙色となり終点が決定される．

$$Fe^{3+} + SCN^- \longrightarrow Fe(SCN^-)^{2+} \qquad (\text{赤橙色}) \tag{2.112}$$

この反応は通常の滴定法であるが，Cl^- イオンや Br^- イオンも定量できる．例えば，Cl^- イオンを含む溶液を硝酸酸性（アルカリ性では Fe^{3+} が加水分解する）にし，これ

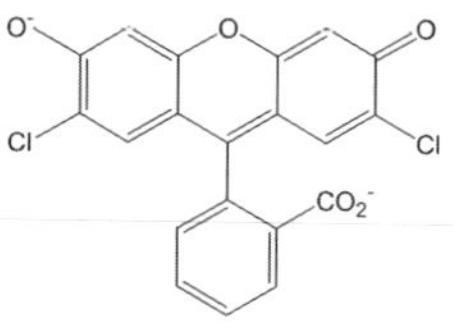

ジクロロフルオレセイン

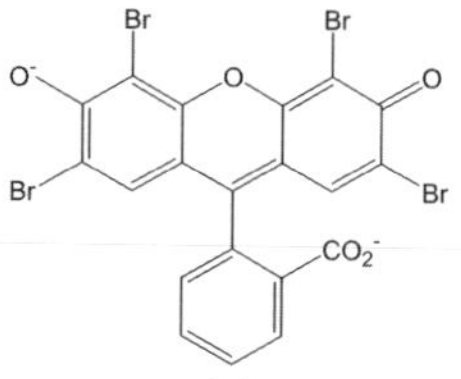

エオシン

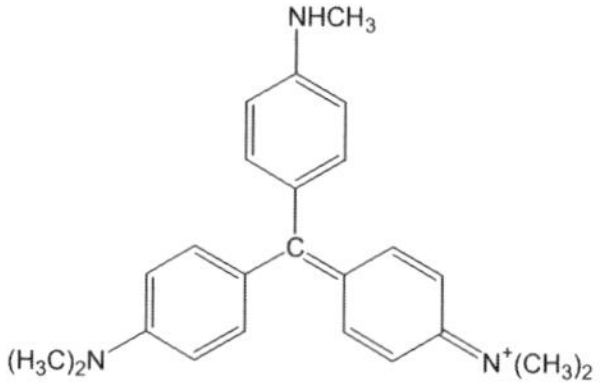

メチルバイオレット

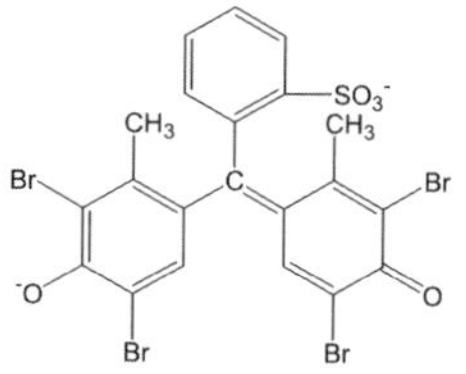

ブロモクレゾールグリーン

図 2.7　吸着指示薬の例

表 2.4　吸着指示薬の利用例

指示薬	被滴定イオン	滴定剤	適用 pH 範囲
フルオレセイン	Cl^-	Ag^+	7 ～ 10
ジクロロフルオレセイン	Cl^-	Ag^+	4 ～ 10
エオシン	Cl^-, I^-, SCN^-	Ag^+	2 ～ 10
ブロモクレゾールグリーン	SCN^-	Ag^+	4 ～ 5
メチルバイオレット	Ag^+	Cl^-	酸性溶液

に過剰量の $AgNO_3$ 標準液を加えると，AgCl の沈殿が生成する．残った Ag^+ イオンを上記と同様に操作し，濃度を求める．これを逆滴定（back titration）という．AgBr, AgI に対しては容易にこの滴定が適用できるが，AgCl は AgSCN より溶解度が大きいため，KSCN 溶液を加えると

$$AgCl + SCN^- \longrightarrow AgSCN + Cl^- \tag{2.113}$$

が起こるため，ニトロベンゼンを数 mL 加えよく振り混ぜ，AgCl の沈殿の表面をニトロベンゼンで被覆保護する必要がある．

［酒井　忠雄］

2.4　キレート滴定

2.4.1　錯生成反応と Lewis の酸塩基概念

共有結合が形成されるとき，通常は2つの原子の最外殻電子のうち対を作っていない不対電子どうしが共有されて共有電子対となり，結合を生じる．

$$X\cdot + \cdot Y \longrightarrow X:Y \tag{2.114}$$

しかし，一方の原子の非共有電子対がもう一方の原子の空の最外殻電子軌道に供与されて共有電子対となる場合がある．

$$M + :L \longrightarrow M:L \tag{2.115}$$

このような種類の共有結合をとくに配位結合（coordination bond）といい，配位結合を持つ化合物を配位化合物（coordination compound）という．金属イオンの最外殻には空の電子軌道が数多くあるため，配位結合によってほかの分子やイオンと結合することができる．この場合，電子対を与える側の化学種を配位子（ligand）といい，生成した化合物を一般に錯体（complex）という．

この考え方を酸・塩基の定義に導入したのが Lewis の概念である．Lewis 概念においては，酸は「電子対受容体」，塩基は「電子対供与体」と定義される．H^+は電子を持たず，共有結合形成の際に必ず電子対を受容することになるため，Lewis 概念においては H^+は酸に分類される．また，金属イオンは酸に，配位子は塩基に分類されることから，Lewis 概念では錯生成反応を酸塩基反応の一種と考えていることがわかる．またこの考え方では，酸と塩基が反応すると共有結合が生じることになる．

錯生成反応では，1 個の金属イオン M（ここでは電荷を省略する）に対して複数個の配位子 L が配位結合する場合が数多く存在する．錯体 ML_n の生成平衡は

$$ML + nL \rightleftharpoons ML_n \tag{2.116}$$

で表され，その平衡定数

$$\beta_n = \frac{[ML_n]}{[M][L]^n} \tag{2.117}$$

を全安定度定数（overall stability constant）または全生成定数（overall formation constant）という．これに対し，錯体 ML_{n-1} に対して L がもう 1 個配位する反応（逐次反応）

$$ML_{n-1} + L \rightleftharpoons ML_n \tag{2.118}$$

の平衡定数

$$K_n = \frac{[ML_n]}{[ML_{n-1}][L]} \tag{2.119}$$

は逐次安定度定数（stepwise stability constant）または逐次生成定数（stepwise formation constant）と呼ばれ，両者は

$$\beta_n = K_1 K_2 \cdots K_n = \prod_{i=1}^{n} K_i \tag{2.120}$$

という関係にある．なお，水溶液中の金属イオンは溶媒である水分子の配位を受けているため，錯生成反応は厳密には配位子交換反応である．

2.4.2 キレートとキレート効果

配位子のうち，配位結合を形成できる原子（ドナー原子）を1個有するものを単座配位子（monodentate ligand）といい，複数個のドナー原子を有するものを多座配位子（polydentate ligand）という．例えば，エチレンジアミン（$H_2NCH_2CH_2NH_2$）は配位可能な窒素原子を2個有する2座配位子（bidentate ligand）である．

多座配位子は，その複数個のドナー原子で金属イオンを挟み込むような形で配位化合物を形成する．そのような化合物をキレート化合物（chelate compound）あるいはキレート（chelate）という．またこのとき，キレートを生成するという観点から，その多座配位子をキレート試薬（chelating reagent）という．

ここで，単座配位子錯体と多座配位子錯体（キレート）の安定度について考えてみる．2.4.1項で述べたように，水溶液中における錯生成反応は厳密には水分子との配位子交換反応である．この観点から，六配位構造をとる水和金属イオン $M(H_2O)_6$ に対する単座配位子 L^{I} と二座配位子 L^{II} の錯生成反応を比較してみると，L^{I} との反応では

$$M(H_2O)_6 + 6\,L^{I} \rightleftharpoons ML^{I}{}_6 + 6\,H_2O \qquad (2.121)$$

となって反応前後で系内の分子数が変化しないのに対し，L^{II} との反応では

$$M(H_2O)_6 + 3\,L^{II} \rightleftharpoons ML^{II}{}_3 + 6\,H_2O \qquad (2.122)$$

となって分子数が増大している．したがって，L^{I} と L^{II} の構造が似ている場合，L^{II} との反応の方が明らかにエントロピー的に有利であり，このことが安定度に大きく寄与する．このような効果をキレート効果（chelate effect）と呼んでおり，配位座数の多いキレート試薬ほど安定なキレートを形成する．

2.4.3 キレート滴定と EDTA

錯生成を利用して定量を行う容量分析を錯滴定（complexometric titration）といい，キレート試薬を用いるものをとくにキレート滴定（chelatometric titration）という．なかでも六座配位子であるエチレンジアミン四酢酸（ethylenediaminetetraacetic acid；EDTA，図2.8，化学種としては以下 H_4Y と記す）は多くの金属イオン M^{n+} と安定な1：1錯体 $MY^{(4-n)-}$（図2.9）を生成することから，キレート滴定によく用いられる（H_4Y は水に溶けにくいことから，実際には水溶性の高い二ナトリウム塩 Na_2H_2Y が主に用いられる）．実際に錯生成するのは Y^{4-} であり，その反応は

$$M^{n+} + Y^{4-} \rightleftharpoons MY^{(4-n)-} \qquad (2.123)$$

と表される．主な金属イオンと Y^{4-} との錯体の全安定度定数 β_1 を表2.5に示す．

EDTAは四塩基酸（$pK_{a1}=2.00$, $pK_{a2}=2.68$, $pK_{a3}=6.11$, $pK_{a4}=10.17$）であるため，試料溶液のpHによって実際に錯生成反応に関与する Y^{4-} の割合が大きく変化し，高pH条件ほど錯生成に有利になる．水溶液中におけるEDTAの各化学種（H_4Y, H_3Y^-, H_2Y^{2-}, HY^{3-}, Y^{4-}）の存在率とpHとの関係を図2.10に示す．いま，錯生成し

HOOCH$_2$C　　　　　　CH$_2$COOH
　　　　NCH$_2$CH$_2$N
HOOCH$_2$C　　　　　　CH$_2$COOH

図 2.8　EDTA（H_4Y）

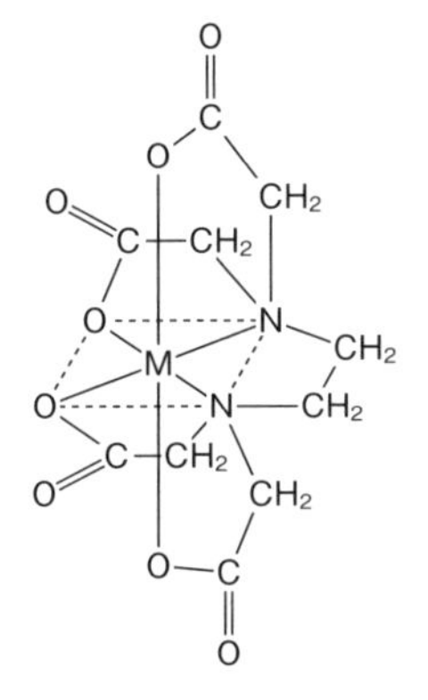

図 2.9　EDTA 錯体（$MY^{(4-n)-}$）

表 2.5　主な金属イオンについての EDTA（Y^{4-}）錯体の安定度定数（β_1）

金属イオン	log β_1	金属イオン	log β_1
Fe^{3+}	25.1	Al^{3+}	16.1
Hg^{2+}	21.8	Ce^{3+}	16.0
Ga^{3+}	20.3	Fe^{2+}	14.3
Cu^{2+}	18.8	Mn^{2+}	14.0
Ni^{2+}	18.6	Ca^{2+}	11.0
Pb^{2+}	18.0	Mg^{2+}	8.7
Cd^{2+}	16.5	Sr^{2+}	8.6
Zn^{2+}	16.5	Ba^{2+}	7.8
Co^{2+}	16.3	Ag^{+}	7.3

ていない EDTA の全濃度を $[Y]'$ とすると，

$$[Y]' = [Y^{4-}]+[HY^{3-}]+[H_2Y^{2-}]+[H_3Y^{-}]+[H_4Y]$$
$$= [Y^{4-}]\left(1+\frac{[H^+]}{K_{a4}}+\frac{[H^+]^2}{K_{a3}K_{a4}}+\frac{[H^+]^3}{K_{a2}K_{a3}K_{a4}}+\frac{[H^+]^4}{K_{a1}K_{a2}K_{a3}K_{a4}}\right) \tag{2.124}$$

となる．したがって，

$$\alpha_Y = \left(1+\frac{[H^+]}{K_{a4}}+\frac{[H^+]^2}{K_{a3}K_{a4}}+\frac{[H^+]^3}{K_{a2}K_{a3}K_{a4}}+\frac{[H^+]^4}{K_{a1}K_{a2}K_{a3}K_{a4}}\right)^{-1} \tag{2.125}$$

と定義すると，

$$[Y^{4-}] = \alpha_Y[Y]' \tag{2.126}$$

となり，

$$\beta_1{}' = \frac{[\mathrm{MY}^{(4-n)-}]}{[\mathrm{M}^{n+}][\mathrm{Y}]'} \tag{2.127}$$

と定義すると，

$$\beta_1{}' = \beta_1 \alpha_\mathrm{Y} \tag{2.128}$$

$$\log \beta_1{}' = \log \beta_1 + \log \alpha_\mathrm{Y} \tag{2.129}$$

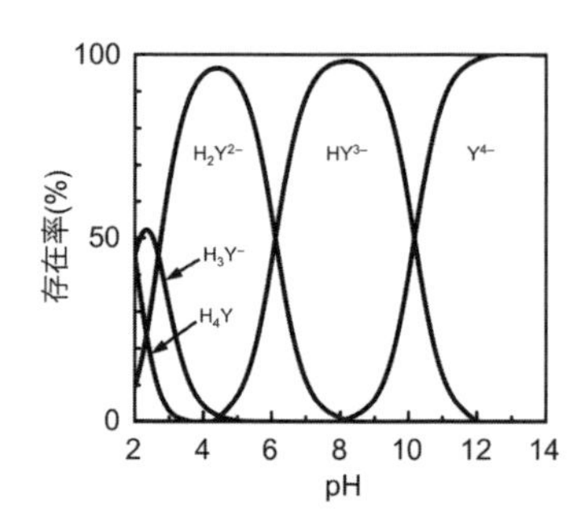

図 2.10 EDTA の各化学種の存在率と pH との関係

のように表すことができる．α_Y は pH の関数であるから，$\beta_1{}'$は pH によって変化する「見かけの安定度定数」ということができる．$\beta_1{}'$のような値を一般に条件安定度定数（conditional stability constant）という．また，このとき Y^{4-} へのプロトン付加は錯生成を阻害する副反応と見ることができることから，α_Y のような値を副反応係数（side reaction coefficient）と称している．このようなキレート試薬へのプロトン付加のほか，金属イオンの加水分解によるヒドロキソ錯体の生成などについても同様に副反応係数を用いて考えることができる．

2.4.4 当量点決定と金属指示薬

キレート滴定においては，一般に金属イオンを含む試料溶液に EDTA などのキレート試薬標準液を滴下する．したがって，終点付近においてフリーの金属イオン濃度の急激な減少が見られる．図 2.11 に，1.00×10^{-2} mol L^{-1} 金属イオン溶液 20.00 mL に対して 1.00×10^{-2} mol L^{-1} EDTA 溶液を滴下したときの，滴下量に対する pM（$= -\log\,[\mathrm{M}]$，[M] はフリーの金属イオン濃度）の変化を示す．図より，$\beta_1{}'$が 10^8 より大きければ当量点近傍での pM の変化が大きく，反応の終点が明瞭になることがわかる．

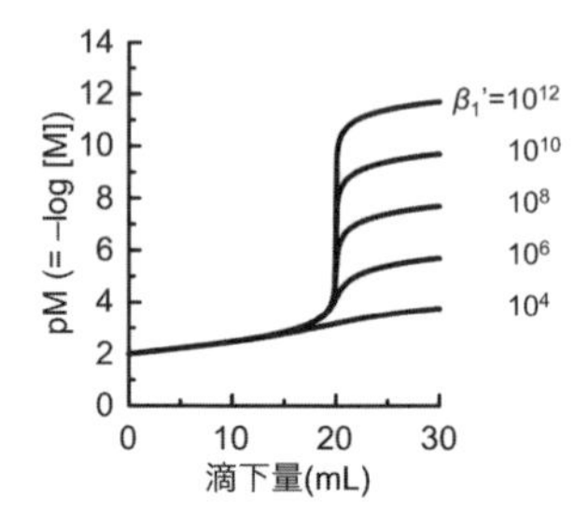

図 2.11 1.00×10^{-2} mol L^{-1} 金属イオン（M）溶液 20.00 mL に対して 1.00×10^{-2} mol L^{-1} EDTA 溶液を滴下したときの滴定曲線

キレート滴定において当量点における pM の変化を目視で確認するために，金属指示薬（metallochromic indicator）が用いられる．金属指示薬はそれ自身がキレート試薬であり，金属イオンとのキレート形成によりその色が大きく変化する．滴定前は金属指示薬は錯体を形成しているが，当量点では滴定剤に金属イオンを奪われるため指示薬はフリーになる．金属指示薬と目的金属イオンとの錯体の安定度定数は，滴定剤と目的イオンとの錯体の安定度定数より小さいことが必要であるが，ある程度大きくなければ当量点前で変色してしまう．代表的な金属指示薬を図 2.12 に示す．

2.4.5　特殊な滴定法

キレート滴定においては，金属イオン（M）をキレート試薬（L）で滴定する直接滴定が一般的であるが，必要に応じ，逆滴定，置換滴定，間接滴定などの特殊な滴定法が用いられる．

a.　逆滴定

M と L との反応速度が遅い場合や沈殿を生じるとき，あるいは適当な金属指示薬がないときに用いられる．M に対して一定過剰量の L を加えて錯体 ML を形成させておき，過剰の L を別の適当な金属イオン（M′）の標準液で滴定する．このとき，M′L は ML より安定度が低くなければならない．Al^{3+} に EDTA 標準液を過剰に加え，これを Zn^{2+} 標準溶液で逆滴定する場合などが代表例である．

b.　置換滴定

滴定 pH 条件で M が水酸化物などとして沈殿してしまう場合や，適当な金属指示薬がないときに用いられる．別の適当な金属イオン（M′）のキレート M′L を加えて ML を生成させ，遊離した M′を L で滴定する．ML の安定度が M′L よりはるかに大きいことが必要である．Hg^{2+} を含む溶液に Mg^{2+} の EDTA 錯体を加えて Hg^{2+} を錯体とし，遊離した Mg^{2+} を EDTA 標準液で滴定する場合などが代表例である．

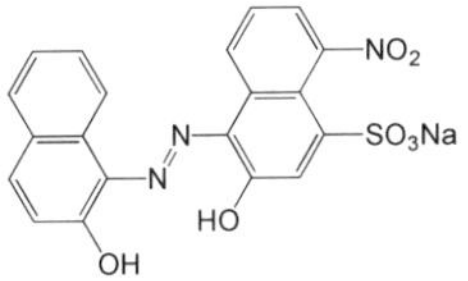

エリオクロムブラック T
(BT または EBT)

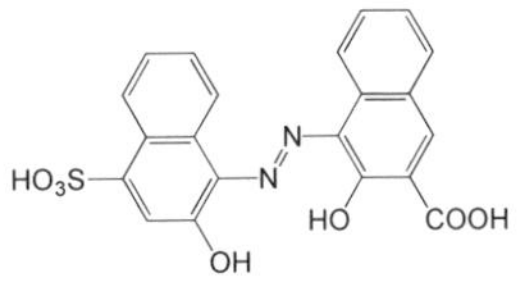

2-ヒドロキシ-1-(2-ヒドロキシ-4-スルホ-1-ナフチルアゾ)-3-ナフトエ酸（NN）

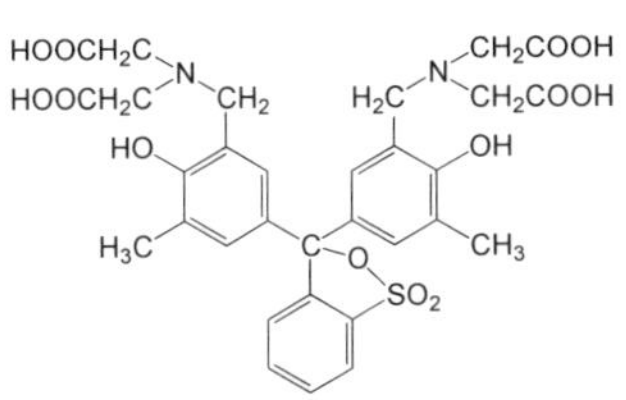

キシレノールオレンジ（XO）

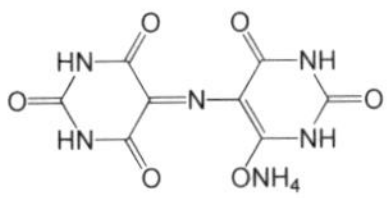

ムレキシド（MX）

図 2.12　代表的な金属指示薬

c. 間接滴定

キレート試薬との錯体の安定度が低い金属イオンを定量する場合に用いられる．M と錯生成しやすい別の配位子 L′を含む錯体 M′L′を加えて ML′を生成させ，遊離した M′をキレート試薬 L で滴定する（置換滴定と似ているが，配位子が異なる）．例えば，Ag^+ は EDTA と錯形成しにくいが，$Ni(CN)_4^{2-}$ とは

$$2\,Ag^+ + Ni(CN)_4^{2-} \longrightarrow 2\,Ag(CN)_2^- + Ni^{2+} \tag{2.130}$$

のように反応するので，遊離した Ni^{2+} を EDTA で滴定することにより間接的に Ag^+ を定量することができる．

［平山　直紀］

引用・参考文献

鳥居　泰男・康　智三共訳（1985）『定量分析化学』，培風館．
分析化学研究会編著（1992）『分析化学の理論と計算』，廣川書店．
今泉　洋ほか（1998）『基礎分析化学』，化学同人．
奥谷　忠雄ほか（1998）『基礎教育分析化学』，東京教学社．
太田　清久・酒井　忠雄編著（2004）『分析化学』，朝倉書店．
日本分析化学会編（2004）『基本分析化学』，朝倉書店．

第3章
重 量 分 析

3.1 重量分析とは

重量分析（gravimetry または gravimetric analysis）とは，定量しようとする成分を組成一定の純粋な化合物または単体として分離し，その質量から目的成分の量を求める分析方法であり，主成分や常量成分の定量に対して最も正確な分析法の1つである（歴史的経緯から重量という言葉が用いられているが，測定するのは質量である）．広義の重量分析には，目的成分を気化させてその質量を測定するガス重量分析や，電極上に目的成分を電解析出させてその質量を測定する電解重量分析なども含まれているが，一般的には沈殿重量分析のことを単に「重量分析」と称しており，本章ではこれを取り上げる．

沈殿重量分析では，分離の手段として沈殿生成が用いられる．具体的には，適当な試薬（沈殿剤）を用いて目的成分を純粋な不溶性化合物として選択的に沈殿させ，沈殿を取り出して乾燥後，その質量を測定（これを秤量という）するか，あるいは強熱などの方法で安定な別の化合物に変換して秤量し，その質量と化学組成から目的成分の量を計算する．重量分析の各操作には熟練を要し，また分析にかなり長時間を要するが，精密に実験を行えば極めて正確な定量値を直接得ることができるため，間接法である容量分析や各種機器分析による定量の基準として用いることができる．

重量分析において，目的成分を選択的に沈殿させるときの化学形を沈殿形といい，秤量するときの化学形を秤量形という．沈殿形には，沈殿形成が定量的であること，純粋でろ過しやすい（取り出しやすい）ことなどが求められる．秤量形は，一般に沈殿形を乾燥または強熱することによって得られ，組成が一定であること，安定で操作中に変質や揮発，吸湿などをしないことが求められる．また，式量や分子量が大きく，目的成分の質量分率が小さい方が秤量誤差が相対的に小さくなるので秤量形として好ましい．いくつかの元素について，よく用いられる沈殿形と秤量形の例を表3.1に示す．

表3.1 沈殿形と秤量形の例

元 素	沈殿剤	沈殿形	秤量形	加熱温度(℃)
沈殿形と秤量形が同じ				
Ag	HCl	AgCl	AgCl	130～450
Ba	H_2SO_4	$BaSO_4$	$BaSO_4$	<900
Ni	$C_4H_8N_2O_2$ (ジメチルグリオキシム)	$Ni(C_4H_7N_2O_2)_2$	$Ni(C_4H_7N_2O_2)_2$	110～200
Pb	H_2SO_4	$PbSO_4$	$PbSO_4$	560～800
$S(SO_4)$	$BaCl_2$	$BaSO_4$	$BaSO_4$	<900
沈殿形と秤量形が異なる				
Al	NH_3	$Al_2O_3 \cdot xH_2O$*	Al_2O_3	500～900
Ca	$(NH_4)_2C_2O_4$	$CaC_2O_4 \cdot H_2O$	CaO	>800
Fe	NH_3	$Fe_2O_3 \cdot xH_2O$*	Fe_2O_3	800～900
Mg	$(NH_4)_2HPO_4$	$MgNH_4PO_4 \cdot 6H_2O$	$Mg_2P_2O_7$	>600
Zn	C_9H_7NO (8-キノリノール)	$Zn(C_9H_6NO)_2$	ZnO	>680

* これらはしばしば $Al(OH)_3$, $Fe(OH)_3$ (水酸化物) と表されているが, 正確には水和酸化物と呼ばれる複雑な縮合体である.

3.2 沈殿の生成と性質

3.2.1 沈殿の生成と成長

a. 沈殿の生成

沈殿が生成するためには, 沈殿させようとする物質がその溶解度以上に溶解している過飽和 (supersaturation) の状態にあることが必要である. また, 過飽和溶液から沈殿が析出して平衡状態に達するためには, まず沈殿粒子のもとになる核生成 (nucleation) が必要となる.

過飽和の程度が比較的低い場合には, 溶液中に浮遊する, あるいはガラス壁に吸着している微細なゴミを基点にイオンが集合し, 不均質に核を生成すると考えられている. これに対し, 過飽和の程度が高い場合には, イオンどうしが直接一定の配列で集合してクラスターを作り, これが核となる. この場合は核の生成は均質的で, 過飽和の程度が増すほど核の数は多くなる.

過飽和溶液中の目的物質の濃度を Q, 沈殿平衡時の溶解度を S とすると, 過飽和度は $(Q-S)$ で示され, 相対過飽和度は $(Q-S)/S$ で表される. P. P. von Weimarn (ワイマルン) の発見によれば, 初期の沈殿生成速度は相対過飽和度に比例し, また沈殿粒子の大きさは相対過飽和度に反比例する. これは生成する核の数に対応するものであり，ろ過しやすい大きな沈殿粒子を得るためには相対過飽和度を小さくすること，すなわち Q を小さくかつ S を大きく保つことが重要になる．多くの場合，温度が高くなるほど溶解度は増大することから，沈殿生成は温度が高い溶液から行うことが好ましいとされる．

b.　沈殿粒子の成長

核生成から大きな沈殿粒子への成長のプロセスを順に追っていくと，結晶物質の場合は，イオン（直径約 10^{-8} cm）⟶核のクラスター（10^{-8}〜10^{-7} cm）⟶コロイド粒子（10^{-7}〜10^{-4} cm）⟶沈殿粒子（$>10^{-4}$ cm）のように成長して沈殿の沈降に至る．すなわち，沈殿生成においては必ず相対表面積の大きなコロイド粒子の領域を経る．

コロイド粒子の表面イオンは，反対電荷のイオンを粒子表面に引きつける．このとき，結晶格子を構成するイオンが溶液中にも存在すれば，そのようなイオンが優先的に吸着されるが，存在しない場合には最も難溶性の塩となるイオンが優先的に吸着される．このようにしてコロイド粒子の表面には一次荷電層が形成され，これらが反対電荷のイオンをゆるく引きつけ，二次荷電層を形成する．例えば NaCl 溶液に $AgNO_3$ 溶液を加えていく場合，AgCl コロイドの表面には過剰の Cl^- が吸着して一次荷電層を形成し，その周りでは Na^+ がゆるく引きつけられて二次荷電層となる．

この二次荷電層の電荷が一次荷電層の電荷を中和すると，コロイド粒子は荷電を失って互いに結合し，より大きな粒子を形成していく．このプロセスを凝析または凝集（coagulation）という．しかし，二次荷電層の引きつけが弱いと，コロイド粒子は一次荷電層の電荷により互いに反発するため，凝集は進まない．

なお，コロイド粒子が凝集してできた沈殿粒子を洗浄する際，凝集剤イオンが除かれることによって沈殿粒子が再びコロイド状になる場合がある．この現象を解膠（かいこう）（peptization）という．清浄な沈殿をろ別するためには解膠を避けることが必須であり，沈殿剤の希薄溶液や適当な電解質溶液が洗浄用にしばしば用いられる．

3.2.2　沈殿の熟成

高温の溶液から生成した沈殿を母液（もとの溶液）とともに放置すると，小さな結晶や不完全な結晶はより大きな完全な結晶へと成長し，不純物を含む結晶も純化される．この過程を熟成（repening）または温浸（digestion）という．沈殿生成は化学平衡であるが，小さな結晶は大きな結晶よりも溶解しやすいため，時間とともに小さな結晶は溶解し，過飽和状態となった母液から大きな結晶の表面に再沈殿が生じ，より大きな結晶へと成長する．この再溶解・再結晶の過程で格子欠陥は解消され，不純物も溶液内に放出される．また，結晶が大きくなれば表面積が相対的に小さくなり，不純物の吸着も避けられる．

3.2.3 沈殿の汚染

重量分析においては，沈殿に不純物が混入すること，すなわち沈殿の汚染（contamination）が誤差の大きな原因となる．汚染は，沈殿が生成する際に溶液中のほかの成分が取り込まれてしまう共沈（coprecipitation）によって引き起こされる．共沈はその態様によって次のように分類される．

a. 吸 着

沈殿粒子の表面イオンは，溶液中の反対電荷のイオンを吸着（adsorption）する性質があるが，とくに格子イオンが過剰に含まれる場合はまずこれが吸着して一次荷電層を形成し，さらに反対電荷のイオンが吸着する．例えば SO_4^{2-} を Ba^{2+} で沈殿させる場合，$BaSO_4$ が完全に沈殿した後は過剰の Ba^{2+} が吸着して一次荷電層を形成し，これに NO_3^- などの陰イオンが吸着して沈殿を汚染する．

吸着は表面現象であるため，沈殿の熟成により取り除くことができる．また，大きな結晶は表面積が相対的に小さいため吸着による汚染を受けにくい．沈殿の洗浄も有効であり，また沈殿を適当な溶媒に再溶解して再沈殿することにより吸着物を有効に除去することができる．

b. 吸 蔵

沈殿粒子が成長する過程で不純物を包み込んでしまう場合があり，これを吸蔵（occlusion）という．吸蔵には大きく分けて2つの経路がある．

結晶の成長が速いとき，表面に吸着した不純物イオンが結晶のさらなる成長により結晶中に取り込まれてしまい，結晶内部に格子欠陥（lattice defect）を生じてしまうことがある．これは，結晶の成長速度を制御することで防ぐことができ，また熟成や再沈殿によりほとんど解消することができる．

共存するほかのイオンが目的成分と同型の結晶構造を有する場合，共存イオンを含む固溶体（solid solution）を形成することがある．とくに両イオンのイオン半径の差が小さい場合，目的とする結晶の構造を乱すことなく共存イオンが混入し，混晶（mixed crystal）を形成する．例えば，$BaSO_4$ の結晶には Pb^{2+} や Ra^{2+} が混入しやすい．この種の汚染は熟成や再沈殿でも除去することはできず，沈殿生成前に別の手法で除去するか，マスキング（ほかの錯生成剤などを加えることによって反応を阻止する）などの手法を用いる必要がある．

c. 後 沈

目的沈殿が生成した後，これを母液とともに長時間放置しておくと，ほかの成分が同型の沈殿を誘発的に生成することがある．この現象を後沈（post-precipitation）という．これは沈殿表面で溶解・析出を繰り返すため局所的に過飽和状態が生じることに起因する．例えば，Mg^{2+} 共存下で CaC_2O_4 の沈殿を生成し長時間放置すると，徐々に MgC_2O_4 が析出してくる．

3.2.4 沈殿生成に影響を及ぼす因子

a. 温 度

大半の無機塩では，温度の上昇とともに溶解度は増大する．これは難溶性塩でも同様であり，単純に考えれば温度が低いほど沈殿生成に好ましいように思われる．しかし，3.2.1 項および 3.2.2 項で示したように，温度が高い条件で沈殿を生成させた方が，大きくて純度の高い沈殿粒子が得られる．したがって，通常は高温条件での沈殿生成が選択され，溶解度増大による沈殿効率低下は後述の共通イオン効果の利用などによって補填されるのが一般的である．

b. pH

水和酸化物（水酸化物）沈殿を生成する場合には，原理的に pH がある程度高くなくては沈殿が生じない．しかし，Al^{3+} などの両性イオンが目的成分である場合には，pH を高くしすぎると陰イオン性ヒドロキソ錯体が生成され沈殿生成を阻害する．また，シュウ酸塩や硫化物などの弱酸塩を沈殿させる場合には，酸性条件では共役酸の生成により沈殿生成が阻害される．

c. 共通イオン

無機塩の溶解平衡の平衡定数は溶解度積で表される（2.3.1 項参照）．したがって，この無機塩を構成するイオンが水溶液内に存在すると，結果的に無機塩の溶解度が減少することになる．この現象を共通イオン効果（common ion effect）という．共通イオン効果を利用して沈殿効率を高めるため，沈殿生成の際には沈殿剤を過剰に加えるのが通例である．ただし，大過剰に加えると沈殿粒子が小さくなるなどの問題が生じる．

錯生成能を持つ沈殿剤を用いる場合は，高次錯体の生成に注意しなければならない．例えば Cl^- を用いて Ag^+ を沈殿させる場合，

$$Ag^+ + Cl^- \rightleftharpoons AgCl\downarrow \tag{3.1}$$

の平衡によって沈殿が生じるが，Cl^- の濃度が高すぎると

$$AgCl + Cl^- \rightleftharpoons AgCl_2^- \tag{3.2}$$

のように錯イオンが生成して沈殿が溶解してしまう（さらに濃度を高くすると，もっと高次の錯体が生じる）．AgCl の溶解度 S_{AgCl}（mol L^{-1}）と Cl^- 濃度との関係を図 3.1 に示す．曲線の左端は純水に AgCl を溶解した場合に相当し，途中までは共通イオン効果による溶解度低下が見られるが，$[Cl^-]$ が大きくなると高次錯体の生成により溶解度が増大していることがわかる．

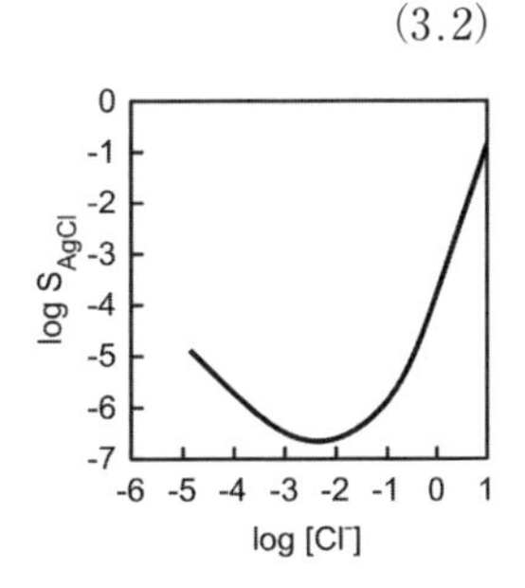

図 3.1 AgCl の溶解度（S_{AgCl}）と $[Cl^-]$ との関係

d.　異種イオン

溶解度積は平衡定数であるから，厳密には濃度単位ではなく活量単位で表される．それゆえ系内に大量にイオンが存在してイオン強度が大きくなると，活量係数が小さくなり，結果として活量が小さくなるため，難溶性塩の溶解度が増大してしまう．この現象を異種イオン効果（divers ion effect）という．

e.　有機溶媒

無機塩は一般に有機溶媒に難溶である．これは，有機溶媒分子が無機イオンに溶媒和しにくいことに起因する．したがって，メタノール，エタノール，アセトンなどの有機溶媒を添加することにより，溶解度を低下させて沈殿生成を促進することが可能である．ただし，目的物以外の溶解度も低下し得ること，また塩の種類によってはかえって溶解度が増大する場合もあることに注意しなければいけない．

3.2.5　均 一 沈 殿 法

よい沈殿を生成するためには相対過飽和度を小さく保つことが重要であり，それゆえ沈殿剤はよくかき混ぜながら少量ずつ加えていく必要がある．しかし，どのように加えてもその瞬間には局所的に沈殿剤過剰の状態となり，多くの沈殿核が生成したり，また共沈の原因となり得る．これに対し，化学反応により試料溶液内で沈殿剤を均一に発生させてこの問題を解決する均一沈殿法（precipitation from homogeneous solution）という手法がしばしば用いられる．

均一沈殿法で最もよく用いられる反応は，尿素（$CO(NH_2)_2$）の加水分解である．酸性の試料溶液に尿素を加え穏やかに加熱すると，尿素は徐々に分解してアンモニアを発生し，試料溶液の pH は均一に上昇する（溶液を冷却すれば反応は停止する）．

$$CO(NH_2)_2 + H_2O \longrightarrow 2NH_3 + CO_2\uparrow \qquad (3.3)$$

この反応は，$Al_2O_3 \cdot xH_2O$ や $Fe_2O_3 \cdot xH_2O$ などの水和酸化物沈殿を良好に沈殿させたり，沈殿剤を少しずつ酸解離させたりすることに応用される．

そのほか，ヘキサメチレンテトラミン（$(CH_2)_6N_4$），チオアセトアミド（$HCSNH_2$），硫酸ジメチル（$(CH_3)_2SO_4$），シュウ酸ジメチル（$(CH_3)_2C_2O_4$）などが均一沈殿法によく用いられる．

$$(CH_2)_6N_4 + 3H_2O \longrightarrow 4NH_3 + 6HCHO \qquad (3.4)$$

$$HCSNH_2 + H_2O \longrightarrow H_2S + HCONH_2 \qquad (3.5)$$

$$(CH_3)_2SO_4 + 2H_2O \longrightarrow SO_4^{2-} + 2CH_3OH + 2H^+ \qquad (3.6)$$

$$(CH_3)_2C_2O_4 + 2H_2O \longrightarrow C_2O_4^{2-} + 2CH_3OH + 2H^+ \qquad (3.7)$$

3.3　重量分析の操作

重量分析の操作の大まかな流れは，溶液の調製 ⟶ 沈殿の生成 ⟶ 沈殿の熟成 ⟶ ろ過 ⟶ 沈殿の洗浄 ⟶ 強熱・乾燥 ⟶ 秤量 ⟶ 計算のようにまとめることができる．以下，それぞれの操作について必要な一般的事項を簡単に説明する．

3.3.1　溶液の調製

試料の必要量を正確に計り取り，これを適当な方法で溶解して水溶液試料とする．もし妨害する成分が含まれているようであれば，あらかじめ分離するか，マスキングなどの適切な前処理を行う．沈殿の溶解を抑制し，ろ過しやすい沈殿を得られるように，溶液の条件を調整する．

3.3.2　沈殿の生成と熟成

沈殿剤溶液を小さなビーカーやメスシリンダーにとり，ガラス棒を伝わらせて十分攪拌しながら少量ずつゆっくり添加し，目的成分を沈殿させる．沈殿剤を小過剰になるように加えた後，ビーカーを湯浴などで温浸するか，一定時間放置して沈殿の成長を促す．このとき，ビーカーには時計皿をかぶせるなどして不純物の混入を避けることが望ましい．

3.3.3　沈殿のろ過と洗浄

沈殿のろ過には定量分析用ろ紙を用いる．定量分析用ろ紙は，灰化した後に残る灰分質量が規定量以下の一定値になるように作られている．表 3.2 に定量分析用ろ紙の種類を示す．

まず，上澄み液の一部をろ過し，ろ液に沈殿物が漏出していないことを確認するとともに，沈殿剤を加えてさらなる沈殿が生じないことを確認する．続いて上澄み液の大部分をろ過する．ビーカー内の沈殿は，デカンテーション（傾斜法，decantation）によって数回洗浄する．洗浄には温水のほか，解膠を避ける目的で沈殿剤やアンモニウム塩の希薄溶液などが用いられ，洗浄後の洗液もろ過する．最後に，洗びんなどを用いて沈殿を同じろ紙上に移す．ビーカー内壁に付着する沈殿は，ポリスマン（先端にゴム管をつけたガラス棒）を用いて移す．

ジメチルグリオキシムを沈殿剤として Ni^{2+} を重量分析する場合のように，有機錯体をそのまま秤量するような場合には，沈殿を比較的低い温度で乾燥して秤量することになる．ろ紙には吸湿性があり質量が変化しやすいため，このような場合にろ紙を用いるろ過は適切ではなく，ガラスろ過器を用いて吸引ろ過を行うのが一般的である．

表 3.2 定量分析用ろ紙の種類

種 類 (JIS P 3801)	用 途	対 象	ろ水時間*	灰分質量 (90 mm 円形ろ紙)
5種A	粗大ゼラチン状沈殿用	$Fe_2O_3 \cdot xH_2O$ など	70 s 以下	0.10 mg 以下
5種B	中位の大きさの沈殿用	$PbSO_4$ など	240 s 以下	0.10 mg 以下
5種C	微細沈殿用	$BaSO_4$ など	720 s 以下	0.10 mg 以下
6種	微細沈殿用の薄いろ紙	$BaSO_4$ など	480 s 以下	0.08 mg 以下

* 水 100 mL をろ過するのに要する時間

ろ過の手順自体は，ろ紙を用いる場合と基本的に同様である．

3.3.4 強熱・乾燥

ろ過によってろ紙上に捕集された沈殿は，るつぼ内で強熱することにより秤量形に転換するのが通例である．るつぼには磁製，白金製などの材質のものがあり，あらかじめ恒量とした（強熱しても質量に変動が生じなくなった）ものを実験に用いる．

沈殿をろ紙ごとたたんでるつぼに入れる．三角架上にるつぼを置き，まず遠火で穏やかに加熱してろ紙を乾燥させる．次いでるつぼにふたをずらしてかぶせ，ろ紙が炎を上げないように注意しながら少しずつ温度を上げてろ紙を炭化する．その後，炎をさらに強くしてるつぼの底部が少し赤くなる程度まで加熱してろ紙を灰化する．灰化が終わったら，ふたをして約 15 分間強熱する．強熱の際には，得ようとする秤量形に適当な温度条件となるよう注意する．

ガラスろ過器を用いる場合は，沈殿をガラスろ過器ごと空気浴（air bath）で一定時間乾燥する．空気浴には，電気乾燥器などが通常用いられる．

3.3.5 秤 量

強熱したるつぼをデシケーター中で 40 分間（白金るつぼの場合は 30 分間）放冷し，天秤で秤量する．以後，15 分間の強熱 ⟶ 40 分間の放冷 ⟶ 秤量の操作を恒量になる（秤量値が ±0.1 mg〜0.3 mg 以内となる）まで繰り返す．得られた恒量値からるつぼ自体の恒量値とろ紙灰分の質量を差し引くことにより，秤量形化学種の質量を求める（ガラスろ過器を用いる場合も考え方は同様である）．

3.3.6 計 算

重量分析では，通常，試料中の目的成分の質量百分率を求める．実験では秤量形の質量が求められるから，目的成分の計算には換算が必要であり，そのために用いられるのが重量分析係数（gravimetric factor）である．重量分析係数は，目的成分の式量または原子量と秤量形の式量との比であり，例えば試料中の Al を Al_2O_3 で秤量した場

合には,

$$\text{重量分析係数} = \frac{2 \times \text{Al の原子量}}{Al_2O_3 \text{の式量}} = \frac{2 \times 26.98}{101.96} = 0.5292 \quad (3.8)$$

のようになる．目的成分の質量百分率は

$$\text{目的成分}(\%) = \frac{\text{秤量形の質量} \times \text{重量分析係数}}{\text{試料の質量}} \times 100 \quad (3.9)$$

で求められる．したがって，重量分析係数が小さい，すなわち秤量形の式量が大きいほど定量に有利であることがわかる．　**［平山　直紀］**

第4章
液 - 液 抽 出

互いに混じり合わない2つの液相が存在する系に溶質を加えると，その溶質は両相間において分配し，ある平衡状態に達する．この分配平衡を利用した分離法が液 - 液抽出法（liquid-liquid extraction）である（溶媒抽出法とも呼ばれる）．この方法では，一般に，水とそれと混じり合わない有機溶媒の2相間に各成分が分配する程度の差異に基づいて，目的成分の分離や濃縮が行われる．その特長として，①有機化合物および無機化合物の双方の分離に広く適用できること，②分液漏斗中の水相と有機相を数分間振り混ぜるだけの簡便な操作により迅速に抽出が行えること，および③常量（～1%）からごく微量（～10^{-10} M）まで広い濃度範囲の試料成分を対象とし得ることなどが挙げられる．本章では，分配平衡の原理をはじめ，有機酸や金属錯体の分配平衡，および液 - 液抽出の実際の操作とその関連技術について述べる．

4.1　2相間分配の法則

図4.1に，ある単一の化学種Sが水相（a）と有機相（o）の間で分配平衡に達したときの模式図と平衡の様子を示す．このときの溶質Sの水相および有機相中の濃度をそれぞれ $[S]_a$ および $[S]_o$ とおくと，その平衡定数は，

$$K_D = \frac{[S]_o}{[S]_a} \tag{4.1}$$

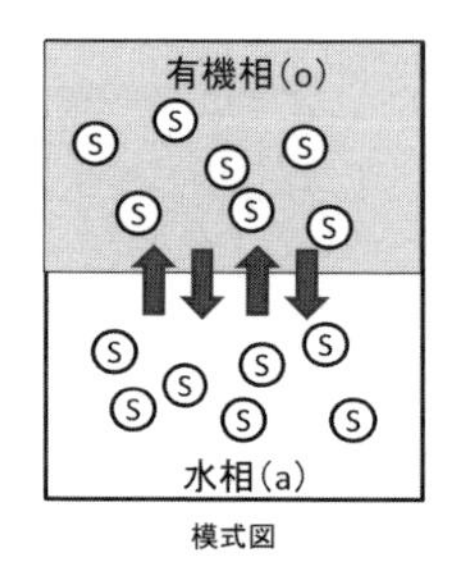

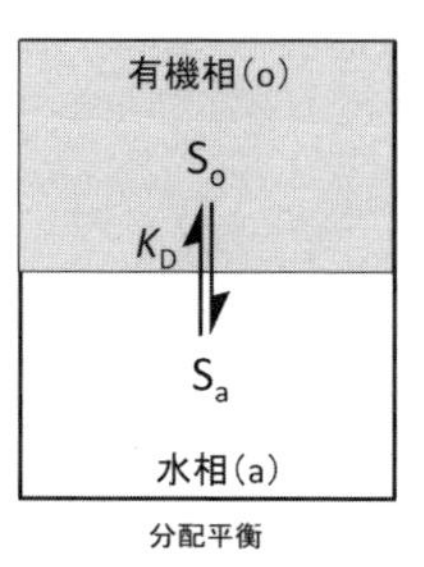

図4.1　2液相間における溶質Sの分配

となる．この K_D を分配係数（distribution coefficient）といい，2液相の組合せが同じであれば，一定の温度および圧力下でその化学種に固有の値を示す．なお，分配係数の式において，どちらの液相における濃度を分母にするかは基本的に任意であるが，上式のように普通は水相を分母にして記述する．この理由として，実際の液－液抽出では，水相側にもともと溶解していた溶質を有機相側に移行して，抽出することが多いことが挙げられる．すなわち，式(4.1)に示すように，分配係数が大きいほど，その溶質は有機相側に効率よく抽出されることになる．

上述したように，分配係数は単一の化学種に対してのみ成り立つが，溶質が1種類の化学種として分配することは少なく，実際には酸解離や二量体化などの反応を経て複数の化学種として両相中に存在していることが多い．例えば，ある溶質Sが S_1, S_2, S_3, …のようにいくつかの化学種として分配している場合，個々の化学種についての分配係数は成立するが，それらの係数を使って系全体の分配平衡を記述することはできない．こうした場合，その溶質に関連する化学種の総濃度を用いた分配比（distribution ratio）D によって，溶質全体の分配の程度を示すことができる．水相および有機相中の溶質Sの全濃度をそれぞれ $C_{s,a}$ および $C_{s,o}$ とおくと，D は次式のように表される．

$$D = \frac{\text{有機相中の溶質 S の全濃度}}{\text{水相中の溶質 S の全濃度}} = \frac{C_{s,o}}{C_{s,a}} = \frac{[S_1]_o + [S_2]_o + [S_3]_o + \cdots}{[S_1]_a + [S_2]_a + [S_3]_a + \cdots} \quad (4.2)$$

この式に示すように，両相において溶質が1種類の化学種のみで存在している場合には，分配比は分配係数と等しくなる．

実際に液－液抽出を行う際に，その抽出効率を評価する尺度として抽出百分率（percent extraction）E がよく使われる．抽出百分率とは，全体の溶質の何％が有機相側に抽出できたかを表す値であり，有機相および水相の体積をそれぞれ V_o および V_a とおけば次式のように表される．

$$E(\%) = \frac{C_o V_o}{C_o V_o + C_a V_a} \times 100 \quad (4.3)$$

さらに，この式の分子と分母を $C_a V_o$ で割り，次いで式(4.2)を代入して D を導入すると，以下の式が得られる．

$$E(\%) = \frac{D}{D + \dfrac{V_a}{V_o}} \times 100 \quad (4.4)$$

この式から，有機相の体積を水相の体積より大きくするほど，抽出率は高くなることがわかる．例えば，D の値が1.0である溶質について，2液相の体積が等しい場合には抽出率は50％であるが，有機相の体積を水相の2倍に設定すれば抽出率は67％まで上昇する．

4.2 液－液抽出平衡

4.2.1 有機酸の抽出

安息香酸やプロピオン酸などの有機酸類は水相中でpHに依存して一部酸解離した状態で存在している．そのため，それらの有機酸の分配平衡を記述するためには，解離した化学種の存在やpHの影響を考慮する必要がある．図4.2に有機酸（ここではHAと表記する）の分配の模式図と平衡の様子を示す．なお，非溶媒和系の有機相中では，有機酸は会合して二量体として存在していることが多いが，ここでは簡略化のためにその影響は考慮せずに説明する．まず，水相中で有機酸は以下のように解離している．

$$HA_a \overset{K_a}{\rightleftharpoons} H_a^+ + A_a^- \tag{4.5}$$

その酸解離平衡定数（K_a）は次のように表される．

$$K_a = \frac{[H^+]_a [A^-]_a}{[HA]_a} \tag{4.6}$$

一般に，有機相としては誘電率の低い有機溶媒が使用されるため，水相中に存在している化学種のうち，有機相側に分配する成分としては電気的に中性であるHAのみを考えればよい．その分配式と分配係数（K_D）はそれぞれ以下のように示される．

$$HA_a \overset{K_D}{\rightleftharpoons} HA_o \tag{4.7}$$

$$K_D = \frac{[HA]_o}{[HA]_a} \tag{4.8}$$

一方，分配比（D）については，水相中にはHAのみならず，その解離により生じたA^-も存在しているので，両化学種を考慮して次式のように表される．

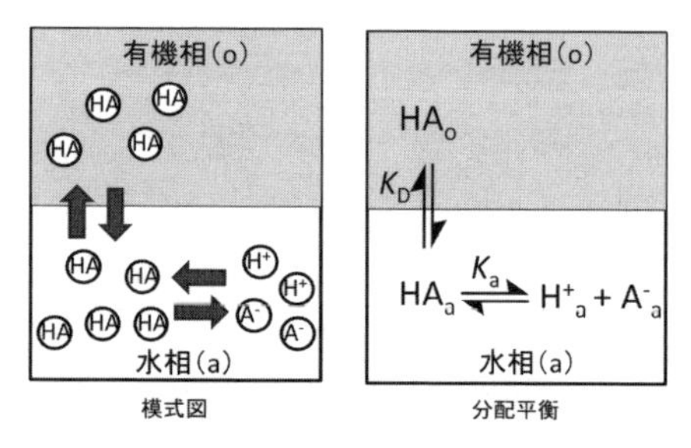

図4.2 2液相間における有機酸の分配

$$D = \frac{[\mathrm{HA}]_\mathrm{o}}{[\mathrm{HA}]_\mathrm{a} + [\mathrm{A}^-]_\mathrm{a}} \tag{4.9}$$

ここで，式(4.6)を以下のように整理する．

$$[\mathrm{A}^-]_\mathrm{a} = K_\mathrm{a} \frac{[\mathrm{HA}]_\mathrm{a}}{[\mathrm{H}^+]_\mathrm{a}} \tag{4.10}$$

この式を式(4.9)に代入し，さらに，式(4.8)より K_D を導入すると D は次のように示される．

$$D = \frac{[\mathrm{HA}]_\mathrm{o}}{[\mathrm{HA}]_\mathrm{a} + K_\mathrm{a} \dfrac{[\mathrm{HA}]_\mathrm{a}}{[\mathrm{H}^+]_\mathrm{a}}} = \frac{[\mathrm{HA}]_\mathrm{o}}{[\mathrm{HA}]_\mathrm{a}\left(1 + \dfrac{K_\mathrm{a}}{[\mathrm{H}^+]_\mathrm{a}}\right)} = \frac{K_\mathrm{D}}{1 + \dfrac{K_\mathrm{a}}{[\mathrm{H}^+]_\mathrm{a}}} \tag{4.11}$$

さらに，両辺の対数をとると次式が得られる．

$$\log D = \log K_\mathrm{D} - \log\left(1 + \frac{K_\mathrm{a}}{[\mathrm{H}^+]_\mathrm{a}}\right) \tag{4.12}$$

式(4.12)において，$[\mathrm{H}^+]$ が K_a よりも十分に大きく，$1 \gg K_\mathrm{a}/[\mathrm{H}^+]$ であるとき，分配比は分配係数と等しくなる（$\log D = \log K_\mathrm{D}$）．この pH 条件下で，有機酸の分配係数が十分に高くなるような有機相を選択すれば，その有機酸を効率よく有機相側に回収することが可能である．このことは，水相中の $[\mathrm{H}^+]$ が高いと有機酸の解離が抑制され，水相中における有機酸濃度が高くなり，結果として有機相に抽出される量も増大することを考えれば容易に理解できよう．逆に，$[\mathrm{H}^+]$ が K_a よりも十分に低く，$1 \ll K_\mathrm{a}/[\mathrm{H}^+]$ であるとき，式(4.12)は以下のように簡略化され，$\log D$ と pH の関係は傾きが -1 の直線になる．

$$\log D = \log K_\mathrm{D} + \mathrm{p}K_\mathrm{a} - \mathrm{pH} \tag{4.13}$$

式(4.13)を使って得られた，水－ジエチルエーテル相間における安息香酸の $\log D$

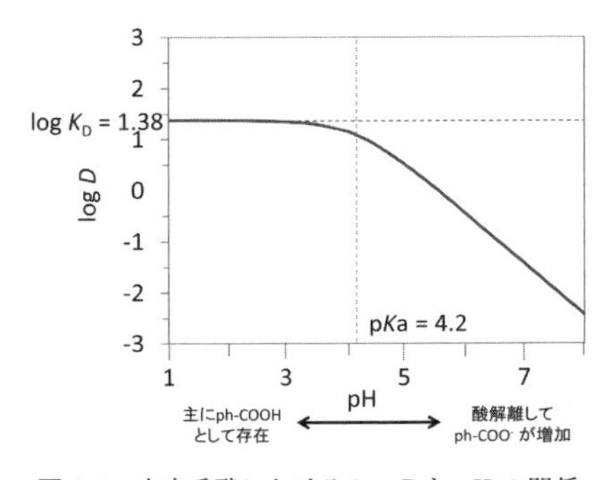

図 4.3　安息香酸における $\log D$ と pH の関係

と pH との関係を図 4.3 に示す．前述したように pH を pK_a よりも十分低くなるように調整すれば，D は K_D と等しくなり，安息香酸を効率よく有機相に移行させることができる．

4.2.2 金属キレートの抽出

a. キレート試薬

金属イオンは水相中で強く水和した状態で存在しており，そのままでは有機相に抽出されない．そのため，金属イオンを有機相に抽出するためには，その電荷を中和するとともに，配位している水を疎水性の化学種に置換する必要がある．その方法の1つとして，キレート試薬を使って金属錯体を形成する，キレート抽出法が広く利用されている．例えば，代表的なキレート試薬の1つである8-キノリノール（オキシンとも呼ばれる）は金属イオン（ここでは二価の金属イオンを例にとる）と図 4.4 に示すような5員環構造の安定な1：2キレートを生成し，有機相に抽出される．表 4.1 に液－液抽出に用いられる代表的なキレート試薬例を示す．この表に示すように，液－液抽出では，水溶液中で一価の陰イオンとなる多座配位子がキレート試薬として一般に使用される．

b. キレート抽出平衡

一般にキレート試薬は水よりも有機溶媒に溶けやすい．そのため，キレート抽出の操作は，あらかじめキレート試薬を加えた有機相を，金属イオンを含む水相に加えて，それらを振り混ぜることによって行われることが多い．このキレート抽出における平衡の様子を図 4.5 に示す．なお，金属錯体の生成では，より配位数の低い中間錯体が生じるが，金属イオン濃度に比べてキレート試薬濃度が十分に高い場合には中間体の逐次生成は無視することができるので，ここではその生成は考慮しないことにする．

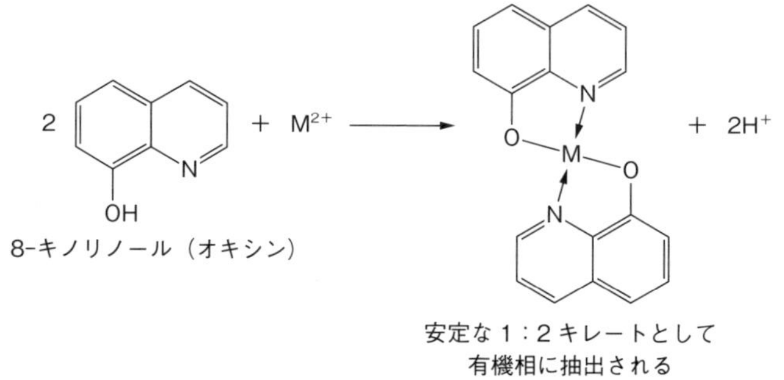

2 [8-キノリノール] + M^{2+} → [ML_2 キレート] + $2H^+$

8-キノリノール（オキシン）

安定な 1：2 キレートとして
有機相に抽出される

図 4.4 8-キノリノール（オキシン）と二価金属イオン間でのキレート生成

表 4.1　金属イオンの液 - 液抽出に用いられる代表的なキレート試薬

配座数	配位原子	化合物名	構造式
2	S, S	ジエチルジチオカルバミン酸ナトリウム	$(C_2H_5)_2N-C(=S)-S^-\ Na^+$
2	O, O	β-ジケトン類 (例としてテノイルトリフルオロアセトンの構造式を示す)	(2-チエニル)$-C(=O)-CH=C(OH)-CF_3$
2	O, N	8-ヒドロキシキノリン（オキシン）	OH, N
2	N, S	ジフェニルチオカルバゾン（ジチゾン）	$HS-C(=N-NH-C_6H_5)-N=N-C_6H_5$
3	O, N, N	1-(2-ピリジルアゾ)-2-ナフトール（PAN）	N, N=N, HO

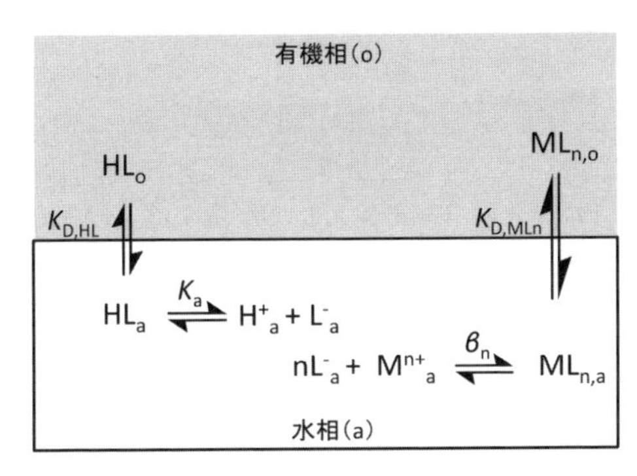

図 4.5　金属イオンのキレート抽出における分配平衡

この図に示すようにキレート抽出は以下の 4 種類の平衡から成り立っている．まず，有機相中のキレート試薬 HL が水相に分配され（①），次いで，その試薬が水相中で解離し，陰イオン L^- が生じる（②）．この L^- が金属イオン M^{n+} に配位して無電荷の金属キレート ML_n が形成し（③），最後にその金属キレートが有機相に移行して抽出が達成される（④）．上記①から④の平衡反応式はそれぞれ以下のように表される．

①キレート試薬の分配係数　$K_{D,HL}$

$$K_{D,HL} = \frac{[HL]_o}{[HL]_a} \tag{4.14}$$

②キレート試薬の酸解離定数　K_a

$$K_a = \frac{[H^+]_a[L^-]_a}{[HL]_a} \tag{4.15}$$

③金属キレートの全生成定数　β_n

$$\beta_n = \frac{[ML_n]_a}{[M^{n+}]_a[L^-]_a^n} \tag{4.16}$$

④金属キレートの分配係数　K_{D,ML_n}

$$K_{D,ML_n} = \frac{[ML_n]_o}{[ML_n]_a} \tag{4.17}$$

一方，金属イオンの分配比 D は，その関連化学種が M^{n+} と ML_n であることから次のように示される．

$$D = \frac{[ML_n]_o}{[M^{n+}]_a + [ML_n]_a} \tag{4.18}$$

ここで，キレート試薬としては，普通，水に難溶性の金属キレートを形成するものが選ばれるため，上式において $[ML_n]_a$ は非常に小さく無視することができ，その結果，次式が得られる．

$$D = \frac{[ML_n]_o}{[M^{n+}]_a} \tag{4.19}$$

この D の式に，式(4.14)から(4.17)を代入して整理すると以下のようになる（まず，式(4.16)と式(4.17)を式(4.19)に代入して $[ML_n]_o$ と $[M^{n+}]_a$ を消去した後，式(4.15)，次いで式(4.14)の順に代入すれば簡単に次式が得られる．ぜひ実際に誘導されたい）．

$$D = \frac{K_{D,ML_n}\beta_n K_a^n [HL]_o^n}{K_{D,HL}^n [H^+]_a^n} \tag{4.20}$$

この式の定数を，次式に示すように K_{ex} としてまとめて表す．

$$K_{ex} = \frac{K_{D,ML_n}\beta_n K_a^n}{K_{D,HL}^n} \tag{4.21}$$

この K_{ex} を使うと，式(4.20)は以下のように示すことができる．

$$D = K_{ex}\frac{[HL]_o^n}{[H^+]_a^n} \tag{4.22}$$

この式から，分配比 D は最初に有機相中に加えたキレート試薬の濃度と，水相中の水素イオン濃度によって決まり，水相中に存在する金属イオンの濃度には依存しないことがわかる．すなわち，Dを上げるためには，有機相に加えるキレート試薬濃度を高くするか，あるいは水相のpHを上げて水相中でのキレート試薬の解離を促進すればよいことがわかる．

なお，K_{ex}は抽出定数（extraction constant）と呼ばれ，この金属キレート抽出の全体的な平衡を表した定数となる．このK_{ex}は式(4.19)と(4.22)から，

$$K_{ex} = \frac{[ML_n]_o [H^+]_a^n}{[M^{n+}]_a [HL]_o^n} \tag{4.23}$$

と表され，以下の平衡反応式に対応している．

$$M_a^{n+} + n\ HL_o \overset{K_{ex}}{\rightleftharpoons} ML_{n,o} + n\ H_a^+ \tag{4.24}$$

ここで，式(4.22)の両辺の対数をとると

$$\log D = \log K_{ex} + n \log [HL]_o + n\ pH \tag{4.25}$$

となる．この式から，キレート試薬濃度が一定であれば log D 対 pH は傾きが n の直線になり，また，pHが一定の場合には log D と［HL］$_o$ はやはり傾きが n の直線関係になることがわかる．したがって，それらの関係をプロットすれば，その傾きから金属キレートの組成を，また切片から抽出定数 K_{ex} の値を実験的に求めることができる．

c.　金属イオンの相互分離

水相中に共存する2種類の金属イオンを，キレート抽出によって分離することを考えてみる．相互分離のためには，どちらかが有機相に99%以上抽出される一方で，他方の抽出率が1%以下であればよい．水相と有機相が同体積である場合，この条件を分配比（D）で示せば，式(4.4)よりそれぞれ$D \geq 100$および$D \leq 0.01$と表すことができる．すなわち，log Dの差が4以上あれば，それらの金属イオンを相互分離できることになる．

ここで，二価の金属イオンM_A^{2+}, M_B^{2+}とM_C^{2+}をあるキレート試薬を用いて液 - 液抽出した際に，図4.6に示すような分配比とpHの関係が得られたとしよう．前述したように，二価の金属イオンでは，それらの関係は傾き2の直線になる．ここで，M_A^{2+}とM_B^{2+}，あるいはM_B^{2+}とM_C^{2+}については任意のpHにおけるlog Dの差が2しかないため，それらを抽出操作により十分に分離することはできない．これに対して，M_A^{2+}とM_C^{2+}の組合せに関しては，pHを3に調整すれば，M_A^{2+}を99%有機相に抽出し，その一方でM_C^{2+}を99%水相に残すことができ，両金属イオンをほぼ完全に分離することが可能である．

4.2.3　イオン対の抽出

水相中のイオンを有機相に抽出する別の方法として，イオン対の形成を利用した方法がある．この方法では，分析対象イオンとその反対符号のイオンとの間で静電気引力による会合体，すなわちイオン対を形成させ，その状態で有機相への抽出がなされ

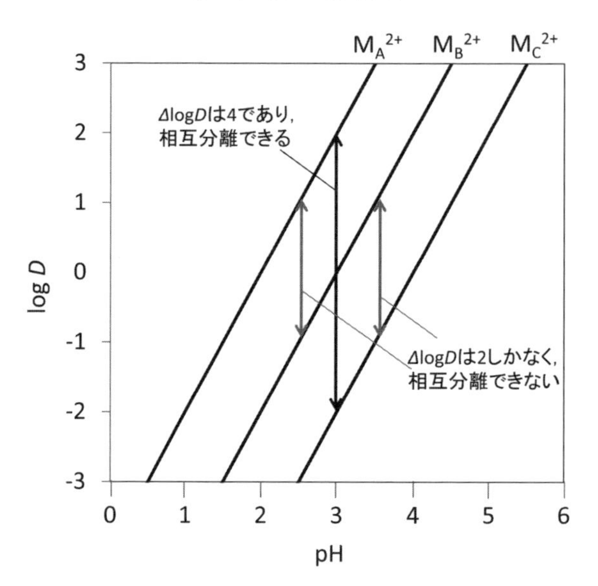

図 4.6 二価の金属イオンにおける log D と pH の関係

る．ここでは，イオン対抽出の実際例をいくつか紹介する．

a. かさ高い疎水性イオンの抽出

イオン対の構成イオンのどちらか，あるいは両者のサイズが大きく（かさ高いと表現する），疎水性が高いほど，そのイオン対は有機相に抽出されやすくなる．そのため，イオン対抽出は，水相中のかさ高い疎水性イオンの分離や濃縮に有効である．例えば，ドデシルベンゼンスルホン酸などの陰イオン界面活性剤は，陽イオンのエチルバイオレットとイオン対を形成し，トルエン中に容易に抽出される．このエチルバイオレットは色素イオンであるため，その会合体を抽出すると有機相はその濃度に比例して呈色する．したがって，有機相を吸光光度測定することにより目的イオンの定量を行うことができる．

b. 金属イオンの抽出

金属イオンのイオン対抽出では，そのイオンのキレート生成を加味することにより，サイズが大きく，有機溶媒に溶けやすいイオン対を形成させる方策がよく用いられている．例えば，Fe^{2+}の抽出では，鉄イオンの呈色試薬である 1,10-フェナントロリン（phen）をキレート試薬として用いた方法がよく利用されている．この配位子は無電荷であるため，両者の間で生じる金属キレート $[Fe(phen)_3]^{2+}$には，Fe(II)の電荷がそのまま残ることになる．この錯陽イオンは，過塩素酸イオン（ClO_4^-）などのかさ高い陰イオンとの間に疎水性のイオン対を形成し，そのイオン対はニトロベンゼンなどの極性溶媒に容易に抽出され得る．

同様の作用を示す無電荷キレート試薬として，図4.7に示すような，環状のポリエーテルであるクラウンエーテル（その分子構造が王冠を連想させることが命名の由来となった）を使ったイオン対抽出も汎用されている．このクラウンエーテルは，環内の酸素との配位結合を介して，金属イオンを環の空孔内に取り込む性質を持っている．こうして生じる王冠型の錯陽イオンは過塩素酸イオン（ClO_4^-）などのかさ高い陰イオンとイオン対を形成し，有機相に抽出される．クラウンエーテルを用いた抽出の特徴として，①キレート試薬では抽出が難しいアルカリ金属やアルカリ土類金属に対して錯陽イオンを形成すること，および②ポリエーテルのサイズを変えることにより，抽出対象となるイオンに選択性が生じることが挙げられる．

上述した無電荷配位子を用いるほかに，まず，金属イオンのハロゲン錯体を生成させ，次に，そこへ比較的サイズの大きな陽イオンを作用させることによりイオン対を形成する方法もある．例えば，アンチモンの定量方法として，まず，強酸性溶液中（6 M HClなど）でそのクロロ錯陰イオン（$SbCl_6^-$）を形成させ，そこに色素陽イオンであるローダミンBを共存させて，それらのイオン対としてイソプロピルエーテル中に抽出する方法が知られている．また，陽イオンとして，有機溶媒そのものの関与を利用する方法もある．その例として，強酸溶液中のFe^{3+}のエーテル抽出が挙げられる．6 M HClなど強酸溶液中でFe^{3+}はそのクロロ錯陰イオン$[FeCl_4]^-$として存在している．一方で，ジエチルエーテルなどのエーテル類はプロトンに配位して，$[(C_2H_5)_2OH]^+$のようなオキソニウムイオンを生じる．このオキソニウムイオンが陽イオンとして作用して，$[FeCl_4]^-$とイオン対を形成して有機相へと抽出される．

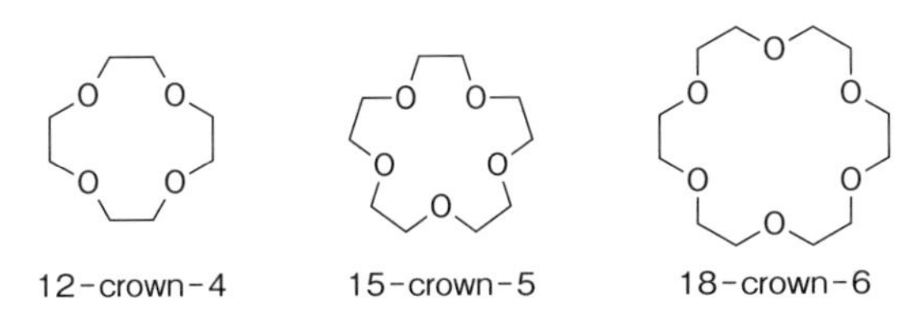

図4.7 クラウンエーテルの例
n-crown-*m* の表記において *n* は員環の数，また，*m* は酸素数を表す

4.3　液－液抽出の操作とその関連技術

4.3.1　バッチ式抽出法

実験室レベルで液－液抽出を行う場合には，分液漏斗や遠沈管などを用いたバッチ式の方法がよく使用される．図4.8に分液漏斗を用いたバッチ式の抽出操作の流れを示す．まず，溶質を含む水相と有機相を分液漏斗に加え，その後，分液漏斗を数分間振り混ぜて，水相中の溶質を有機相に抽出する．ここで，振とう中に気体の発生や液温の上昇から内部圧力が上昇する場合には，途中で漏斗を倒立させ，内部の液体がこぼれないようにしながらコックをあければ，内部の気体を放出することができる．振とうが終わったら，分液漏斗を静置し，水相と有機相が2相に完全に分離するまで待つ．最後に，下部のコックを開けて水相を取り出すことによって，溶質を抽出分離した有機相を漏斗内に回収することができる．

ここでバッチ式抽出において，抽出率を上げるためには，①有機相の体積を水相よりも相対的に大きくすること（式(4.4)参照），および②分配比 D が大きくなるような有機相を選択することなどが考えられるが，実際の抽出操作では，少量の有機溶媒を使って複数回抽出を行う，繰り返し抽出により抽出効率を上げる方策がよく採られている．この繰り返し抽出の効果を，分配比の式を使って以下に説明する．まず，図4.9に示すように，最初，W（g あるいは mol）の溶質が溶解している水相（体積 V_a）に対して，有機相（体積 V_o）を加え，よく振とうしてから静置したとする．分配平衡が成立したときに，水相に残っている溶質量を W_1（g あるいは mol）とすると，有機相

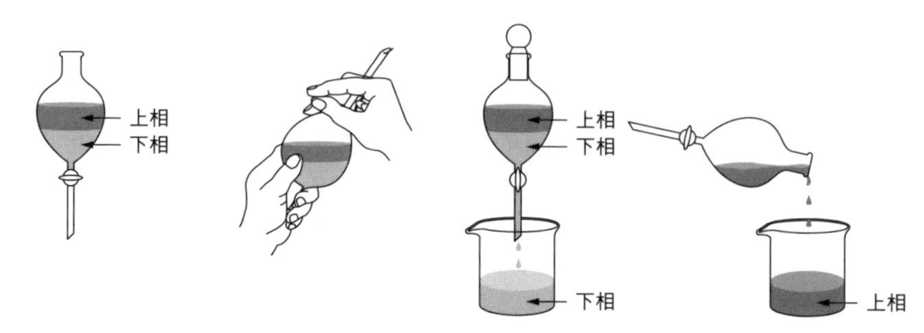

図4.8　バッチ式抽出操作の手順
水相の密度が有機相のそれよりも大きく，水相が下層になる場合を想定している

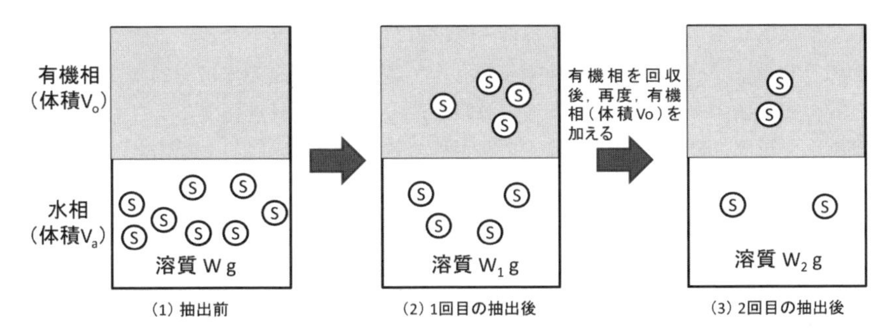

図 4.9　繰返し抽出における分配平衡

中の溶質量は（$W-W_1$）と表せる．よって，そのときの分配比 D は以下の式になる．

$$D = \frac{(W-W_1)/V_o}{W_1/V_a} \tag{4.26}$$

この式を整理すると，W_1（g あるいは mol）は以下のように示される．

$$W_1 = W \times \frac{V_a}{DV_o + V_a} \tag{4.27}$$

さらに，いったん有機相を回収してから，再度，同体積（V_o）の有機相を加えて，繰り返し 2 度目の抽出を行ったとする．このときに水相に残存する溶質量 W_2（g あるいは mol）は以下の式で表される．

$$W_2 = W_1 \times \frac{V_a}{DV_o + V_a} = W \times \left[\frac{V_a}{DV_o + V_a}\right]^2 \tag{4.28}$$

したがって，n 回だけ繰り返し抽出を行った際の溶質量 W_n は次式で示される．

$$W_n = W \times \left[\frac{V_a}{DV_o + V_a}\right]^n \tag{4.29}$$

例えば，40 mL の水相中に 2.0 g 溶解している溶質（分配比は 6.0）を 40 mL の有機相を使って 1 回だけ抽出したとする．このときの W_1 は次式に示すように 0.29 g となり，有機相中にその溶質を 1.7 g 回収できたことになる．

$$W_1 = 2.0 \times \frac{40}{6.0 \times 40 + 40} = 0.29\ \mathrm{g}$$

一方，この抽出操作を 1 回につき 10 mL の有機相を使って，都合 4 回繰り返して行った場合，次式に示すように W_4 の値は 0.051 g であり，有機相中の溶質量は 1.9 g となり，その溶質の抽出効率が大きく向上する．

$$W_4 = 2.0 \times \left[\frac{40}{6.0 \times 10 + 40}\right]^4 = 0.051\ \mathrm{g}$$

　このように，ある体積の有機相で 1 回だけ抽出するよりも，同体積の有機相を小分けして繰り返し抽出を行う方がその抽出率は指数関数的に高くなる．こうした繰り返し抽出の有効性は液－液抽出だけでなく，ガラス器具の洗浄効果にも当てはまる．ガラス器具を洗浄する場合にも，多量の溶媒を使って1回だけ洗浄するよりも，少量の溶媒を用い数回に分けて洗浄を行った方がその効率ははるかに高くなる．

4.3.2　マスキング剤

金属イオンの分別抽出において，pHの調整，および溶媒種やキレート試薬の選択などを講じても相互分離が十分に達成されない場合，マスキング剤（masking reagent）を加えることによって抽出対象となる金属イオンの選択性を増すことができる．液－液抽出におけるマスキング剤は，ある種の金属イオンと電荷を持った親水性の安定な錯体を形成し，そのイオンが有機相に抽出されることを妨げる作用を示す．このマスキング剤を効果的に使用すれば，分析対象である金属イオンだけを有機相に抽出し，ほかに共存している金属イオン類を水相中に残すことが可能である．そのためには，抽出したい金属イオンとの錯形成定数よりも，水相に残したいイオンとより大きな錯形成定数を示す試薬を選択して用いることが重要である．

代表的なマスキング剤として，シアン化物イオン，チオシアン酸イオンやEDTAなどが知られているが，その使用にあたっては事前に目的イオンと妨害イオンとの生成定数を比較して，用いる抽出系に対する有効性を確認することが望ましい．

4.3.3　協同効果

キレート抽出において十分な抽出率が得られない場合に，第2の試薬を加えることによって，それらの試薬を個別に用いたときよりも抽出率が飛躍的に向上する場合がある．この現象を協同効果（synergism）といい，ここで加えた第2の試薬のことを協同効果試薬と呼ぶ．

例として，コバルトイオンのキレート抽出におけるβ-ジケトンとピリジンとの協同効果を図4.10に示す．まず，キレート試薬として最初に加えたβ-ジケトンはコバルトイオンに2分子配位して電気的に中性な錯体を形成する．しかし，その配位座のす

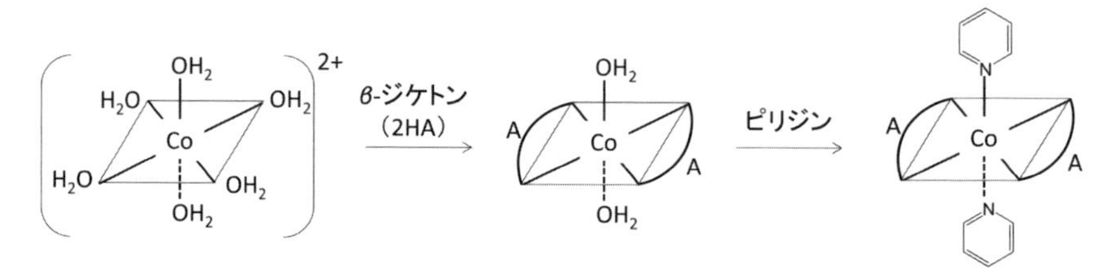

図4.10　コバルトイオンに対するβ-ジケトンとピリジンによる協同効果

べてがβ-ジケトンによって満たされてはおらず，一部，水分子が配位した状態になっている（この状態を配位不飽和という）．このように一部水和した状態では親水性が高いため，十分な抽出率を得ることはできない．そこへ，ピリジンのような電気的に中性なルイス塩基を加えると，水分子とピリジン間で配位子交換反応が起こり，配位座がすべて疎水性基で満たされた付加錯体が形成され，その結果，有機相への抽出率が増大する．

この協同効果は単に金属イオンの抽出率を高めるだけではなく，マスキング効果とうまく組み合わせることにより，抽出における金属イオン種の選択性を向上する手段としても活用されている．　**［石田　康行］**

第5章
固 相 抽 出

5.1 固相抽出とは

固相抽出（solid-phase extraction；SPE）とは，気体あるいは液体中の化学成分を固体に保持させる分離法である．固相抽出はオクタデシル基を化学結合させたシリカゲル（ODS）やスチレン–ジビニルベンゼン共重合体，活性炭などの疎水性の吸着剤による無電荷成分，あるいはイオン交換樹脂やキレート樹脂を用いるイオンの捕集・分離を含め広く用いられている．固相抽出を利用して，目的成分を分離する方法には，目的成分を保持させる方法と，目的成分を通過させ，夾雑物を保持させる方法の2種類ある．

固相抽出といっても新しいことではなく，以前より行われてきた活性炭などによる吸着や，イオン交換，クロマトグラフィー，ある種の膜ろ過なども固相抽出に該当する．1950年代には，1 m^3 以上の表層水から有機汚染物質を単離するため炭への吸着が利用されていた．1970年代には，多孔性ポリマーや化学修飾したシリカゲルが導入された．固相抽出という言葉は，1970年代後半から散見されるが，頻繁に使われるようになってきたのは，1980年代後半になってからである．

「固相抽出」という用語は，以前，土壌，底質，固体の生体試料など固相から，目的成分をソックスレー抽出法などによる抽出に使っていたこともある．しかし，現在は，固相を抽出剤として使用し，液相や気相から，固相への抽出／固相からの脱離に用いられており，主として分析目的成分を精製（不純物の分離）したり，濃縮したりするための前処理を指す言葉として使われている．環境分析，食品分析に関する公定法でも多数採用され，試料の前処理として欠かせないものとなっている．私たちの身の回りでは，浄水器（活性炭によるトリハロメタンなどの除去，イオン交換体による軟水化や重金属などの除去）や，冷蔵庫や車用の脱臭剤に利用されている．

近年，固相抽出は，固相抽出剤をカートリッジなどに充填したもの，ディスク型などが多用され，バッチ式のように水溶液に懸濁させて使用することは少ない．そのため，目的成分の固相への分配は，多くの場合，クロマトグラフィーの一種とも考えることができる．目的物質はクロマトグラフィーと同様，多段分離され，また，試料負荷，洗浄，溶出の各段階で夾雑物と分離されるため，溶媒抽出よりも高いクリーンアップ効果が得られる．

固相抽出の利点としては，溶媒抽出と異なり，次のようなことが挙げられる．

①疎水性成分の抽出に対して，疎水性可燃性溶媒を使用する必要がない，あるいは少量で済むため，有機溶媒の蒸気を吸入するなどの危険性が低減される．

②試料によらずエマルションを生成しない．

③溶媒抽出では2液相を完全に分離することができないが，固相抽出は完全に固相から液相を分離できる．

④自動化装置に組み込むことが比較的容易である．

しかし，固相抽出は分配平衡に多少の時間がかかることもあり，とくにカートリッジ型は時間をかけて通液を行う必要がある．

5.2 固相抽出の理論

固相抽出は，原理的には2相間の溶質の分配という点で溶媒抽出と似ている．溶媒抽出が混じり合わない2液相間の分配であるのに対し，固相抽出は液相などの試料と固相（吸着剤）との間の分配である．固相抽出することによって，目的成分を濃縮し，精製することができる．

溶媒抽出と同じように，固相抽出における溶質の分配挙動を扱うことが可能である．分配定数 K_D は式(5.1)のように定義することができる．固相抽出の場合，分子と分母の次元が同じにならないため，濃度の単位によって値が異なるので注意を要する．一般に，固相1 g当たりの濃度で表記されるが，固相の表面積1 m^2 当たりで表されることもある．

$$K_D = \frac{\text{固相に捕捉された目的物質の濃度（mmol g}^{-1}\text{）}}{\text{溶液中の目的物質の濃度（mmol cm}^{-3}\text{）}} \tag{5.1}$$

また，固相抽出では，固相抽出カートリッジ1個（あるいは固相抽出ディスク1枚）による抽出を溶媒抽出1回の抽出と考えて，抽出率 E(%) を式(5.2)のように表すことができる．

$$E(\%) = \frac{\text{固相に捕捉された目的物質の量}}{\text{目的物質の全量}} \times 100 \tag{5.2}$$

ここで，目的物質の全量とは，固相抽出カートリッジ1個（または固相抽出ディスク1枚）に通す前の溶液または気体中に含まれていた目的物質の量である．

固相抽出では，カートリッジあるいはディスクを複数個直列に連結して，抽出率を高めることが可能である．カートリッジを2個連結したとき，1個目と2個目を合わせた抽出率（%）は式(5.3)のようになる．

$$E_1 + E_2 = E_1 + (100 - E_1) \times \frac{E_1}{100} \tag{5.3}$$

ここで，E_1 は1個目のカートリッジによる抽出率（%），E_2 は2個目のカートリッジによる抽出率（%）である．

固相抽出カートリッジ1個による抽出率が，90%であっても，2個連結すれば，目的物質を99%抽出することができる．固相抽出カートリッジを2個連結して99.9%以上の抽出率を得ようとすれば，カートリッジ1個当たり96.9%以上の抽出率が必要であることがわかる．

5.3 固相の種類とその特性

固相抽出は，分離モードあるいは保持のメカニズム，固相の形状，固相の基材，外形などにより，いくつかの種類に分類することができる．

5.3.1 疎水性相互作用を利用する固相抽出

疎水性相互作用を利用する固相抽出剤には，オクタデシル基（C18，図5.1(a)），オクチル基（C8，図5.1(b)），エチル基（C2，図5.1(c)），フェニル基（Ph，図5.1(d)）をシリカゲルなどに固定した固相と，スチレンジビニルベンゼン共重合体（SDB）などのポリマー固相（図5.1(e)）がある．水系試料（血液・尿などの生体試料，環境水，飲料などの水溶液）から，ジェオスミン（富栄養化した水源によるカビ臭の原因物質）やモルヒネなど無極性部位を持つ化学物質を抽出するのに利用される．

SDBやC18, C8のように炭素数が多い固相は疎水性が高くなり，疎水性の低い物質でもすべて抽出する．目的物質の疎水性が高い場合は，炭素数の少ないC2やPhを用いればある程度疎水性の低い物質は捕集されないため，ポリマー固相やC18に比べ，高い選択性が得られる．

オクタデシル基をシリカに固定化する場合，すべてのシラノール基にオクタデシルシリル基を結合させることは困難である．そのままでは必ずシラノール基が残存し，オクタデシル基による一次相互作用である疎水性相互作用ばかりでなく，残存シラノール基による二次相互作用であるイオン交換相互作用により，イオン性成分，とくに陽イオン性成分も捕集される．このことを利用して選択的分離を行う場合もあるが，多くの場合，二次相互作用は望ましくないため，シラノール基をトリメチルシリル化（式(5.4)）する．この処理をエンドキャップという．

$$\text{シリカ-O}\boxed{\text{H} + \text{Cl}}\text{-Si(CH}_3)_3 \longrightarrow \text{シリカ-O-Si(CH}_3)_3 + \text{HCl} \tag{5.4}$$

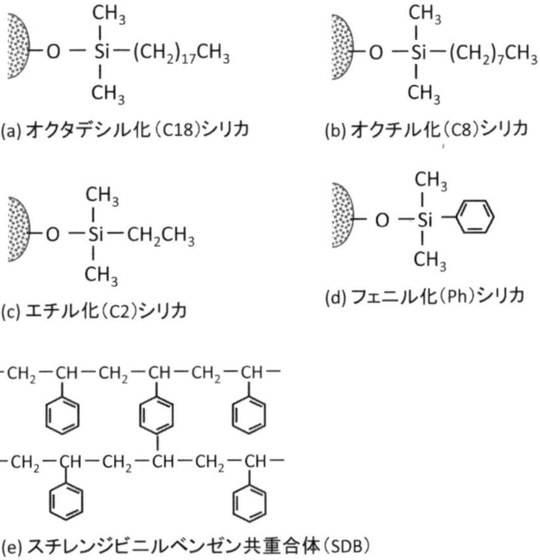

(a) オクタデシル化（C18）シリカ

(b) オクチル化（C8）シリカ

(c) エチル化（C2）シリカ

(d) フェニル化（Ph）シリカ

(e) スチレンジビニルベンゼン共重合体（SDB）

図 5.1　疎水性相互作用を利用する固相抽出剤

5.3.2　極性相互作用を利用する固相抽出

極性相互作用を利用する固相抽出には，シリカ（図 5.2(f)），アルミナ（図 5.2(g)），フロリジル（図 5.2(h)），ジヒドロキシプロポキシプロピル（ジオール）化シリカ（図 5.2(i)），シアノプロピル化シリカ（図 5.2(j)）などが利用される．ヘキサンなどの低極性溶媒を流して，目的物質の極性分子を水素結合や双極子 - 双極子相互作用などの極性相互作用により固相に捕捉し，アセトニトリルなどの極性有機溶媒を流すことによって固相から目的物質を溶出させる．

シリカやジオール基の-OH，シアノプロピル基の-CN は，イオン交換作用や錯生成作用もある．

なお，フロリジルはケイ酸マグネシウムとされているが，SDS（安全データシート）には化学式が記載されていないことが多い．関東化学株式会社の SDS には approx. $(OH)_4MgSi_2O_5$ と記載されているが，$MgSiO_3$ などの記載もある．

5.3.3　イオン交換・キレート生成を利用する固相抽出

イオン交換やキレート生成を利用する固相抽出には，強酸性陽イオン交換（図 5.3(k)，(l)），弱酸性陽イオン交換（図 5.3(m)，(n)），キレート（図 5.3(o)），強塩基性陰イオン交換（図 5.3(p)），弱塩基性陰イオン交換（図 5.3(q)，(r)，(s)）などがある．イオン性の目的成分だけを優先的に固相に保持させ，無電荷成分の捕捉を最小限

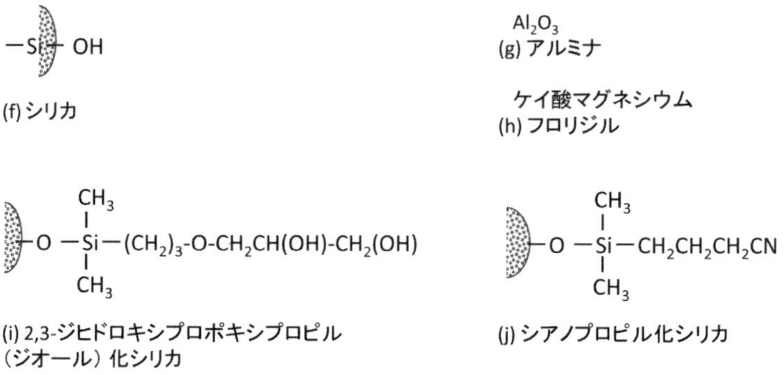

—Si— OH

(f) シリカ

Al_2O_3
(g) アルミナ

ケイ酸マグネシウム
(h) フロリジル

—O —Si(CH_3)(CH_3)—$(CH_2)_3$-O-$CH_2CH(OH)$-$CH_2(OH)$

(i) 2,3-ジヒドロキシプロポキシプロピル（ジオール）化シリカ

—O —Si(CH_3)(CH_3)—$CH_2CH_2CH_2CN$

(j) シアノプロピル化シリカ

図 5.2 極性相互作用を利用する固相抽出剤

に抑えることができる.

a. 強酸性陽イオン交換樹脂

陽イオン交換基として，スルホニル基（$-SO_3H$）を持っている（図 5.3(k), (l)）. この$-SO_3H$ の H^+ と水溶液中の陽イオンが入れ替わることによって，水溶液中の陽イオンを捕捉する. 対象となる陽イオンは，陽イオン全般であり，金属陽イオンやアンモニウムイオンが含まれる.

塩酸などの酸を通すことによって，酸型（$-SO_3H$）に再生し，再利用することが可能である.

強酸性陽イオン交換樹脂の基材は，メタクリル酸（$CH_2=C(CH_3)COOH$）とジビニルベンゼン（$CH_2=CH-C_6H_4-CH=CH_2$）との共重合体などが用いられている.

b. 弱酸性陽イオン交換樹脂

陽イオン交換基として，カルボキシル基（$-COOH$）を持っている（図 5.3(m), (n)）. 中性や塩基性領域での陽イオンの捕捉に利用される. 弱酸性陽イオン交換樹脂の基材は，メタクリル酸とジビニルベンゼンとの共重合体などが用いられている.

c. キレート樹脂

キレート樹脂（図 5.3(o)）は交換基としてイミノ二酢酸基を持っているので，弱酸性陽イオン交換体として作用するばかりでなく，ルイス酸塩基相互作用により N 原子や O 原子が金属に配位するキレート配位子として作用する. 海水などのようなアルカリ金属をマトリックスとして含む試料から，重金属を捕集することができる.

d. 強塩基性陰イオン交換樹脂

強塩基性陰イオン交換体（図 5.3(p)）は，第四級アンモニウムイオンで$(CH_3)_3N^+-$などがある. 陰イオン全般に対して交換能を持っている.

金属イオンは，錯陰イオンを形成させ，陰イオン交換樹脂で捕捉することができる.

陽イオン交換

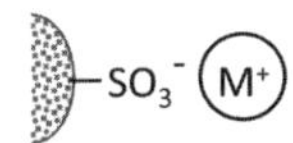

(k) 強酸性陽イオン交換樹脂（SCX）

CH3
O — Si — CH2CH2 — ⟨⟩ — SO3- M+
CH3

(l) ベンゼンスルホニルエチル化シリカ

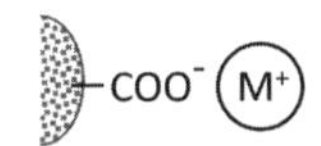

(m) 弱酸性陽イオン交換樹脂

CH3
O — Si — CH2CH2CH2 COO- M+
CH3

(n) カルボキシプロピル化シリカ

キレート生成

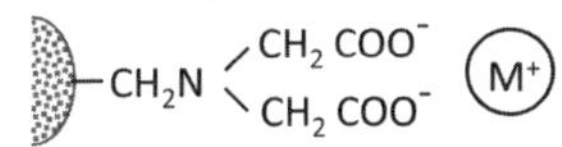

(o) イミノ二酢酸キレート樹脂

陰イオン交換

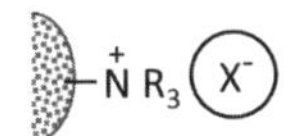

(p) 強塩基性陰イオン交換樹脂（SAX）

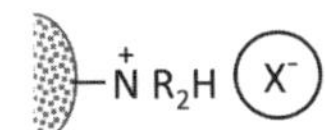

(q) 第3級アミン型陰イオン交換樹脂

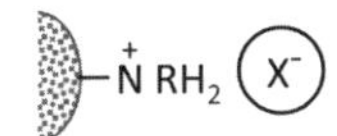

(r) 第2級アミン型陰イオン交換樹脂

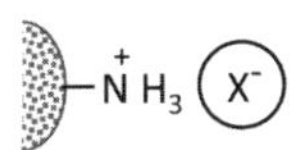

(s) 第1級アミン型陰イオン交換樹脂

図 5.3　イオン交換やキレート生成を利用する固相抽出剤

例えば Pd^{2+} は，塩酸酸性で，クロロ錯陰イオン $PdCl_4^{2-}$ を生成し，陰イオン交換樹脂に捕捉することができる．

e.　弱塩基性陰イオン交換樹脂

弱塩基性陰イオン交換樹脂（図 5.3(q)，(r)，(s)）は，主として第 1〜3 級アミン型をしている．中性から弱酸性領域に存在する陰イオンを捕捉するのに用いられる．弱塩基性陰イオン交換基としては，アミノプロピル基（$-CH_2CH_2CH_2NH_2$）やエチレンジアミン-*N*-プロピル基（$-CH_2CH_2CH_2NHCH_2CH_2NH_2$），ジエチルアミノプロピル基（$-CH_2CH_2CH_2N(CH_2CH_3)_2$）などがある．

f.　イオン交換樹脂の特性

イオン交換容量　　イオン交換容量（ion-exchange capacity）は，イオン交換体の乾燥質量 1 g 当たりの交換可能なイオンのミリ当量数（$meq\ g^{-1}$），または，交換体の湿体積当たりの交換可能なイオンのミリ当量数（$meq\ cm^{-3}$）で表される．この量は，イオン交換体の性能を示す1つの尺度である．交換可能なイオンのミリ当量数は，式(5.5)のように表される．

$$\boxed{\begin{array}{l}\text{交換可能なイオンの}\\\text{ミリ当量数}\\(\mathrm{meq\ g^{-1}}\ \text{または}\ \mathrm{meq\ cm^{-3}})\end{array}} = \boxed{\begin{array}{l}\text{交換可能なイオンの}\\\text{ミリモル数}\\(\mathrm{mmol\ g^{-1}}\ \text{または}\ \mathrm{mmol\ cm^{-3}})\end{array}} \times \text{イオンの価数} \tag{5.5}$$

イオン交換平衡と選択性　イオン交換平衡においても溶媒抽出と同様に，分配係数（$K_{\mathrm{D,\,ion}}$）を式(5.6)のように定義することができる．イオン交換では当量（eq）が使われることが多いが，モル（mol）でも $K_{\mathrm{D,\,ion}}$ は同じになる．

$$K_{\mathrm{D,\,ion}} = \frac{\text{交換体 1 g に捕捉される目的イオンの当量濃度（meq g}^{-1}\text{）}}{\text{溶液中の目的イオンの当量濃度（meq cm}^{-3}\text{）}} = \frac{\text{交換体 1 g に捕捉される目的イオンのモル濃度（mmol g}^{-1}\text{）}}{\text{溶液中の目的イオンのモル濃度（mmol cm}^{-3}\text{）}} \tag{5.6}$$

選択性を支配する因子　陽イオン交換樹脂による1価の金属イオン M_1^+ と M_2^+ の交換を考えると，イオン交換反応は式(5.7)のように表される．

$$M_1^+ + (R)M_2^+ \rightleftharpoons (R)M_1^+ + M_2^+ \tag{5.7}$$

ただし，(R)は樹脂相内にあることを示す．イオン交換基（$-SO_3^-$ など）も含んでいるものとする．活量係数を1と仮定すると，この反応の平衡定数 K は式(5.8)で定義される．

$$K = \frac{((R)M_1^+)_R\,[M_2^+]}{[M_1^+]\,((R)M_2^+)_R} \tag{5.8}$$

ただし，$(\ \ )_R$ はイオン交換樹脂中の濃度で，乾燥樹脂1 g 当たりのミリモル数やミリ当量数で表される．樹脂は水溶液中で膨潤する．膨潤した樹脂 $1\ \mathrm{dm^3}$ 当たりのモル数や当量数などで表す場合もあれば，表面積 $1\ \mathrm{m^2}$ 当たりのミリモル数で表すこともある．濃度の単位の取り方によって平衡定数の値が異なるので注意を要する．

式(5.8)の K は M_1^+ と M_2^+ の親和性の違いを表すもので，M_1^+ に対する M_2^+ の選択係数とも呼ばれる．だいたいの傾向として選択係数は，強酸性陽イオン交換体の場合，

$$H^+ < Na^+ < K^+ < Mg^{2+} < Al^{3+},$$

強塩基性陰イオン交換体の場合，

$$Cl^- < NO_3^- < SO_4^{2-}$$

となる．つまり，強酸性陽イオン交換体あるいは強塩基性陰イオン交換体において，一般にイオンの価数が大きいほど，またイオン半径が大きいほど選択係数は大きく，保持されやすい．

5.3.4　複合作用を利用する固相抽出

複合作用を利用する固相抽出では，同じ抽出剤に，意図的に2種類の異なる官能基，逆相系の基（オクタデシル基など）とイオン交換基を持たせている．別々にシリカに結合させているものと，1本の側鎖の中に逆相系の基とイオン交換基の両方を含むものがある．完全にエンドキャップされていないC18シリカも，逆相系と-OHの複合作用を利用する固相として使われることがある．

応用例　カフェイン，モルヒネなどの塩基性物質（$-NR_2$などの基を持つ）を目的物質とする場合を例にとると，①試料中の目的物質がイオン化しないpHに調整し，複合作用を利用する固相（逆相－強酸性陽イオン交換）に負荷し，目的物質を疎水性相互作用により捕集する．このとき，疎水性夾雑物は同時に捕集されるが，無機塩類や極性物質は保持されない．②目的成分が陽イオンになるように塩酸などを流すと，目的物質は，陽イオン交換と疎水性相互作用の両方でしっかりと保持される．③有機溶媒（メタノールなど）を流し，疎水性夾雑物を溶出させて除去する．④アンモニアで塩基性とした有機溶媒を流し，目的物質を溶出する．溶出溶媒を塩基性とすることにより，目的物質は陽イオン交換により保持されなくなる．

5.3.5　吸着作用を利用する固相抽出

吸着作用を利用する固相としては，分子認識型固相，活性炭，グラファイト，ケイソウ土などがある．

分子認識型固相は，立体構造認識能を有する官能基を化学結合させた特殊な固相である．

活性炭の分離モードは吸着であり，ジオキサンのような極性の高い物質の測定に使用されている．ケイソウ土や，順相に分類したシリカやフロリジル，アルミナの分離モードが吸着として扱われることもある．

5.3.6　固相基材の種類

固相の基材としては，一般にシリカ（シリカゲル）系（図5.2(f)），ポリマー系（図5.1(e)），カーボン系，セルロース系，ポリテトラフルオロエチレン（PTFE）などが利用されている．

シリカ系は，シリカゲルを基材として，種々の官能基を結合させたものであり，広く利用されている．官能基が結合していないシリカは，極性固相として使用される．アルカリ性ではシリカが溶解するため，アルカリ性の溶離液が使用できない．

ポリマー系は，スチレンジビニルベンゼンなどのポリマーを基材としたものであり，そのまま無極性固相として使用される場合もある．この種の固相はシリカ系に比べて使用可能なpH範囲が広いため，イオン交換体の基材やキレートの基材としても利用される．

カーボン系では，グラファイト（黒鉛）が利用されている．

セルロース系は，充填剤ばかりでなく，ディスクや膜にも利用されている．硝酸セルロースと酢酸セルロースを混合したセルロース混合エステル製が広く利用されている．

ポリテトラフルオロエチレン（PTFE）は，ディスクや膜として利用されている．繊維状の PTFE は，シリカ系やポリマー系固相を固定し，膜型に成型するために使われている．

5.3.7　固相の形状と固相抽出器の形状

市販の固相抽出器の形状を，図 5.4 に示す．そのほかの固相の形状と固相抽出器の形状として，モノリス型，マイクロ固相抽出などがある．

a.　シリンジバレル型

シリンジバレル型は，上部をそのまま試料水のリザーバーとして利用することができる．種々の固相抽出剤の量やサイズを利用することができる．減圧や遠心分離，自然落下による固相抽出に利用される．

b.　ルアー型

ルアー型（コマ型）は，固相抽出剤が充填されているものと，ディスクや膜が挟まれているものがある．注射筒による加圧ばかりでなく，減圧も利用できる．カートリッジを複数個連結して使用するのに便利である．

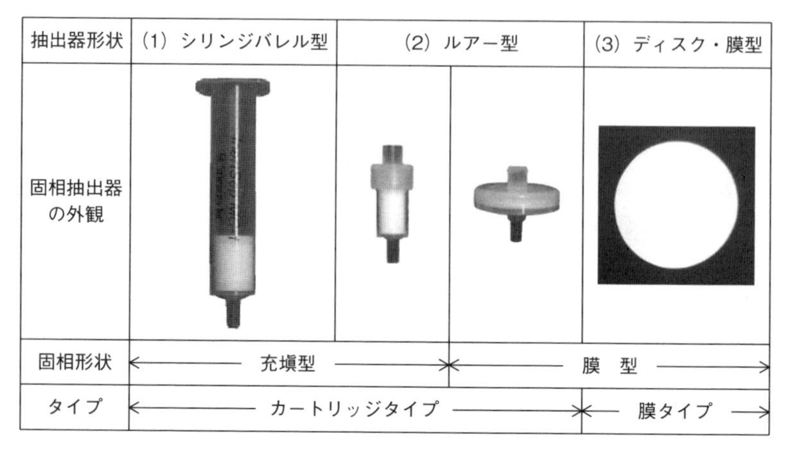

図 5.4　固相抽出器の形態
(1), (2) はジーエルサイエンス提供，(3) は 3M 製．

c.　ディスク・膜型

ディスク・膜による固相抽出は，目的成分を適当な形に変換し，吸引ろ過などにより，微小な体積の固相に抽出する方法である．ディスク・膜の素材や孔径によって捕集率が影響される．減圧でも加圧でも遠心分離でも利用できる．充塡型に比べて，試料の負荷において比較的速い速度で通液することができ，抽出は迅速である．

素材そのものを固相抽出剤として利用する多孔性膜と，シリカ系またはポリマー系の固相抽出剤粒子をポリテトラフルオロエチレン（PTFE）繊維やガラス繊維に固定し膜状にしたディスク・膜がある（図5.5）．多孔膜の中には，孔径より大きい粒子を機械的に捕捉するだけでなく，吸着などにより固相抽出できるものがある．固相抽出に使われる膜の素材には，セルロース混合エステル製，PTFE製，ナイロン製などがあり，様々なメーカーから市販されている．固相抽出剤粒子を固定した市販のディスク・膜には，3 M™ エムポア™ ディスクや ENVI ディスク™ がある．

d.　モノリス型

近年，モノリス型カートリッジも使用されるようになってきた．モノリス型は，3次元ネットワーク構造を持ち，流路がつながり一体化した構造である．非常に厚い膜とも考えることができる．シリカベースのものもあれば，ポリマーベースのものもある．粒子充塡型に比べ，通液の際，低い圧力で済み，遠心分離も充塡型よりも高速で遠心分離することができる．一体型のため，充塡剤が流れ出さないようにするためのフリットも不要である．粒子充塡型に比べ溶出溶媒が抽出剤中に残る量が少なくて済むため，試料量が 100 mm^3（μL）といった微量分析にも適用可能である．

e.　マイクロタイタープレート型・ピペットチップ型

少量で多数の試料を自動的に処理するため，充塡型やディスク型の固相抽出剤を，各ウェルに組み込んだマイクロタイタープレート（96 ウェルプレート）がある．

また，ピペットチップに固相抽出剤を組み込んだものがある．

f.　マイクロ固相抽出

マイクロ固相抽出（solid-phase microextraction；SPME）は，試料水の中に（図5.6(a)），あるいは，試料水上部のヘッドスペースに（図5.6(b)），針を挿入し，ファイバーを出して，マグネチックスターラーでかき混ぜながら目的成分を抽出部のコーティング相に吸着させる．次にファイバーを針に収納し，試料瓶から取り出す．ガス

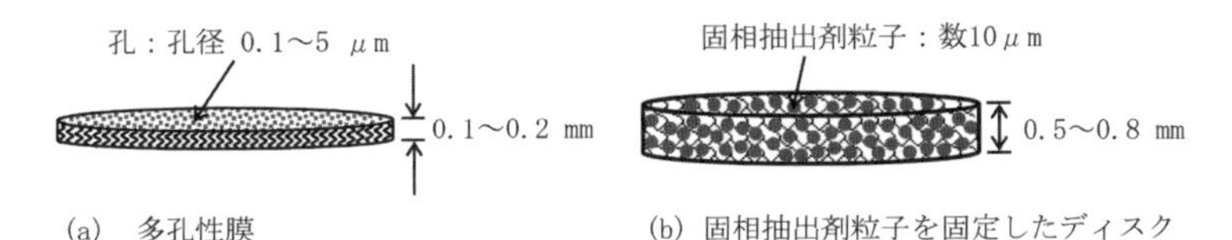

図5.5　多孔性膜と固相抽出剤粒子を固定したディスク

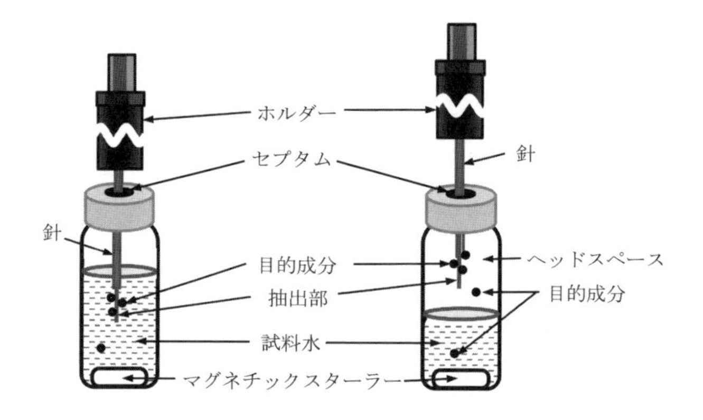

図5.6 SPMEにおける抽出の様子

クロマトグラフの試料注入口に針を挿入し，ファイバーを出して，直接ガスクロマトグラフに導入し，測定する．

通常のSPMEでは，目的成分は，試料水から抽出部のコーティング相に抽出される．ヘッドスペースSPMEでは，試料水中の目的成分が気相（ヘッドスペース）に分配し，気相に分配した目的成分が抽出部のコーティング相に抽出される．

SPMEの抽出部はファイバーとコーティング相からなる．標準的なファイバーはフューズドシリカファイバーである．コーティング相には，ポリジメチルシロキサン，ポリアクリレート，ポリエチレングリコール（PEG）などが用いられている．揮発性化合物，無極性半揮発性化合物，アルコールなどの極性化合物などが抽出可能である．ファイバーの長さは1〜2 cmである．SPMEは現場での試料採取（抽出，濃縮）が可能である．抽出後はそのままガスクロマトグラフに挿入し，脱離し，カラム導入を行うことができる．

5.4 固相抽出の操作

5.4.1 操作法の分類

a. バッチ法

図5.7に示すように，粒子状の固相を溶液に懸濁させ，よくかき混ぜて目的成分を固相に捕集する．その後，ろ過や遠心分離などによって固相を水相から分離し，分離した固相に捕集されている目的成分を有機溶媒や酸などにより溶出する．

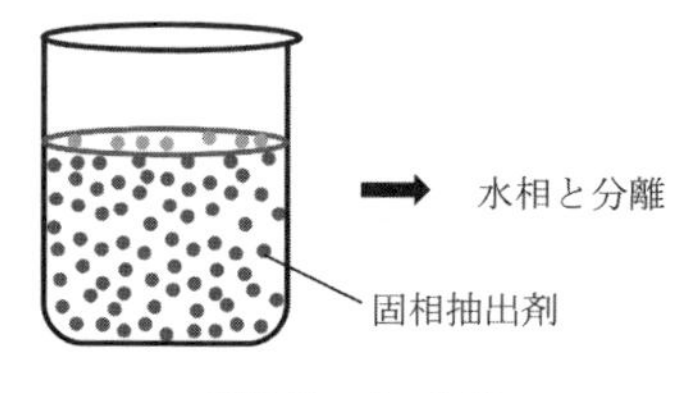

図5.7 バッチ法

b. カラム法

シリンジバレル型やルアー型のカートリッジなど様々な容器に粒子状の固相が充填される．充填された固相に試料を通過させ，目的成分を捕集する．その後，溶離液を通して捕集した目的成分を溶出する（5.4.2 項参照）．

c. ディスク・膜法

ディスク・膜型の固相に試料を負荷し，目的成分を捕集する（図 5.8）．ここまではカラム法と同じであるが，その後の操作には，3 種類の方法がある．1 つは，カラム法と同様，溶離液を通して捕集した目的成分を溶出する．2 つ目は，膜の種類にもよるが，溶出ではなく膜ごと目的成分を有機溶媒などに溶解し，吸光光度法や黒鉛炉原子吸光光度法により測定する．3 つ目は，ディスク・膜型の固相に試料を通過させ，目的成分を捕集した後，溶出することなく，そのまま，蛍光 X 線分析，目視分析，光反射吸光度測定などにより検出する．

気体試料あるいは液体試料の多くは，カラム法やディスク・膜法がクロマトグラフィー的に分離されるため，分離効率がよく，クリーンナップには有効な手段である．カラム法に比べ，ディスク・膜法は，迅速に試料を通液することができる．

5.4.2 基 本 操 作

固相抽出の基本操作は，コンディショニング，試料負荷，洗浄，溶出などである．カラム法の基本操作を図 5.9 に示す．ディスク・膜法も，基本操作は同じである．各操作を以下に述べる．試料溶液は加圧，減圧，遠心分離あるいは自然流下によって充填された固相を通過させられる（図 5.10）．

a. コンディショニング

オクタデシル基（C18）などを有する疎水性（逆相系）の固相の場合，そのままでは水となじまないので，使用することができない．親水性の溶媒をカラムに通すこと

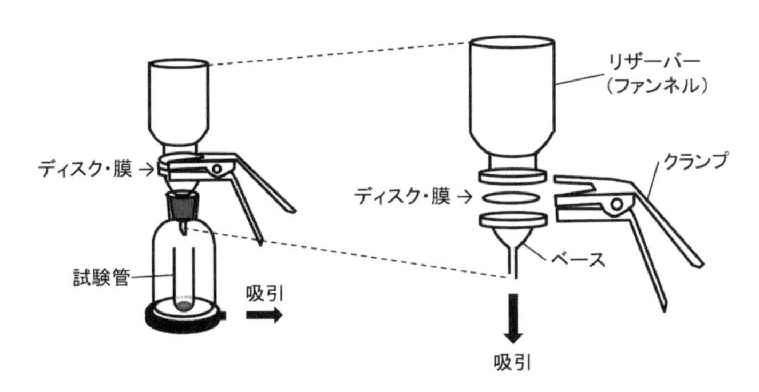

図 5.8 ディスク・膜を用いる固相抽出（吸引）

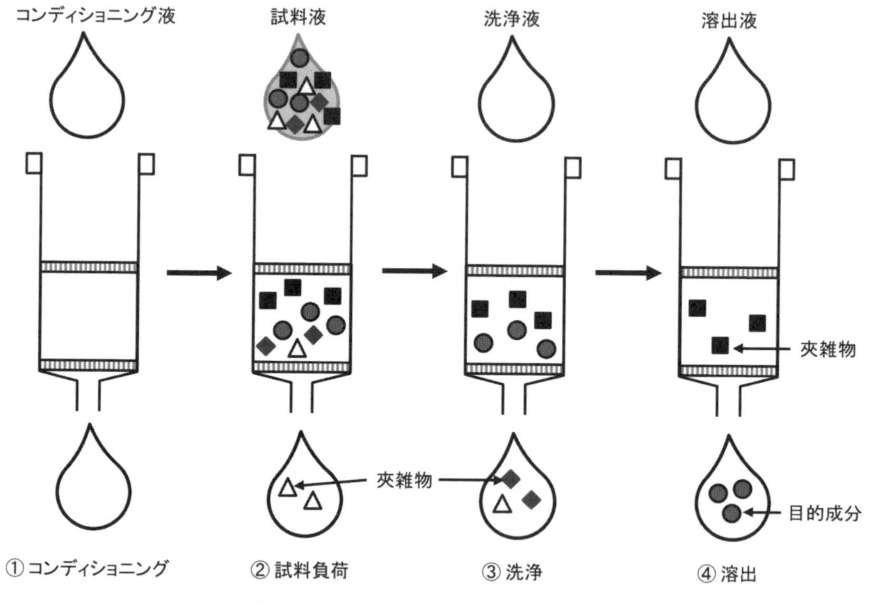

図5.9 固相抽出（カラム法）の基本操作

によって，固相を水となじむようにすることができる．さらに水を通して親水性溶媒を除去する．

コンディショニングに用いる親水性溶媒としては，エタノール，メタノール，アセトニトリル，アセトンなどがある．順相系の固相の場合，ヘキサンなど極性の低い溶媒が用いられる．

b. 試料負荷

試料を必要に応じて pH を調整したり希釈したりした後，試料を固相に負荷（load）し，目的成分を固相に捕集させる．試料負荷等の方法を図 5.10 に示す．ここで，固相と親和性の強い成分が優先的に捕集され，親和力の弱い成分は固相に保持されずに通液している溶液とともに流出する．試料負荷時における固相と目的成分の親和性の関係を図 5.11(a)に示す．目的成分を固相に捕集するには，目的成分と固相との親和性が液相（あるいは気相）との親和性より大きくなくてはならない．

通液速度が速すぎると捕集が不完全になることがあるため，通液は通常 5〜20 $cm^3\ min^{-1}$ で行う．もし，試料水 1 dm^3 を 10 $cm^3\ min^{-1}$ で通液するとすれば，100 分かかることになる．

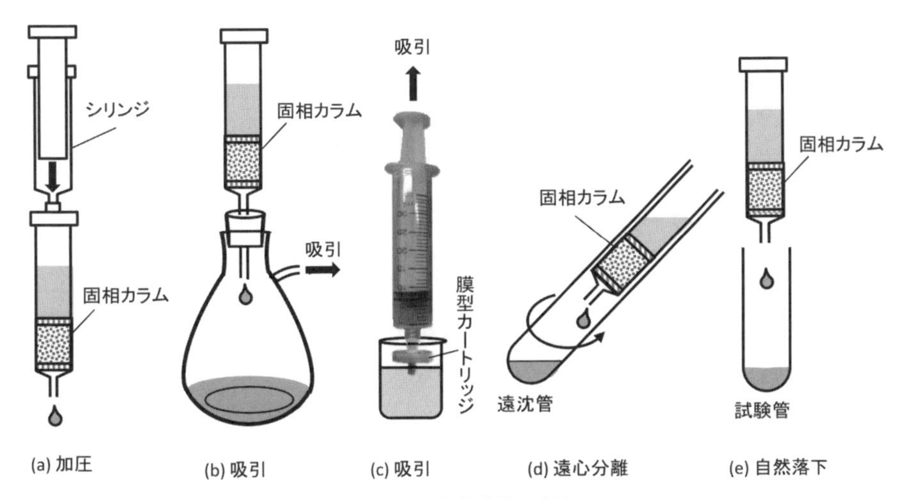

図 5.10　試料負荷等の方法
(c) のシリンジと膜型カートリッジは株式会社共立理化学研究所提供．

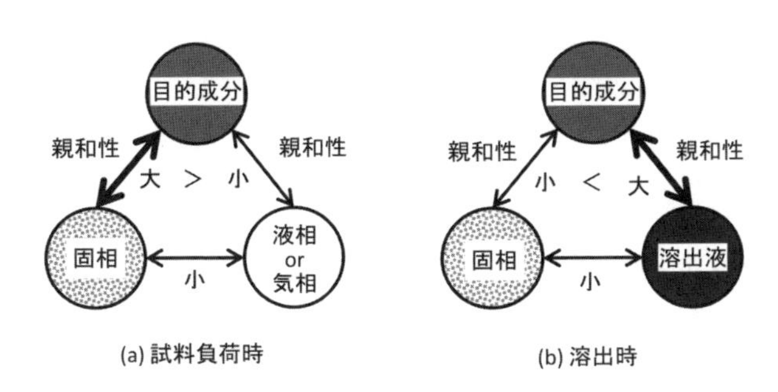

図 5.11　試料負荷時および溶出時における固相と目的成分の関係

c.　洗　浄

目的成分に比べ，固相との親和性が大きくない夾雑物が残っている場合がある．適当な洗浄液を流すことによって，このような夾雑物を排出し，目的成分を充塡された固相に残すことが可能である．逆相系の洗浄液として，少量の水，酸，アルカリ，試料調整に用いた緩衝溶液，水で希釈したメタノールやアセトニトリルなどが用いられる．

d.　乾　燥

固相に残存する水分を除去するために，数分間〜数十分間吸引通気することによって固相を乾燥する．

e.　溶出（および濃縮）

溶離液を通して目的成分を溶出させる．溶出時における固相と目的成分間の親和性の関係を図5.11(b)に示す．溶出する時は，目的成分と溶出液との親和性が固相との親和性よりも大きい必要がある．

溶出溶媒は，逆相系ではメタノールやアセトニトリルが用いられる．順相系ではアセトン，メタノールなどが用いられる．

必要ならば，溶出液を，加熱・加温，N_2ガス吹付などにより濃縮する．

f.　定　容

濃縮液に有機溶媒や溶液を加えて一定の体積とする．濃縮乾固した後，一定体積の溶媒あるいは溶液を加えて溶解し，定容にすることもある．

g.　測　定

定容にした濃縮液は，HPLCやGC，ICP-AESなどにより測定する（表5.1の注参照）．

5.4.3　そのほかの操作

基本的な操作以外に，よく利用される操作を以下に示す．

a.　夾雑物の捕捉

上述のように，目的成分を捕集し，その後，捕集した目的成分を溶出する場合もあるが，夾雑物を捕捉し，目的成分を通過させる場合もある．試料のクリーンナップに使われる．

b.　バックフラッシュ溶出

目的物質は充填剤の上部から順に捕捉される．このため，溶出する際には，カート

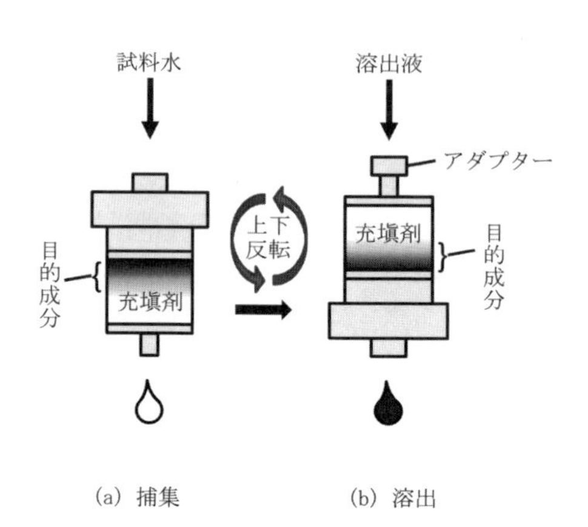

図5.12　バックフラッシュ溶出

リッジを上下反転させて，溶出液を流すと，少量の溶出液で効率よく溶出することができる．バックフラッシュ溶出の様子を図5.12に示す．

5.5 固相抽出の応用

目的物質やマトリックスを考慮して，固相を選択する必要がある．公定法で用いられている固相抽出剤の適用例を表5.1に示す．

5.5.1 水 系 試 料

a. 高極性～低極性物質

無極性相（オクタデシル化シリカ（ODS）などやポリマー固相）が利用される．高極性～低極性物質として，農薬，1,4-ジオキサン，ノニルフェノール，直鎖アルキルベンゼンスルホン酸およびその塩，ベンゼンなどがある．

多環芳香族炭化水素（PAHs）の場合は，試料水1 dm^3 を，ヘキサンで2回抽出した後，1 cm^3 弱に濃縮する．シリカゲルカラムに負荷してクリーンナップし，1%アセトン / ヘキサンを用いて溶出させ，1 cm^3 に濃縮した後，ガスクロマトグラフィー質

表5.1 公定法で用いられている固相抽出剤の適用例

試料	分類	化学物質名	固相抽出剤	測定方法*
水系	有機物	フタル酸エステル類	シリカゲルに逆相系化合物を化学結合したものまたは，合成吸着剤（多孔性のSDB†またはこれと同等の性能を有するもの）	GC/MS
		ノニルフェノール		GC/MS
		直鎖アルキルベンゼンスルホン酸およびその塩		LC/MS/MS
		1,4-ジオキサン	カートリッジ型活性炭カラム	GC/MS
		チウラム（農薬）	SDB	HPLC
		シマジン（農薬） チオベンカルブ（農薬）	SDB	GC/MS
	金属	カドミウム 全亜鉛	イミノ二酢酸キレート樹脂を固定したディスクまたはカートリッジ	電気加熱AAS, ICP-AES, ICP-MS
気体	有機物	テトラクロロエチレン，トリクロロエチレン，ベンゼン	活性炭	GC, GC/MS

＊ GC/MS：ガスクロマトグラフィー質量分析，LC/MS/MS：液体クロマトグラフィータンデム型質量分析，ICP-AES：誘導結合プラズマ発光分光分析，ICP-MS：誘導結合プラズマ質量分析，HPLC：高速液体クロマトグラフィー，AAS：原子吸光分析，GC：ガスクロマトグラフィー

† SDB：スチレンジビニルベンゼン共重合体

量分析（GC/MS）で測定する．

b. イオン性物質

イオン交換相が利用される．カドミウムや亜鉛などの重金属の場合には，キレート（イミノ二酢酸）ディスクが利用される．海水のような高塩分の溶液からも，抽出可能である．キレート試薬と反応させ，かさ高い陰イオンとして弱塩基性イオン交換体に抽出したり，キレート試薬と反応させ，無電荷成分として無極性相に抽出したりすることも可能である．

5.5.2 大 気 試 料

大気中のフタル酸エステル類や有機リン化合物などの捕集には，無極性相（C18やポリマー固相）が利用される．しかし，アルデヒド類は固相内で誘導体化して抽出される．

応用例　アルデヒド類は，2,4-ジニトロフェニルヒドラジン（DNPH）を含浸させたシリカゲルカートリッジに大気を吸引し，DNPHと反応させ，アルデヒド類-2,4-DNPH誘導体として捕集し，アセトニトリルで溶出し，これをHPLCで測定する．

大気中のアルデヒド類の捕集の様子を図5.13に示す．大気をミニポンプで吸引する．写真のようにカートリッジはアルミホイルなどで遮光する．オゾンが吸引を妨害するので，オゾンスクラバーでオゾンを除去し，DNPHカートリッジでアルデヒド類を捕集する．

5.5.3 油 系 試 料

油系試料から極性物質を抽出する場合には，シリカゲルやフロリジルなどの極性固相やグラファイトカーボンが利用されている．

［波多　宣子］

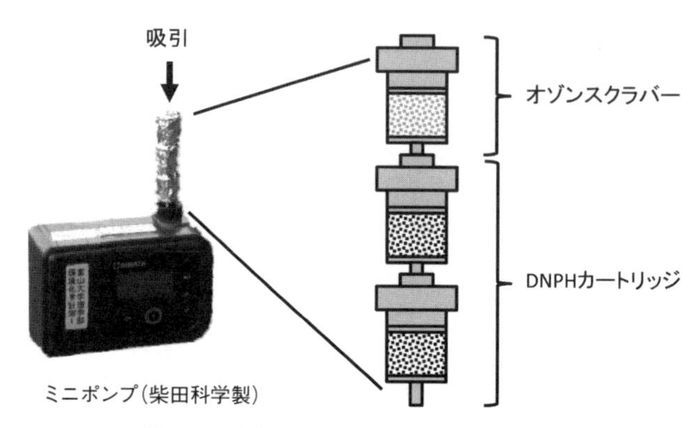

図5.13　大気中のアルデヒド類の捕集の様子

参考文献

L. A. Berrueta *et al.* (1995) Review of Solid Phase Extraction : Basic Principles and New Developments, *Chromatographia*, **40** (7/8), 474-483.

環境庁大気保全局大気規制課 (1997a)『排出ガス中の指定物質の測定方法マニュアル』, 62-72.

環境庁大気保全局大気規制課 (1997b)『有害大気汚染物質測定方法マニュアル』, 48-54.

J. Pawliszyn (1997) "Solid Phase Microextraction, Theory and Practice", Wiley-VCH.

大関　邦夫・糠塚　いそし (1998) 分離・分取法の基礎知識　固相抽出, ぶんせき, 86-93.

本浄　高治ほか (1998)『基礎分析化学』, 138-145, 化学同人.

E. M. Thurman and M. S. Mills (1998) "Solid-Phase Extraction, Principles and Practice", Wiley-Interscience.

J. S. Fritz (1999) "Analytical Solid-Phase Extraction", Wiley-VCH.

N. J. K. Simpson (ed.) (2000) "Solid-Phase Extraction ; Principles, Techniques, and Applications", Marcel Dekker.

J. Pawliszyn (2000) *Solid-Phase Microextraction*, in Ian D. Wilson *et al.*, "Encyclopedia of Separation Science", 3, 1416-1424, Academic Press.

C. F. Poole (2000) *Solid-Phase Extraction*, in Ian D. Wilson *et al.*, "Encyclopedia of Separation Science", 3, 1405-1416, Academic Press.

関東化学株式会社 (2003) 製品安全データシート, フロリジル.

環境省環境管理局水環境部企画課 (2003)『要調査項目等調査マニュアル (水質, 底質, 水生生物)』, 108-118.

田口　茂, 村居　景太 (2008) メンブランフィルターを用いる膜抽出分離法, ぶんせき, 67-72.

田口　茂 (2008) 分析化学における固相抽出法, ぶんせき, 343-349.

シグマアルドリッチ ジャパン-Supelco (2009) 固相マイクロ抽出カタログ.

日本規格協会 (2011) JIS K0450-30-10 : 2006, 工業用水・工場排水中のフタル酸エステル類試験方法.

住友スリーエム (2011) 3 M™ エムポア ™ 固相抽出製品カタログ.

シグマアルドリッチ ジャパン-Supelco (2012) 固相抽出製品カタログ.

固相抽出ガイドブック編集委員会 (2012) 固相抽出ガイドブック, ジーエルサイエンス.

環境省 (2013) 水質汚濁に係る環境基準について, 昭和 46 年 12 月 28 日公布, 環境庁告示 59 号, 平成 25 年 3 月 27 日改正, 環境省告示 30 号.

第6章
クロマトグラフィーと電気泳動

6.1　クロマトグラフィーの基礎

分析の対象となる実試料には様々な成分が含まれており，その中からある特定の微量成分を検出・定量するためには，妨害成分を除去したり，目的成分を濃縮したりする操作がしばしば必要となる．その手段として，沈殿，抽出，蒸留などいろいろあるが，なかでもクロマトグラフィー（chromatography）は最も効率のよい分離法である．

クロマトグラフィーは，ロシアの植物学者 M. Tswett（ツヴェット）が図6.1に示すような器具を用いて植物色素の分離を行ったのがそのはじまりとされている．Tswett は先端を絞ったガラス管に炭酸カルシウムやイヌリンなどの粉末を詰め，このガラス管の下部をフラスコに固定し，上部には展開液を入れるガラス容器（リザーバー）を取り付けた．そして，このガラス管の上端に植物の葉から抽出した植物色素を注ぎ入れ，リザーバーから石油エーテルや二硫化炭素などの溶媒を流した．すると，

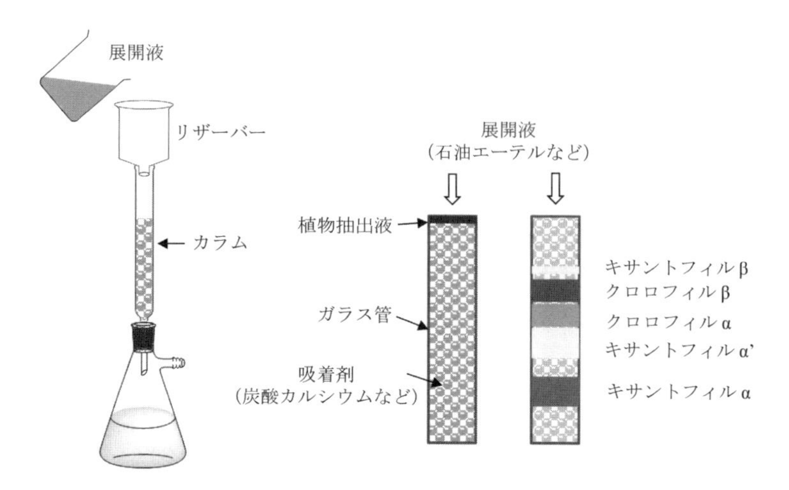

図6.1　Tswett が用いた実験器具（植物色素の分離）

まるで光のスペクトルのように黄色や緑色の着色帯が出現することを見出した．彼は，それらの着色帯が，数種類の色素成分によるものであり，吸着力の強さの順に並んでいることに気付いた．そして1906年に，この手法をギリシャ語のchroma（色）とgraphos（記録）という2つの言葉を合わせてクロマトグラフィーと名付けた．

この分離法は，開発当時はあまり有効な方法とは認識されなかったが，1940年代にMartin（マーティン）らによる分配クロマトグラフィーの開発とその理論体系の確立によって一気に開花する．今では，クロマトグラフィーは様々な検出法と組み合わされ，最も汎用性の高い機器分析法となっている．表6.1にクロマトグラフィーと電気泳動に関連する主な出来事をまとめる．

6.1.1　クロマトグラフィーの定義と原理

クロマトグラフィーは，固定相および移動相と呼ばれる相接する2つの相が形成する平衡の場において，試料中に含まれる複数種の成分をその両相との相互作用の違いを利用して分離定量（あるいは分取精製）する手法と定義される．図6.1における石油エーテルが移動相であり，炭酸カルシウムなどの吸着剤が固定相に相当する．吸着剤を充填した円筒状の管をカラムと呼ぶ．

クロマトグラフィーは分離手法を表す言葉であり，クロマトグラフィーを行う装置をクロマトグラフ（chromatograph），クロマトグラフィーによる分析の結果得られるチャートをクロマトグラム（chromatogram）と呼ぶ．図6.2にクロマトグラフィーの概要と分離の様子を模式的に示す．カラムの一端から導入された試料中の各成分は，

表6.1　クロマトグラフィーの歴史

年　代	方　法	発明者
1906年	吸着クロマトグラフィー	Tswett
1937年	電気泳動法	Tiselius
1938年	薄層クロマトグラフィー	Izmailov, Shraiber
1941年	分配クロマトグラフィー	Martin, Synge
1947年	イオン交換クロマトグラフィー	Mayer, Tompkins
1952年	ガスクロマトグラフィー	James, Martin
1958年	アミノ酸の自動分析	Moore, Stein
1959年	キャピラリーガスクロマトグラフィー	Golay
1959年	ゲルろ過クロマトグラフィー	Porath, Flodin
1962年	超臨界流体クロマトグラフィー	Klesper
1969年	高速液体クロマトグラフィー	Kirkland, Huber, Horvath
1975年	サプレッサー方式のイオンクロマトグラフィー	Small
1977年	キャピラリー液体クロマトグラフィー	Ishii, Novotny
1979年	マイクロチップガスクロマトグラフィー	Terry
1981年	キャピラリー電気泳動法	Jorgenson
1992年	マイクロチップ電気泳動	Manz

移動相の流れに乗りながら，それぞれ固有の親和性で固定相と相互作用しながら移動していく．固定相との相互作用が弱い成分は迅速に他端へと移動し，固定相との相互作用が強い成分は固定相に長い時間とどまる．この試料成分が固定相にとどまっている状態のことを保持されているという．クロマトグラフィーでは，この固定相に対する保持の度合いによって移動速度に違いが生じて分離が達成される．移動時間を一定にして試料導入点から移動した距離を測定する方法（図6.2(a)）と，移動距離を一定にして各成分がその距離を通過するのに要した時間を測定する方法（図6.2(b)）の2通りがある．

Tswettの時代は，カラムからの溶出液を試験管に連続的に分取した後，スペクトロメーターなどによって成分濃度を測定し，その信号強度を時間の関数としてプロットすることによりクロマトグラムを作成していたが，現在は，フローセルを備えた検出器がカラムの出口に設置されており，溶出してきた成分は連続的にモニタリングされ，記録計にクロマトグラムがリアルタイムで描かれる．

6.1.2　クロマトグラフィーの分類

クロマトグラフィーは様々な基準に基づいて分類される．表6.2に代表的な分類を示す．主に移動相の状態，固定相支持体の形状，また，分離（保持）機構に基づいて分類される．

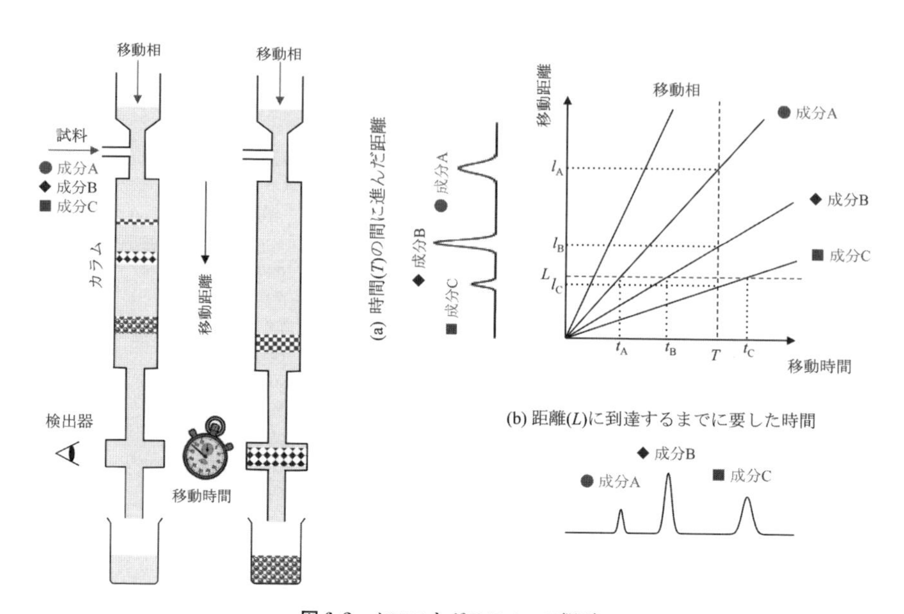

図6.2　クロマトグラフィーの概要

表 6.2　クロマトグラフィーの分類

分類基準	クロマトグラフィー
移動相の状態	ガスクロマトグラフィー（gas chromatography；GC） 液体クロマトグラフィー（liquid chromatography；LC） 超臨界流体クロマトグラフィー（supercritical fluid chromatography；SFC）
固定相支持体の形状	カラムクロマトグラフィー（column chromatography） 平面クロマトグラフィー（planer chromatography） 　ペーパークロマトグラフィー（paper chromatography） 　薄層クロマトグラフィー（thin-layer chromatography）
分離機構	分配クロマトグラフィー（partition chromatography） 吸着クロマトグラフィー（adsorption chromatography） イオン交換クロマトグラフィー（ion exchange chromatography） サイズ排除クロマトグラフィー（size exclusion chromatography） 　ゲルろ過クロマトグラフィー（gel filtration chromatography） 　ゲル浸透クロマトグラフィー（gel permeation chromatography）

移動相は，その流れに乗せて試料をカラムに運ぶ役割を担っている．そのため流体である必要があり，液体または気体が一般に用いられる．移動相が液体であれば液体クロマトグラフィー（liquid chromatography；LC），気体ならガスクロマトグラフィー（gas chromatography；GC）と呼ばれる．なお，液体と気体の特徴を併せ持つ超臨界流体も利用されており，超臨界流体クロマトグラフィー（supercritical fluid chromatography；SFC）と呼ばれる．

固定相支持体の形状では，カラムクロマトグラフィーと平面クロマトグラフィーに分類することができる．図 6.1 に示すような円筒状のカラム内で分離を行うクロマトグラフィーがカラムクロマトグラフィーである．一方，液体クロマトグラフィーでは，ガラスなどの平板上に微粒子を薄く塗布した薄層状のプレート（薄層板）を用いて分離を行うことがある．これを薄層クロマトグラフィー（thin-layer chromatography；TLC）という．また，薄層板の代わりにろ紙を使う場合をペーパークロマトグラフィーという．これらはその形状から平面クロマトグラフィーと呼ばれている．

クロマトグラフィーによる試料成分の分離には，様々な化学的あるいは物理的な相互作用が利用される．分離に寄与する具体的な分子間力としては，クーロン力や水素結合，また，配向力や分散力といったファンデルワールス力などが挙げられるが，分離機構としては，吸着，分配，イオン交換，サイズ排除（細孔への浸透）の 4 つに大別することが多い．

吸着と分配という言葉には厳密な区別があるわけではなく，固定相の状態と関連がある．固定相は静止している相である必要があり，流動性がない固体（吸着剤）が用いられるが，担体表層に担持されている液体も利用できる．シリカゲルやアルミナなどの吸着剤の表面と目的成分との2次元的な相互作用に基づく場合を吸着という言葉で表すことが多い．これに対して，固定相液体に目的成分が3次元的に取り込まれ，移動相との間に分配平衡が成り立つような場合を分配という言葉で表すことが多い．

イオン交換クロマトグラフィーは，スルホ基やアンモニウム基などのイオン性官能基を化学的に結合させたイオン交換樹脂を用いる．試料イオンとイオン交換樹脂との可逆的なイオン結合の形成に基づいてイオン性化合物や無機イオンの分離を行う．

サイズ排除クロマトグラフィーは，細孔を持つゲル粒子を固定相として用い，分子ふるい効果を利用して溶質分子の大きさ（分子量）の違いによって分離する方法である．この分離法は高分子の分子量推定の手段としても重要である．

このほかにも，分取を目的とするクロマトグラフィーを分取クロマトグラフィーと呼んだり，イオンを対象とするクロマトグラフィーをイオンクロマトグラフィーと呼んだり，あるいはカラムのサイズによってキャピラリークロマトグラフィーと呼んだりするように，クロマトグラフィーの分類や呼称は紛らわしいものが多いので注意が必要である．日本工業規格のJIS K 0214にクロマトグラフィーに関する最新の用語とその定義についてまとめられているので参照するとよい．

6.1.3　クロマトグラフィーの理論

a.　保持時間および保持体積

カラムクロマトグラフィーによって得られるクロマトグラムを図6.3に模式的に示す．横軸は試料を添加してからの時間，あるいは使用した移動相の容積を示しており，縦軸は検出器の応答の強さを示している．

試料がカラムに注入されてから各々の成分が溶出するまでの時間をそれぞれ保持時間（retention time）と呼びt_Rで表す．t_0はホールドアップ時間（デッドタイム，ボイドタイムといわれることも多い）といい，固定相と全く相互作用しない成分がカラムを素通りするのに要する時間である．この時間は移動相がカラムを通過する時間（t_m）に等しい．固定相と相互作用する試料成分が固定相に分配されて固定相内に存在する時間（t_s）は，保持時間からホールドアップ時間を差し引いた時間に相当する．この時間を調整保持時間（t_R'）と呼び，試料成分が固定相に保持された正味の時間を示す．

保持時間に流量Fを乗ずると保持体積（retention volume；V_R）となる．保持時間は移動相の送液速度によって変わり得るが，保持体積は流速に依存しない値である．また，本質的に保持体積の方が重要な意味を持っているが，保持時間で表されるクロマトグラムの方が圧倒的に多い．

b.　保持係数と分配係数

溶質が固定相内に存在している時間t_sと移動相の流れの中にいる時間t_mとの比t_s/t_mは保持係数k（retention factor）と呼ばれ，溶質が固定相に保持される程度を示す．

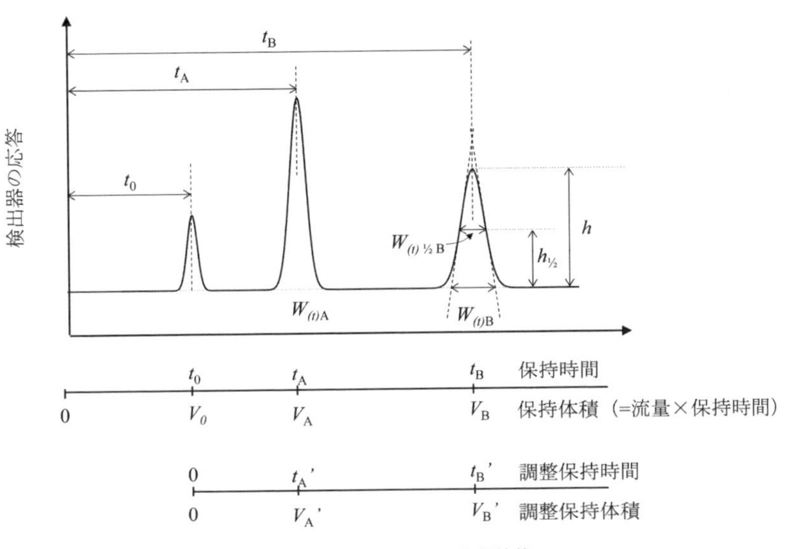

図 6.3　クロマトグラムと保持値
図中の記号は成分 A，B の保持時間，保持体積，ピーク幅などを表す．

この k の値は次式を用いてクロマトグラムから簡単に求めることができる．

$$k = \frac{t_s}{t_m} = \frac{t_R - t_0}{t_0} \tag{6.1}$$

また，保持係数 k は，平衡状態にある 2 液相間に分配される溶質の割合を示す分配係数（partition coefficient；K_d）と次式で関係付けられる．

$$k = \frac{C_s V_s}{C_m V_m} = K_d \frac{V_s}{V_m} \tag{6.2}$$

ここで，C_s, C_m はそれぞれ固定相中，移動相中の成分濃度，V_s, V_m は固定相と移動相の体積である．この式は，k の値が溶質，移動相，固定相などの性質によって定まり，カラムのサイズや装置に影響されないことを示している．

また，k, K_d は保持体積 V_R と以下の関係があるので覚えておくとよい．

$$V_R = V_m + \frac{C_s}{C_m} V_s = V_m + K_d V_s = V_m + kV_m \tag{6.3}$$

c.　カラム効率

カラム効率（column efficiency）は，次式で定義される理論段数（number of theoretical plate）N によって評価される．

$$N = \left(\frac{t_R}{\sigma_{(t)}}\right)^2 \tag{6.4}$$

ここで，t_R は保持時間を，L はカラムの長さを表す．$\sigma_{(t)}$ はガウス分布のピーク形状を仮定したときの時間単位で表した標準偏差である．ピークの形状がガウス分布であればピーク幅 $W_{(t)}$ は $4\sigma_{(t)}$ に等しいので，

$$N = 16\left(\frac{t_R}{W_{(t)}}\right)^2 \tag{6.5}$$

と表せる．なお，$W_{(t)}$ はベースライン上のピーク幅ではなく，図 6.3 に示すように，ピークの各側にある変曲点を通るように引かれた接線とベースラインとの交点から得られる幅であることに注意したい．一方，ピークの半分の高さにおけるピーク幅を半値幅といい，この半値幅の測定は容易であり，$W_{(t)1/2} = \sqrt{8 \ln 2}\,\sigma_{(t)}$の関係から次式を用いて理論段数を求めてもよい．

$$N = 5.545\left(\frac{t_R}{W_{(t)1/2}}\right)^2 \tag{6.6}$$

段理論（plate theory）において，分配平衡が成立すると考えられる最小の単位を理論段といい，それらが多数集まってカラムが構成されると考えたときにカラムが有する理論段の数を理論段数 N という．すなわち，N の値が大きいほどカラム効率がよい．ただし，理論段数 N はカラムの長さに依存するので N の大きさだけでカラム相互の性能を比較する直接的なパラメーターとはなりにくい．そこで，カラム相互の分離能を比較するために，理論段相当高さ（height equivalent to a theoretical plate；HETP）と呼ばれる H が次式のように定義された．

$$H = \frac{L}{N} \tag{6.7}$$

H はカラム長を理論段数で除した値であり，一理論段当たりのカラム長を意味する．理論段数とは反比例の関係にあり，小さい方がカラムは高性能となる．

d. 理論段相当高さとピークの広がり（速度論）

理論段相当高さ H は，次式で示すようにカラム長さ当たりの分散（バンド幅の広がり）で定義することもできる．

$$H = \frac{\sigma_{(x)}{}^2}{L} \tag{6.8}$$

$\sigma_{(x)}$ はガウス型のピーク形状を仮定したときの長さ単位で表した標準偏差である．クロマトグラフィーでは，カラムに注入された試料バンドはカラムを移動していく間に種々の原因で広がる．図 6.4 に試料成分のバンド幅が広がる原因の例を示す．

このほかにも原因はあり，まとめると多流路拡散（H_p），カラム軸方向の拡散（H_d），固定相中での物質移動に対する抵抗による拡散（H_s）および移動相中での物質移動に対する抵抗による拡散（H_m）の 4 つに分類できる．理論段相当高さ H は分散の加成性に基づいてこれらの和として表現できる．

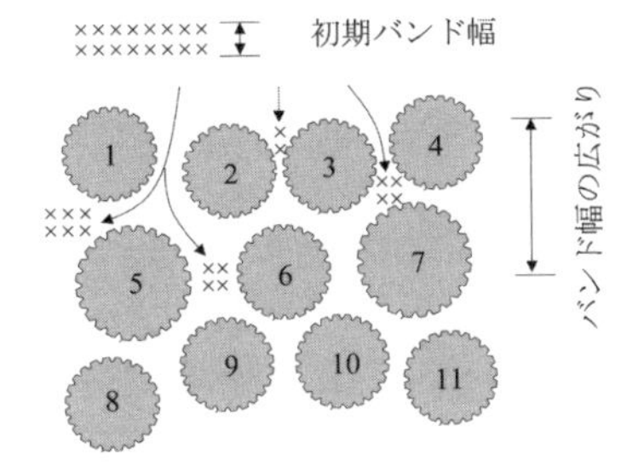

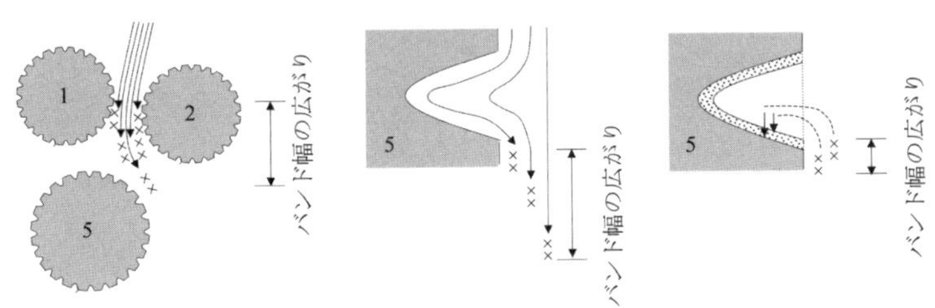

図 6.4 カラム内で試料成分が広がる原因の例

$$H = H_p + H_d + H_s + H_m \tag{6.9}$$

Giddings（ギッディングス）は，溶質分子のランダムな移動を確率論的手法によって表現し，それぞれの因子が H にどの程度寄与するかを考察した．また，理論段相当高さ H は移動相の平均線流速 u と関係付けられ，なかでも次に示す van Deemter（ヴァン・ディームター）の式が有名である．

$$H = A + \frac{B}{u} + Cu \tag{6.10}$$

図 6.5 に H と線流速との関係を示す．van Deemter は，理論段相当高さを流速に依存しない項（A）と流速に反比例する項（B/u）と流速に比例する項（Cu）に分けている．ここで，A, B, C は定数であり，それぞれ次のような物理的意味を持っている．

A 項は多流路拡散（eddy diffusion）に基づいており，粒子充填型カラム内において，溶質が曲がりくねった流路を通り，移動距離に違いが生じることによって引き起こされる．A 項の影響は，粒子径を小さくして，均一に充填することによって低減することができる．

B 項はカラムの長さ（移動相の流れ）方向への分子拡散（longitudinal diffusion）によるもので，溶質が移動相中で高濃度領域から低濃度側へ移動することによる．B 項は線流速が遅い場合に効いてくる項であり，とくに気相中での拡散係数は大きいので，

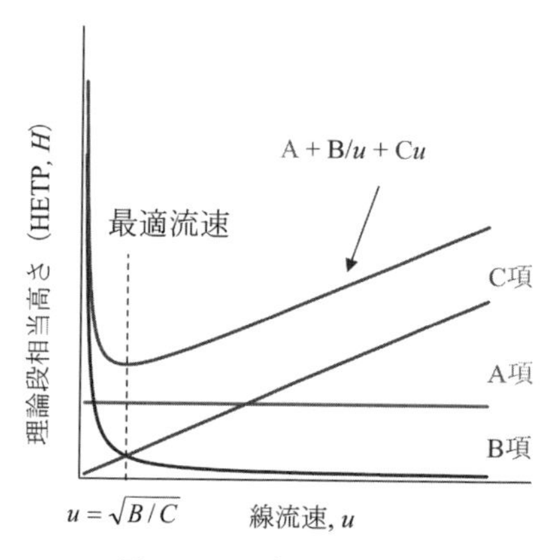

図 6.5　H と線流速との関係

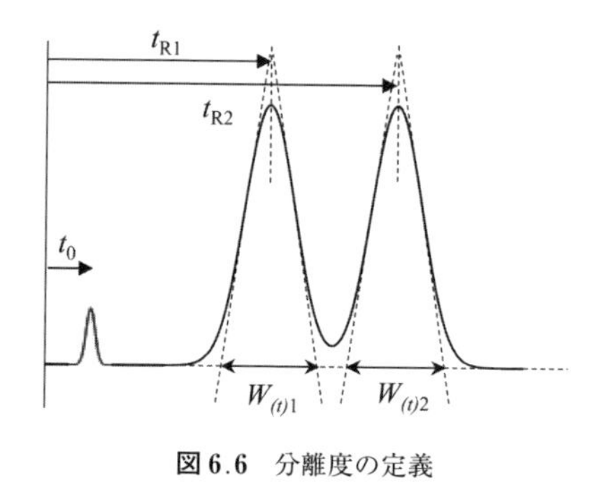

図 6.6　分離度の定義

ガスクロマトグラフィーでは注意が必要であるが，液体クロマトグラフィーでは無視できる場合が多い．

C 項は物質移動に対する抵抗に起因する拡散によるもので，溶質が2相間を移動するのに時間を要することから生じる試料ゾーンの広がりを反映している．C 項の寄与を低減するためには，A 項の場合と同じく粒径を小さくするのがよく，また，固定相の厚みを薄くすることも重要である．

なお，van Deemter 式は充填型カラムを用いるガスクロマトグラフィーにおいて導かれた式である．6.2節で解説するように，中空のキャピラリーカラムを用いるガスクロマトグラフィーでは多流路拡散項はなくなるため，Golay 式と呼ばれる修正式が用いられる．また，高速液体クロマトグラフィーでもより実状に合うように Huber 式や Knox 式といった式が提案され利用される．

e.　分離係数と分離度

2つのピークの分離の度合いを評価するパラメーターとして分離係数（separation factor）α と分離度（resolution）R_s がよく用いられる．図6.6に示すような保持時間が t_{R1} と t_{R2} の隣接した2つのピークを考える．それぞれの保持係数を k_1, k_2，時間単位で表したピーク幅を $W_{(t)1}$, $W_{(t)2}$ とすると，分離係数と分離度は，次式で定義される．

$$\alpha = \frac{k_2}{k_1} = \frac{t_{R2}-t_0}{t_{R1}-t_0} \tag{6.11}$$

$$R_s = 2(t_{R2}-t_{R1})/(W_{(t)1}+W_{(t)2}) \tag{6.12}$$

2つの成分の保持がほぼ等しいとき，ピーク幅や理論段数の値もほとんど同じと見なせる．そこで，$W_{(t)1} \approx W_{(t)2}$ とし，N（理論段数）の値も2つのピークで等しいとすると，R_s は N, α，および後に溶出する成分の k_2 を用いて次のように変形することができる．

$$R_s = \frac{t_{R2}-t_{R1}}{W_{(t)2}} = \frac{\sqrt{N}}{4}\frac{t_{R2}-t_{R1}}{t_{R2}} = \frac{\sqrt{N}}{4}\frac{k_2-k_1}{1+k_2}$$

$$= \frac{\sqrt{N}}{4}\frac{k_2-k_1}{k_2}\frac{k_2}{1+k_2} = \frac{\sqrt{N}}{4}\frac{\alpha-1}{\alpha}\frac{k_2}{1+k_2} \tag{6.13}$$

この式から，理論段数（N），分離係数（α），また分離対象の k が大きいほど，分離度は大きくなる，つまり2つのピーク間の分離がよくなることがわかる．

R_s を含む関係式にピーク容量（peak capacity）がある．ピーク容量は，1つのクロマトグラム上に収容可能な最大のピーク数を意味し，次式で示される．

$$n = \frac{\sqrt{N}}{4R_s}\ln\left(\frac{t_n}{t_1}\right)+1 \tag{6.14}$$

t_1 と t_n はそれぞれ最初のピークと最後のピークの溶出時間である．R_s の値はおおむねベースライン分離が可能と見なせる1を採用する場合が多い．ピーク容量は潜在的にどの程度の分離能力を有するかを示すものであり，分離システムの性能評価の指標として有用である．

［梅村　知也］

参考文献

日本化学会編（1990）季刊　化学総説　クロマトグラフィーの新展開，1-16，学会出版センター．

井村　久則ほか（1996）『基礎化学コース　分析化学Ⅰ』，145-223，丸善．

古谷　圭一監訳（1998）『実用に役立つテキスト　分析化学Ⅰ』，69-150，丸善．

日本工業規格（2006）JIS K 0214：2006　分析化学用語（クロマトグラフィー部門）

S. P. J. Higson 著・阿部　芳廣ほか訳（2008）『分析化学』，113-134，東京化学同人．

高木　誠編著（2009）『ベーシック分析化学』，98-115，化学同人．

Gary. D. Christian 著・原口　紘炁監訳（2005）『原書6版　クリスチャン分析化学Ⅱ　機器分析編』，219-333，丸善出版．

澤田　清編（2012）『若手研究者のための機器分析ラボガイド』，200-241，講談社サイエンティフィク．

小熊　幸一ほか（1997）『基礎分析化学』，104-135，朝倉書店．

6.2　ガスクロマトグラフィー

ガスクロマトグラフィー（gas chromatography；GC）は，移動相に気体（ガス）を用いるクロマトグラフィーである．したがって，試料成分のカラム出口側への輸送は，気相で行われる．そのため，GC では試料成分は，その分析条件においてある程度の蒸気圧を有する（気化することが可能）ことが必須となる．塩や高分子など気化しない，もしくは気化しにくい物質はGCでは分析することが不可能である．GCで一般的に使用される移動相は，ヘリウムガス（He）や窒素ガス（N_2）であるが，アルゴンガス（Ar）や水素ガス（H_2）なども利用可能である．GCは環境分析や生体分析などで，最も汎用されている分離分析手法の1つである．

6.2.1　装　置　構　成

ガスクロマトグラフの基本構成を図6.7に示す．また，揮発性有機化合物のGC分離例も併せて示す．装置は，移動相の供給を行うためのガスシリンダーおよび調圧器，試料注入器，カラム，検出器からなる．そのほか，GC分析で非常に重要な構成部品

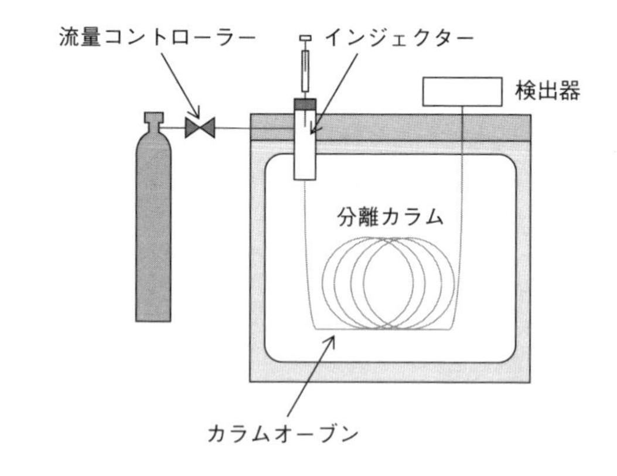

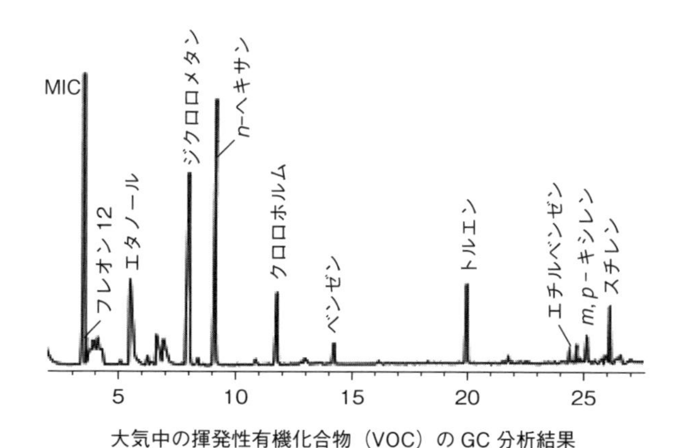

大気中の揮発性有機化合物（VOC）のGC分析結果

図6.7　GC装置の概略図および分離例
http://www.an.shimadzu.co.jp/apl/environ/e8o1ci00000005we.htm

である，カラムの温度を任意に制御するための恒温槽（オーブン）が，これに加えて用いられる．カラム温度はガスクロマトグラフィーにおける最も重要な分離パラメータの1つである．

GC分析の一般的な操作手順は以下の通りである．適切な流量の移動相ガスが連続的に供給されているカラム入口に，インジェクションポートを通して試料が注入される．注入される試料は，液体もしくは気体である．試料注入部は加熱されているため（通常はカラムオーブンの最高温度＋数十℃），注入された液体試料は気化し，キャリアガス（移動相）流れに乗りカラムへと導入される．プラグ状に注入された試料成分は，カラム内で分離され検出器へと導かれる．なお，適切に分離を行うためには，後述するように，カラム（固定相）の選択とカラム温度の選択とが重要である．検出器のシグナルは，時間に対する応答として記録され，ガスクロマトグラムが得られる．分析条件が適切であり，十分な再現性が得られている場合，同一化合物は試料注入後同じ時間に溶出（検出）される．また，そのときの試料のピーク面積（もしくは高さ）は，注入した試料成分の濃度に依存するため，目的化合物の定量が可能になる．

a.　カラム

GCでは，充填カラムと中空キャピラリーカラムの2つのタイプのカラムが用いられる．充填カラムで使用される充填剤には，多孔性シリカゲル，多孔性ポリマービーズ，活性アルミナ，モレキュラーシーブ，活性炭などがある．これらの充填剤は，内径0.5～5 mm，長さ0.5～5 m程度のガラス管，ステンレス管などに充填される．充填カラムは，無機ガス，低級炭化水素などの揮発性の高い化合物の分析に汎用されるが，その分離能力は中空キャピラリーカラムに劣る．

今日のGCでは中空キャピラリーカラムがより一般的に利用されている．中空キャピラリーカラムは，内径0.1～0.53 mm，カラム長10～60 m程度であり，充填カラムと比較して，細くて長いことが特徴である．キャピラリーカラムの内壁には，厚さ0.1～3.0 μm程度の化学的に結合された液膜が存在し，これが固定相となる．充填カラムでは，式（6.10）に示す多流路拡散項（A項）による試料バンドの広がりが避けられないが，中空キャピラリーカラムでは多流路拡散は存在しない．中空キャピラリーカラムにおいては，van Deemter式は次式で与えられる．

$$H = \frac{2\gamma D_{\mathrm{m}}}{u} + \frac{f_{\mathrm{s}}(k)d_{\mathrm{f}}^2}{D_{\mathrm{s}}} + \frac{f_{\mathrm{m}}(k)r_{\mathrm{c}}^2}{D_{\mathrm{m}}}u \tag{6.15}$$

ただし$D, d_{\mathrm{f}}, r_{\mathrm{c}}, \gamma, u$は，それぞれ拡散係数，固定相厚さ，カラム内径，カラムに依存する係数，線流速である．下付き文字のs, mはそれぞれ固定相，移動相を示し，$f(k)$は保持係数kに依存する関数である．

式（6.15）に示すように，中空キャピラリーカラムは内径が細いほど，また，固定相の液膜厚さが薄いほど分離性能は高くなる（理論段高Hが小さくなる）．しかしながら，固定相厚さが小さいと保持係数が小さくなるため，固定相との相互作用が小さな成分の分離が不十分になることがある．この場合は，固定相厚さが大きなカラムを選択することが有効である．また，比較的多量の試料を注入する際には，固定相膜厚の小さなカラムでは試料のオーバーローディング（固定相量に対して注入した試料が多すぎて保持しきれない状態）が起きることがある．この場合も，固定層の厚いカラムの利用が有効である．

代表的な，GC 用固定相として用いられる液膜を表 6.3 に示す．GC カラムの固定相は，極性により分類される．極性の低いカラムでは，試料成分の沸点に従って分離され低分子の化合物が先に溶出される．極性の高いカラムでは，試料成分と固定相の間に，双極子相互作用，水素結合などの相互作用がはたらき，極性の大きな試料成分ほど相互作用が大きくなる．カラムの極性はピーク形状にも大きな影響を与える．図 6.8 に示すように，飽和脂肪酸の分離において，無極性カラムにおいては C2, C3 成分はリーディングしたピークを与えるが，高極性カラムでは鋭いピークを与える．表 6.3 に示す固定相は有機ポリマーであるため，高温では熱分解を起こす．そのため，市販カラムには最高使用温度が必ず記載されている．

表 6.3　GC 用キャピラリーカラムに用いられる代表的な固定相（液相）

固定相の構造	極　性	分離原理	分析対象
$[-O-Si(CH_3)_2-]_{100\%}$	無極性	沸点	炭化水素，高沸点成分など
$[-O-Si(C_6H_5)_2-]_{5\%}[-O-Si(CH_3)_2-]_{95\%}$	低極性	ほぼ沸点	汎用
$[-O-Si(C_6H_5)_2-]_{50\%}[-O-Si(CH_3)_2-]_{50\%}$	中極性	沸点＋極性	農薬，ステロイドなど
$HO-[-CH_2-CH_2-O-]_n-H$	高極性	極性	アルコール，エステルなど

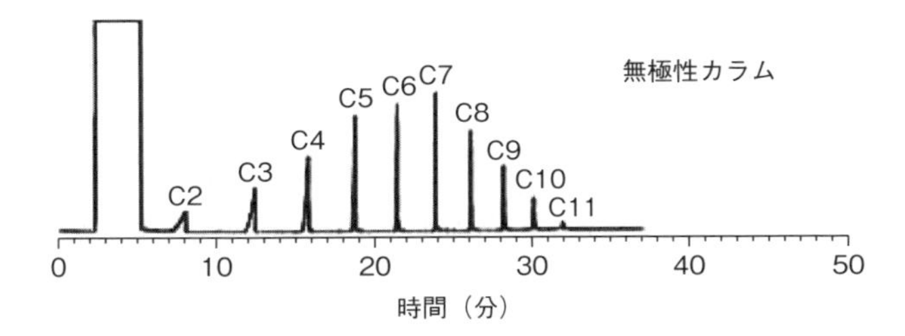

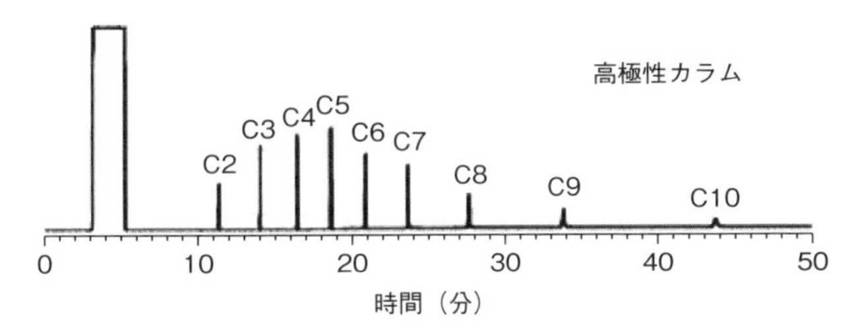

図 6.8　異なる極性の固定相を用いた炭素鎖長の異なる飽和脂肪酸類のGC 分離
http://www.gls.co.jp/technique/technique_data/basics_of_gc/p2_2.html

b.　移動相

GC で主として用いられる移動相は，不活性な気体であるヘリウムガスと窒素ガスである．GC 分離では試料の保持は基本的にはカラム温度に依存するため，同一のカラムを用いて分離を行う場合，移動相にヘリウムガスと窒素ガスのどちらを用いても，試料成分の溶出時間に大きな影響はない．しかしながら，これらの気体の密度，拡散係数，粘性は異なるため，同一の分離結果が得られるわけではない．一般的に，密度の高い気体の方が，*H*-*u* プロット（図 6.5）における最適線流速は小さく，そのときの分離性は高くなる．一方，低密度の気体は高流速で移動相を流した際の分離性能の低下が小さなため（*H*-*u* プロットにおける *C* 項の寄与が小さい），高速分離を行うことが可能である．

c.　検出器

今日に至るまで GC 用に数多くの検出器が開発されてきた．現在の GC で用いられることが多い代表的な検出器を表 6.4 にまとめた．検出器は，万能型と選択型に大別することができる．熱伝導度検出器（thermal conductivity detector；TCD）は，試料成分が加熱されたフィラメントを通過する際に生じる，フィラメントの温度変化に基づいて検出が行われる．キャリアガスである移動相と試料成分の熱伝導度に違いが

表6.4　GCで用いられる検出器

検出器	対象試料	原　理
熱伝導度検出器（thermal conductivity detector；TCD）	汎用	移動相（主としてHe）と試料との熱伝導度の差を，加熱したフィラメントの電気抵抗変化で検出する．
水素炎イオン化検出器（flame ionization detector；FID）	汎用（炭化水素）	試料を水素炎でイオン化する．生成したイオンを電極で捕集し，その際に流れるイオン電流を検出する．
電子捕獲型検出器（electron capture detector；ECD）	親電子化合物（ハロゲン，ニトロ化合物など）	窒素またはメタンを含むアルゴンガスにβ線を照射しイオン化する．親電子化合物は生成した電子を効率よく捕獲するため，イオン電流の減少が生じ，これを検出する．
炎光光度型検出器（flame photometric detector；FPD）	硫黄，リン	炎で励起された原子が，基底状態に戻る際に放出する光を検出する．
質量分析検出器（mass spectrometric detector；MSD）	汎用	質量分析計を検出器として用いる方法．質量スペクトルが得られ，定性・定量が可能．

あれば，原理的にはどのような試料成分でも検出が可能である．一般的には，熱伝導度の大きなヘリウムガスを移動相に用いて，試料ガスによる熱伝導度の低下（フィラメントの温度変化に基づく電気抵抗変化）を検出する．ヘリウムの熱伝導度は試料成分より著しく大きいため，TCDの応答は試料成分の種類によらずほぼ同一になる．TCDは最も汎用性の高い万能型検出器ではあるが，その検出感度は高いとはいえない．

水素炎イオン化検出器（flame ionization detector；FID）はGCで最もよく利用される検出器であり，試料の炭化水素部位を検出するため，有機物の検出器として使用される（図6.9）．有機物は水素炎中でCHO^+のような陽イオンを形成する．形成した陽イオンを電極で捕集し，その際に流れる電流を測定することで，有機化合物が検出される．検出感度は，試料成分に含まれる炭素原子数，およびその酸化状態に依存するが，極めて高感度であり，ppbレベルでの測定も可能である（TCDのおよそ1000倍の感度）．FIDは，測定できる濃度範囲（ダイナミックレンジ）も広く，有機化合物の検出器としては，汎用性の高い高感度万能型検出器である．

選択型検出器は，対象となる試料成分は限定されるが，一般的に高い感度を有する．例えば，電子捕獲型検出器（electron capture detector；ECD）は，ハロゲン化合物やニトロ化合物のような親電子性の高い化合物を極めて高感度に測定することができる．ECDでは，検出器内部にβ線源（^{63}Niなど）が存在する．検出セル内には窒素ガスやメタンを含むアルゴンガスが導入され，これらのガスはβ線によりイオン化され，電子を放出する．FIDと同様に電極を用いることで，放出された電子は捕集され電流として測定される．カラムから溶出された親電子化合物が検出セル内に存在すると，この電流値が減少するため，ハロゲン，ニトロ基，カルボニル基などを有する化合物が選択的に検出される．このほかにも，表6.4に示すような，様々な選択的検出器が存在する．

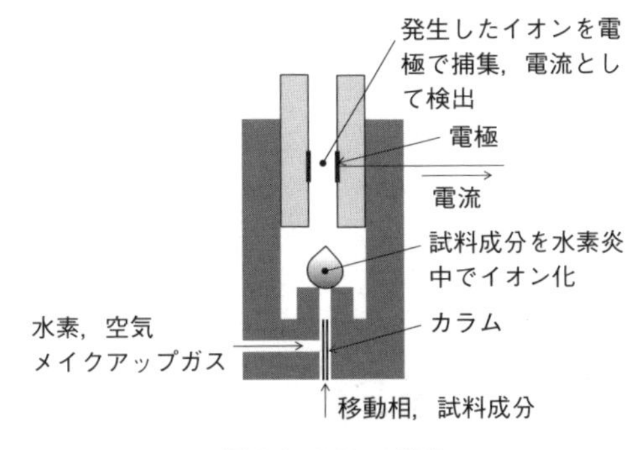

図6.9 FIDの概略

質量分析計（MS）もGCで汎用される検出器である．MSは高価ではあるが，定性能力を有しているという利点がある．四重極型，飛行時間型，イオントラップ型などのMSがGC用の検出器として利用されている．MS検出を行うためには，試料成分のイオン化が不可欠である．カラムから溶出された試料成分は，電子イオン化法（electron ionization；EI）や化学イオン化法（chemical ionization；CI）によりイオン化され，MSへ導入される．EIは多くのGC/MSで利用される標準的なイオン化法である．EIは，イオン化時に分子が破壊される「ハードイオン化法」であるため，MSスペクトルには溶出された化合物のフラグメント群が検出される．このフラグメントパターンをライブラリ内のデータと比較することで，化合物の同定が行える可能性もある．しかしながら，GC分離が不十分であり，複数の成分が同時に溶出している場合は，EIで得られるMSスペクトルは非常に複雑であり，解析が著しく困難になる．CIはEIとは異なり，フラグメンテーション（分子の破壊・断片化）を起こしにくい「ソフトイオン化」であるため，分子量に直接関連する情報が得られやすい．そのため，複数の成分が同時に溶出していても，そのときのMSスペクトルは比較的単純で解析が容易である．

6.2.2 昇温分析

6.1節で示されている通り，クロマトグラフィー分離において，保持係数kは温度に大きく依存する．GCにおいては，通常カラム温度を適切に制御することで，分離選択性を制御している．図6.10にカラム温度と分離の関係を示す．カラム温度を45℃と一定にした条件（図6.10(a)）ではよい分離が得られているが，ピーク6〜8については30分以上の長い分離時間が必要である．カラム温度を145℃（図6.10(b)）とすることで，分析時間の短縮が可能であるが，1〜4の分離は不十分になってしまう．これを解決するためにGCでは，昇温分析と呼ばれる手法が用いられる．昇温分析とは，試料をカラムに注入した後，連続的もしくは段階的にカラム温度を上昇させる手法である．この方法を用いることで，低温では溶出されにくい化合物を迅速にカラム

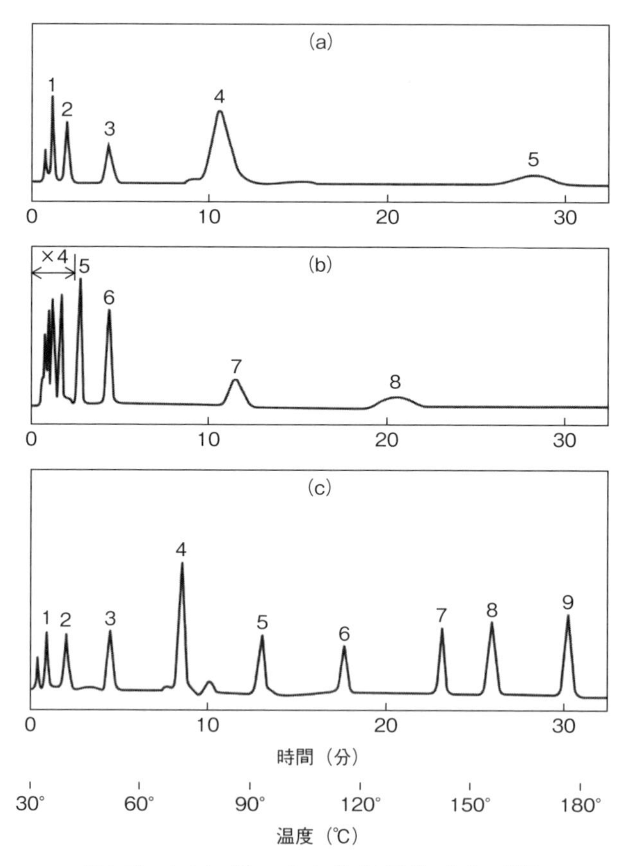

図 6.10　カラム（オーブン）温度が分離に与える影響
D. A. Skoog *et al.* (1998) "Principles of Instrumental Analysis (5th Edition)", Harcourt School, p.706.

から溶出することができる．カラム温度を 30 ℃から 180 ℃へと連続的に大きくすることで，ピーク 1～9 のよい分離が得られていることがわかる（図 6.10(c)）．また，定温条件分離では，後から溶出される試料成分についてはそのピーク幅が広がってしまうことが避けられないが，昇温分析を行うことですべてのピークを鋭く保つことが可能である．

昇温分析において試料成分の溶出を制御している主要因子は，時間ではなく温度である．したがって，昇温速度を大きくすると，試料が溶出するために必要な温度に早く至るため，分析時間を短縮することができる．　　　　　　　　［北川　慎也］

参考文献

津田 孝雄（1995）『クロマトグラフィー 分離のしくみと応用 第2版（化学セミナー）』，丸善出版.
日本分析化学会ガスクロマトグラフィー研究懇談会（1997）『キャピラリーガスクロマトグラフィー』，朝倉書店.
内山 一美・小森 亨一（2012）『ガスクロマトグラフィー（分析化学実技シリーズ（機器分析編7））』，共立出版.

6.3 液体クロマトグラフィー

液体クロマトグラフィー（liquid chromatography；LC）は，ガスクロマトグラフィーでは分離が困難な不揮発性の化合物や熱的に不安定な化合物の分離にも適用できる．また，使用する固定相と移動相の組合せによって，実に様々な分離機構を利用でき，本質的に溶液にできる試料のすべてが分析対象となる．そのため，無機イオンの分離や高分子化合物の分離，また天然物の分離など，分析対象とする物質は広範囲にわたっている．

粒子径が数μmの微小な充塡剤をステンレス管に詰めたカラムやキャピラリー管の内壁に固定相を担持させたカラムに，ポンプを用いて移動相を加圧して高速で送液することにより，短時間で高性能の分離が得られるようにした分析法を高速液体クロマトグラフィー（high performance liquid chromatography；HPLC）という．いまでは，液体クロマトグラフィーといえばHPLCのことを指す場合が多い．なお，HPLCはJIS K 0124（高速液体クロマトグラフィー通則）で高性能に分離して検出する方法と定義されているように，分離だけでなく検出まで含めた機器分析法を意味する．

6.3.1 高速液体クロマトグラフィーの分離モード

種々の分離メカニズムを利用できるHPLCでは，試料に応じて適切な分離モードを選択する必要がある．表6.5に主な分離モードとその特徴を示す．Tswettが行った植物色素の分離は順相クロマトグラフィー（NPLC）に分類される．逆相クロマトグラフィー（RPLC）は順相に対する逆という意味であるが，現在，最も汎用的に用いられている分離モードである．

逆相と順相は，固定相と移動相の極性の違いで定義される．固定相の方が移動相よりも相対的に極性が高い分離系を順相と呼び，固定相の方が相対的に極性が低い分離系を逆相と呼ぶ．一般的に逆相モードの分離は疎水性相互作用に基づく分離と考えてよい．

一方，親水性相互作用クロマトグラフィー（HILIC）と呼ばれる分離モードが近年

表 6.5　HPLC で用いられる分離モード

種　類	特　徴
順相クロマトグラフィー (normal phase liquid chromatography；NPLC)	シリカゲルやアルミナなどの高極性固定相とヘキサンなどの低極性有機溶媒を移動相として使用する．極性の高い成分ほど固定相への親和性が高く，逆相では分離が困難な糖類の分析に適する．また，一般に水を含まない移動相を用いるため，水に難溶の脂溶性ビタミンの分離や加水分解されやすい酸無水物の分離に用いられる．
逆相クロマトグラフィー (reversed phase liquid chromatography；RPLC)	長鎖のアルキル基など低極性の分子をシリカゲルに化学的に結合させたものを固定相として用い，水，メタノール，アセトニトリルなどの極性の高い親水性溶媒を移動相として使用する．疎水性の大きな成分ほど固定相への保持が強い．
親水性相互作用クロマトグラフィー (hydrophilic interaction chromatography；HILIC)	順相クロマトグラフィー（NPLC）の一種である．HILIC モードは水系溶媒（アセトニトリルなどの親水性有機溶媒と水との混合溶液）を移動相に用いて高極性化合物を保持・分離する．固定相にはジオール基やアミド基，双性イオンのような極性の高い官能基が修飾されたものを用いる．
疎水性相互作用クロマトグラフィー (hydrophobic interaction chromatography；HIC)	HIC では，高濃度の塩を含む水系の移動相が用いられ，主にタンパク質の分離に利用される．吸着は高い塩濃度で起こり，塩濃度を徐々に減少させることで溶出させる．
イオン交換クロマトグラフィー (ion-exchange chromatography；IEC)	シリカゲルやスチレン-ジビニルベンゼン共重合体の微粒子にスルホ基やアンモニウム基を固定したイオン交換基を固定相として使用する．これらの官能基とイオン性成分との静電的相互作用により分離を行う．
サイズ排除クロマトグラフィー (size exclusion chromatography；SEC)	充填剤表面の細孔への分子の浸透度合いの差により分離を行う．主に分子量 2000 以上の高分子の分離に利用される．有機溶媒系の移動相を用いるものをゲル浸透クロマトグラフィー，水系移動相を用いるものをゲルろ過クロマトグラフィーとさらに細分される．
アフィニティークロマトグラフィー (affinity chromatography)	抗原と抗体のような特定の分子間ではたらく生物学的親和性・分子認識能を利用して分離する．

注目を集めている．HILIC モードは，順相クロマトグラフィーの一種であるが，生体試料中の高極性化合物の分離に有効であることが示されてから，独立した分離モードとしての地位が確立された．古典的な NPLC では，非水系の有機溶媒が移動相として用いられることが多く，この溶媒系に溶解しない親水性化合物の多くが NPLC で分析

できないという問題があったが，HILIC モードでは逆相モードと同じ水系溶媒（水と親水性有機溶媒との混合溶液）を移動相に用いて，逆相モードで保持されにくい親水性の高い化合物を保持することができる．すなわち，逆相モードと相補的な関係にある分離モードであり，生命科学分野の研究においてその利用が拡大している．

表 6.5 中に取り上げた疎水性相互作用クロマトグラフィー（HIC）は，高濃度の塩を含む水系移動相を用いてタンパク質を吸着分離する方法に対して命名されたものである．HIC 分離の選択性は疎水性に基づいてはいるものの，保持の原理は塩析による吸着と考えた方がわかりやすい．すなわち，分離モードとしては疎水性相互作用モードというよりは塩析吸着モードという方が適切である．

イオン交換モードは，スルホ基やアンモニウム基などのイオン交換能を有する官能基を化学的に結合させたイオン交換樹脂を用いる．無機イオンからタンパク質やペプチド，オリゴヌクレオチドのような高分子の分離まで幅広く利用されている．なかでも，低交換容量のイオン交換カラムと電気伝導度検出器を用い，イオン交換カラムの後段に，溶離液由来の電気伝導率を引き下げるバックグラウンド減少装置（サプレッサー）を設置したイオンクロマトグラフは，無機陰イオンやアルカリ金属イオン，アルカリ土類金属イオン，アンモニウムイオンなどを高感度に測定できる．

サイズ排除モードは，分子ふるい効果を利用して成分の大きさ（分子量）によって分離する方法である．小さい分子はゲル細孔内の奥深くまで浸透していけるのに対し

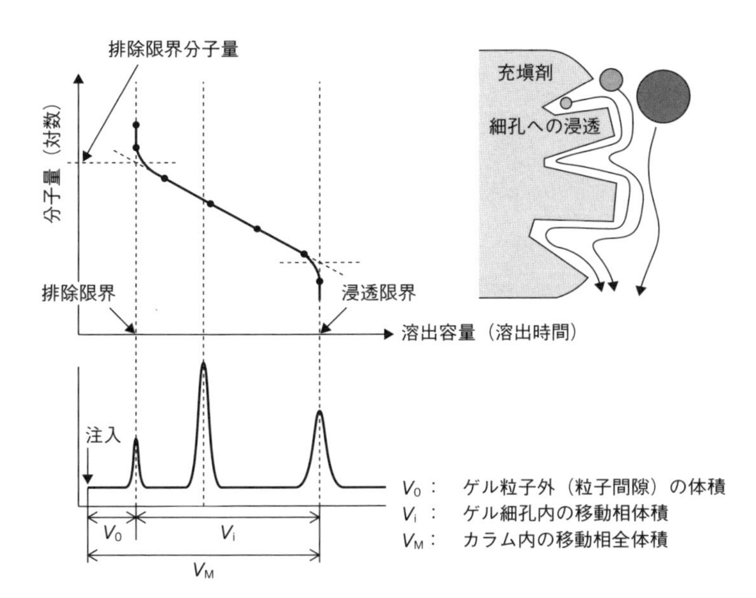

図 6.11 溶出容量と分子量の関係（較正曲線）

て，大きな分子はゲル細孔内に浸透できず，粒子間の間隙を通り抜ける．したがって，ある大きさ以上の分子は，カラム内を迅速に通過して溶出し，ある大きさ以下の分子は固定相表層の空隙に出入りすることにより，大きな分子に比べて遅れて溶出する．この分離モードはタンパク質やペプチドなどの生体高分子の分離に利用されるほかに，合成高分子の分子量の推定に用いられる．分子量既知の標準ポリマーを用いて，図6.11に示すように分子量と溶出体積（溶出時間）の較正曲線を作成し，平均分子量を求める．

表6.5には7つの分離モードしか示していないが，このほかにも光学分割モードや配位子交換モードなど実に様々な分離モードがあり，それぞれの分離モードに適したカラムが市販されている．

カラムの選択だけでなく移動相の組合せまで含めると，分離のバリエーションはさらに広がる．例えば，分析対象とするイオン性成分に対して，それと反対符号の電荷を持つ界面活性剤を移動相に添加すると，試料イオンと界面活性剤との間にイオン対が形成され，イオン性成分を逆相カラムにより疎水性相互作用に基づいて分離することができる．このような分離法はイオン対クロマトグラフィーと呼ばれる．なお，イオン対クロマトグラフィーは見方を変えると，移動相に添加した界面活性剤が逆相系のカラムに吸着することによってイオン交換基として機能していると考えることもできる．

このほかにも，シクロデキストリンやクラウンエーテルを移動相に添加することによってキラル分離が可能になるなど，選択できるパラメーターの多いHPLCでは実に様々な分離が可能となる．

6.3.2　高速液体クロマトグラフィーの装置構成

高速液体クロマトグラフの基本構成を図6.12に示す．装置は大きく分けて，移動相

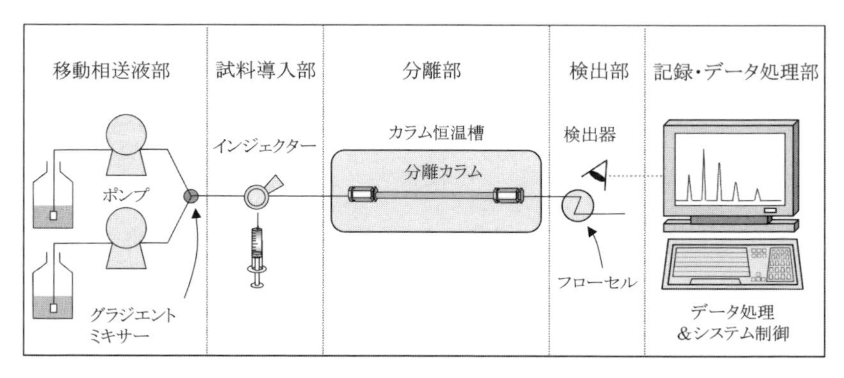

図6.12　HPLC装置の概略図

送液部，試料導入部，分離部，検出部およびデータ処理部からなる．HPLC 装置は目的に応じて最適なモジュールを選択し，組み立てて利用する．以下に各構成部を解説する．

a. 移動相送液部

送液ポンプは装置の中枢をなし，移動相を一定の流量で試料導入部，カラムへと送液する．脈流を低減できるダブルプランジャー方式のポンプが主流であり，一般的なポンプの送液流量範囲は 0.001〜10 mL min^{-1} で 40 MPa 程度の吐出圧力が要求される．

移動相には溶存ガスが含まれていないことが重要である．溶存ガスが原因で移動相中に気泡が生じると，ポンプでの送液に支障を来し，分離，検出に悪影響を及ぼす．そのため，通常は，減圧やヘリウム通気などの方法で脱気した移動相を使用する．なお，最新の HPLC 装置では，送液ポンプの前段に脱気装置を設置して，送液過程において自動的に気体が取り除かれるようになっている．

HPLC で用いる移動相は溶離液と呼ばれることからわかるように，移動相は試料成分を運ぶだけでなく分離にも大きく寄与している．例えば，アミノ酸分析のように試料にたくさんの成分が含まれる場合，単一組成の溶離液ですべての成分を効率よく分離することは困難である．このような場合，溶離液の組成を変化させながら分離する．直線的に濃度勾配をかける方式をグラジエント溶離（gradient elution）といい，ある時間で階段状に溶媒を切り替える方式はステップワイズ溶離（stepwise elution）と呼ぶ．図 6.12 は，複数のポンプを使用する高圧グラジエント方式（ポンプから吐出した後に混合）を示してあるが，1 台の送液ポンプでその前段に電磁弁を設けて溶離液を切り替えながら混合する低圧グラジエント方式もある．なお，単一組成の溶離液を用いる場合はイソクラティック溶離（isocratic elution）と呼ぶ．グラジエント溶離法では，イソクラティック溶離法と比較して，分析時間を短縮でき，鋭いピークが得られる．ただし，カラム内をはじめの状態に戻すのに時間を要したり，保持時間の再現性，定量性が悪くなったりするなどの欠点もある．

b. 試料導入部（インジェクター）

定量分析を目的とする HPLC では，一定体積の試料を再現性よく正確に注入する必要があり，インジェクターは重要な装置部品の 1 つである．

マイクロシリンジを用いて手動で注入するマニュアルインジェクターと，多数の検体を順次自動で導入するオートサンプラーがある．どちらも常に圧力がかかっている流路に試料を注入するため，6 方バルブが利用されている．マニュアルインジェクターを図 6.13 に示す．試料注入の際はまずノブを「load（充塡）」の位置にする．このときサンプルループ部分は流路から切り離されており，マイクロシリンジを用いてニードルポートからループの中に一定量の試料が注入され，溜められる．この後ノブを

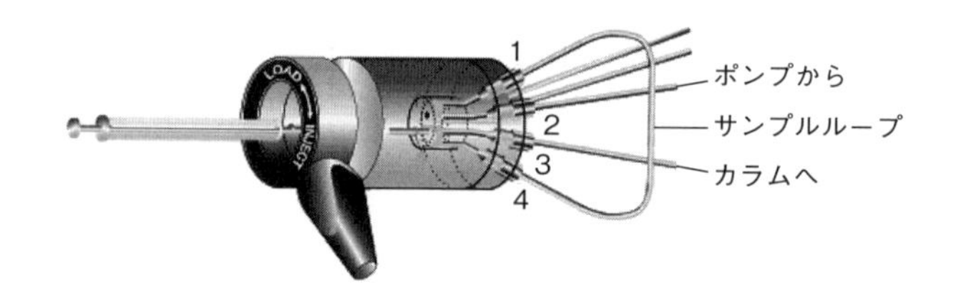

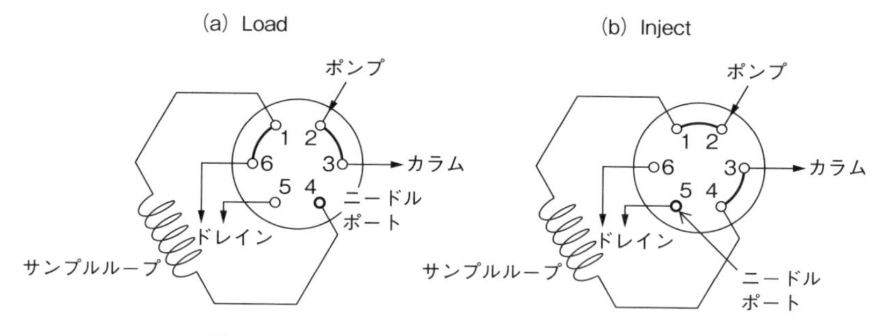

図 6.13　レオダイン製のマニュアルインジェクター

「inject（注入）」に切り替えると，ポンプからループを通って溶離液が送液され，試料がカラムに導入される．

c.　分離部

温度変化は保持時間に影響を及ぼすため，カラムは温度制御が可能なカラム恒温槽内に設置して使用するのが望ましい．ただし，室温で十分な分離を行える場合も多く，必要とする分析の精度によっては，カラムオーブンは必ずしも必要であるわけではない．

カラムは分析目的に応じて適切なものを選択する必要がある．表 6.6 に分析対象物質の物性から分離モードを選択するための目安を示す．また，カラム（固定相）の種類だけでなく，カラム管のサイズやカラム充塡剤の粒子径，さらに充塡剤の材質も分析目的によって選択する必要がある．カラム充塡剤の材質としては，シリカゲルやアルミナなどの無機化合物のほかにポリスチレンやアガロースなどの有機ポリマーゲルがある．一般的には，シリカ系の充塡剤の方が分離能が優れていることが多いが，pH 耐久性の面では有機ポリマーゲルの方が有効な場合がある．

HPLC で用いられるカラム充塡剤の粒子径は，通常，数 μm のものが用いられる．これまで 5 μm の充塡剤を内径 4.6 mm，長さ 15〜25 cm のステンレススチール管に充塡したパックドカラム（packed column）が常用されてきたが，最近は，充塡剤粒子径およびカラム内径の微小化が進んでおり，粒子径 3 μm の充塡剤や内径 2.0 mm の

表 6.6　分析対象物質の物性から分離モードを選択するための目安

	分子量	物　性	分離モード	固定相の例	分析例
試料	2000以上	脂溶性	サイズ排除	ゲル浸透用ポリマー	合成高分子
		水溶性	サイズ排除	ゲルろ過用ポリマー	タンパク質 酵素 ペプチド
			疎水	C_4, C_8, C_{18}	タンパク質 酵素 ペプチド
	2000以下	脂溶性	逆相	C_8, C_{18}	低分子物質全般
			吸着	シリカゲル	アルカロイド 脂溶性ビタミン
			順相	CN, NH_2	ステロイド
			サイズ排除	ゲル浸透用ポリマー	熱硬化性樹脂
		水溶性	イオン交換	イオン交換樹脂	アミノ酸，カルボン酸
			イオン制御	C_8, C_{18}	脂肪酸，塩基性医薬品
			イオン対	C_8, C_{18}	イオン性化合物
			順相	NH_2	糖，ビタミン
			サイズ排除	ゲルろ過用ポリマー	ペプチド，水溶性 オリゴマー

澤田　清編著（2006）『若手研究者のための機器分析ラボガイド』，講談社，p.205 より抜粋

セミミクロカラムが一般に使われるようになってきた．さらに，生体試料の分析では内径 1 mm 未満のマイクロカラムやキャピラリーカラムが汎用される時代となっている．

d.　検出部

カラムからの溶出液はフローセルに導かれ，分析対象成分の光学的，電気的，あるいは化学的な特性を利用して検出する．HPLC で使用される代表的な検出器は紫外可視吸光光度検出器（UV-VIS detector）である．そのほかに蛍光検出器や示差屈折率検出器，また，質量分析計が検出器として用いられることもある．表 6.7 に主な検出器とその特徴を示す．検出器は，分析対象成分の濃度レベルや共存成分の影響も考慮して選択する必要があり，場合によっては目的成分の濃縮や妨害成分の除去が必要となる．また，分析成分を直接検出できない場合や感度が足りない場合には，検出器に応答可能な物質に変換する誘導体化が必要となる．カラムに導入する前に誘導体化を行う場合をプレカラム誘導体化，カラムで分離後，溶出液に誘導体化試薬を混合して

表6.7 HPLCで用いられる代表的な検出器とその特徴

検出器	原理および特徴
紫外可視吸光検出器 (ultra violet-visible detector；UV-VIS)	最も汎用されている検出器で，紫外・可視域に吸収を持つ成分が測定対象となる．紫外部の測定には重水素放電管（D2ランプ）が光源として用いられる．可視領域の測定では，タングステンランプ（Wランプ）が用いられる．
フォトダイオードアレイ検出器 (photodiode array detector；PDA)	UV-VIS検出器と基本的に同じであるが，UV-VIS検出器ではサンプル側の受光部が1つしかないのに対し，PDAでは多数のフォトダイオードを並べて，多波長同時でモニターすることにより，各成分のスペクトルを取得できる．
蛍光検出器 (fluorescence detector；FLD)	紫外可視領域の光（励起光）を照射したときに発生する蛍光を検出する．発蛍光性の化合物の検出に用いられるが，蛍光誘導体化を行い蛍光性の物質に変換してから検出する．励起波長と検出波長の2つを選択でき，一般的にUV-VISと比較して3桁ほど高感度である．
示差屈折率検出器 (refractive index detector；RID)	試料成分を溶解した溶液の屈折率が変化する現象を利用する検出法である．ほとんどの化合物が溶媒とは異なる屈折率を持つため，あらゆる成分が検出可能である．ただし，温度変化や溶媒組成の変化によっても屈折率は変化するため，定温，定組成で分析する必要があり，グラジエント溶離法は適用できない．
電気伝導度検出器 (conductivity detector；CDD)	溶液中に含まれるイオン性成分の濃度によって電気伝導度が変化することを利用する．イオンクロマトグラフィーにおいて多用される．
電気化学検出器 (electrochemical detector；ECD)	酸化・還元反応が起こる成分が測定対象で，反応の際に流れる電気量を検出する．どのくらいの電圧をかければ酸化・還元反応が起こるかは成分により異なるため選択性が高く，感度の高い検出法である．

誘導体化する場合はポストカラム誘導体化と呼ぶ．

e. 記録・データ処理部

検出器で得られた各成分の応答は，電気信号に変換されてデータ処理機（インテグレーター）に送られ，時間軸に対して検出器の応答を記録したクロマトグラムが得られる．データ処理機は，このクロマトグラムをもとに種々のパラメーターを計算し，定性，定量を行う．なお，現在はパソコンを利用したインテグレーターが主流であり，HPLC装置の制御とデータ解析までを一括して行える．

6.3.3 超高速液体クロマトグラフィー

分析時間を短縮する最も単純な方法は，カラムの長さを短くして，流速を上げることであるが，これらは分離能の低下を招く．一方，充塡剤の粒子径を小さくするとカラム効率が向上することが昔から知られている．充塡剤の粒子径をパラメーターとして含む van Deemter の式を次に示す．

$$H = A \cdot dp + \frac{B}{u} + C \cdot dp^2 \cdot u \tag{6.16}$$

dp は充塡剤の粒子径である．上式から，粒子径の小さな充塡剤を用いれば，流速を上げても分離の低下を抑制できることがわかる．一方，カラムにかかる負荷圧（カラムの入口と出口の差圧）は，次式で示すように粒子径の 2 乗に反比例して高くなる．

$$\Delta P = \frac{\phi \cdot \eta \cdot L \cdot u}{dp^2} \tag{6.17}$$

ここで ϕ は流体抵抗係数，η は移動相の粘性係数である．そのため，通常の送液ポンプでは，流速を上げるとすぐに耐圧限界（40 MPa）に達することになる．この問題を解消するために，近年，高耐圧仕様の充塡カラムや HPLC 装置の開発が進み，一般のユーザーでも超高速かつ高性能な分離を行えるようになってきた．このような微粒子充塡カラムと高耐圧装置を利用するクロマトグラフィーは超高速液体クロマトグラフィー（ultra high performance liquid chromatography；UHPLC）と呼ばれる．

一方，高圧装置の使用は，カラムへの負荷が大きく使い勝手の面で問題が多い．そのためカラム充塡剤の改良もここ数年で大きな進歩が見られた．フューズドコアと呼ばれる二重構造のカラム充塡剤や，流体透過性に優れたモノリス型カラムの開発によって，比較的低圧な条件で（通常の HPLC 装置を使用して）従来よりも高速かつ高性能な分離を行えるようになっている．

6.3.4　キャピラリー液体クロマトグラフィー

高速液体クロマトグラフィーにおけるカラム内径の微小化は，試薬消費量や廃液量の削減といった環境面でのメリットに加え，液体クロマトグラフィー（LC）の高性能化を図るうえでも有力な一手段である．とくに，得られる試料量が微少で，質量分析が不可欠なプロテオーム解析などにおいて，キャピラリーカラムは極めて有効である．

厳密には定義がなされていないが，LC は分離カラムの内径により分類できる．表 6.8 に分離カラムの内径とそれぞれのカラムサイズに適した移動相の流量（線速度が 1 mm/s のときの値）と試料注入量をまとめる．

表 6.8　内径の違いによるカラムの分類

分　類	内径（mm）	流量（線流速 1 mm/s）	試料注入量（試料負荷量）
汎用カラム	3.0 ～ 6.0	0.4 ～ 2.0（mL min^{-1}）	20 ～ 100 μL（数 μg）
セミミクロカラム	1.0 ～ 3.0	0.05 ～ 0.5（mL min^{-1}）	1 ～ 20 μL（数百 ng）
ミクロカラム	0.3 ～ 1.0	5 ～ 50（μL min^{-1}）	0.1 ～ 1 μL（数十 ng）
キャピラリーカラム	0.05 ～ 0.3	0.1 ～ 5（μL min^{-1}）	2 ～ 100 nL（数 ng 以下）

キャピラリーLCでは用いる移動相流量がnL min^{-1} ～μL min^{-1}であり，通常のLC（コンベンショナルLC）と比べると2～3桁小さな流量である．そのため，コンベンショナルな装置をそのまま利用すると問題が生じる．以下に，キャピラリーLCを行う際の注意点をまとめる．

キャピラリーLCにより分析を行う際，分離カラム以外の流路部における試料成分の拡散を抑える必要がある．とくに試料注入体積および検出器フローセルの体積ならびに連結管のサイズに留意が必要である．目安として試料注入体積およびフローセル体積は分離カラム体積の1/100程度であれば分離性能に与える影響を無視することができる．一方，連結管については分離カラムの内径の1/10程度であれば数十cm程度連結管を使用してもそこでの拡散の影響は小さい． **［梅村　知也］**

参考文献

日本化学会編（1990）季刊　化学総説　クロマトグラフィーの新展開，1-16，学会出版センター．
井村　久則ほか（1996）『基礎化学コース　分析化学Ⅰ』，145-223，丸善．
古谷　圭一監訳（1998）『実用に役立つテキスト　分析化学Ⅰ』，69-150，丸善．
S. P. J. Higson著・阿部　芳廣ほか訳（2008）『分析化学』，113-134，東京化学同人．
高木　誠編著（2009）『ベーシック分析化学』，98-115，化学同人．
Gary. D. Christian著・原口　紘炁監訳（2005）『原書6版　クリスチャン分析化学Ⅱ　機器分析編』，219-333，丸善出版．
澤田　清編（2012）『若手研究者のための機器分析ラボガイド』，200-241，講談社サイエンティフィク．
小熊　幸一ほか（1997）『基礎分析化学』，104-135，朝倉書店．

6.4 キャピラリー電気泳動

電気泳動という現象は19世紀のはじめに，ロシアの科学者であるReuss（ロイス）によって，粘土の懸濁液に対する電圧印加によって発見されたといわれている．すなわち帯電粒子が電場下において電極に向かって運動する現象が発見された．この電気泳動という現象は，主としてイオン性の物質を分離するために用いられ，クロマトグラフィーとは別種の分離手法として発展してきた．電気泳動分析は，平板状のゲルを用いる「スラブゲル電気泳動（slab gel electrophoresis）」と「キャピラリー電気泳動（capillary electrophoresis；CE）」に大別することができる．本節では，紙面の都合により，キャピラリー電気泳動に焦点を絞って解説する．なお，硫酸ドデシルナトリウム-ポリアクリルアミドゲル電気泳動（SDS-PAGE）に代表されるスラブゲル電気泳動は，タンパク質やDNAなどの生体高分子の分離に広く用いられている重要な分離

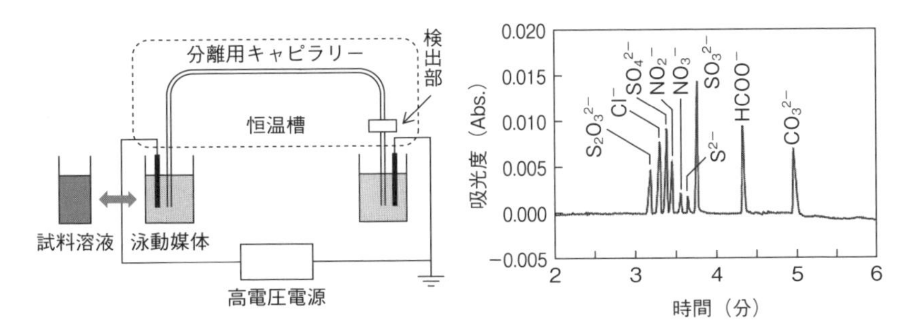

図 6.14　CE 装置の概略図および分離例
右図は大塚電子株式会社の技術資料『キャピラリー電気泳動「化成品」』から転載.

手法であるが，これについては参考文献を参照されたい（中山・西方，1995；西方，1996；大藤，2011）.

キャピラリー電気泳動は，1970 年代の終わり頃に開発された手法で，内径 30～100 μm 程度の毛細管（キャピラリー）が分離場として用いられる．キャピラリー電気泳動分析は，基本的に図 6.14 に示す装置を用いて行われる．また，図 6.14 には併せて無機イオンの分離例を示す．分離場となるキャピラリーの入口側末端に狭いバンドとして導入された試料成分は，固有の速度で検出器の方向へ電気泳動を行う．このとき試料成分の電気泳動速度に違いがあれば，試料成分が検出部位に至る時間が異なるため，分離が達成される．前節で述べられたように，LC では固定相と移動相（液相）を用い，試料成分と固定相との親和性の大きさの差を利用して分離が行われるが，CE では液相のみを用いて分離が行われる．すなわち，CE では液相内での電気泳動速度の差を利用して分離が行われる.

6.4.1　電　気　泳　動

溶液中の電荷を有する物質（帯電物質）は，電場下において，正負どちらかの電極方向へと一定速度で泳動する．このときの速度は，電気泳動速度（v_{ep}）と呼ばれ，以下の式で与えられる.

$$v_{\mathrm{ep}} = \mu_{\mathrm{ep}} E = \frac{ze}{6\pi\eta r} E \tag{6.18}$$

ここで，μ_{ep} は電気泳動移動度，E は電場強度（電位勾配）である．例えば，50 cm のキャピラリーの両端間に 20 kV の電位差がある場合，$E = 20\,000$ V/50 cm = 400 V cm^{-1} となる．式 (6.18) に示されているように，電気泳動速度は電場強度に比例して大きくなる．また，帯電粒子（イオン）を剛体球と見なすことができる場合，μ_{ep} はクーロン力（$= zeE$）と粘性抵抗（$= 6\pi\eta r v_{\mathrm{ep}}$）の釣り合いから，荷電粒子の電荷量（$ze$）に比例し，その半径（$r$）に反比例することがわかる．すなわち，電荷量が大きく，サイズの小さなイオンほど大きな電気泳動移動度を有することになる．なお，η は溶液の粘性率である．電場強度は試料成分の種類に依存せず共通であるので，電気泳動速度に違いがあるということは，電気泳動移動度に違いがあることを意味する．

電気泳動移動度は平衡を利用することで制御することができる．例えば，金属イオン（M^{2+}）が錯形成剤（L^-）と $M^{2+}+L^- \rightleftharpoons ML^+$ の平衡状態（平衡定数を K とする）にある場合，正味の電気移動度（$\bar{\mu}_{ep,M}$）は次式で与えられる．

$$\bar{\mu}_{ep,M} = \frac{[M^{2+}]}{[M^{2+}]+[ML^-]}\mu_{ep,M^{2+}} + \frac{[ML^-]}{[M^{2+}]+[ML^-]}\mu_{ep,ML^-}$$
$$= \frac{1}{1+K[L]}\mu_{ep,M^{2+}} + \frac{K[L]}{1+K[L]}\mu_{ep,ML^-} \qquad (6.19)$$

すなわち，泳動液中の錯形成剤濃度を調整することで，電気泳動移動度をコントロールすることが可能である．CE において分離を行う際には，酸解離平衡など種々の溶液内平衡反応を利用して電気泳動移動度が制御される．

6.4.2 電気浸透流

キャピラリー電気泳動では，分離場となる毛細管には，一般的にはフューズドシリカキャピラリー（溶融石英キャピラリー）が用いられる．フューズドシリカキャピラリーの内表面には，シラノール基（≡SiOH）が存在するため，キャピラリー内に泳動溶液を満たすと，これらが解離し，内表面が負に帯電することがある．このとき，キャピラリー内の泳動溶液中には，電気中性則の原理から，キャピラリー表面の負電荷量に等しい正電荷（陽イオン）が存在することになる．陽イオンは，内表面の負電荷に引き寄せられ図 6.15 に示すような電気二重層が形成される．この状態でキャピラリーに対して電圧を印加すると，過剰正電荷は陰極方向へ泳動を行い，これに伴いキャピラリー内の「溶液全体」が陰極方向へと移

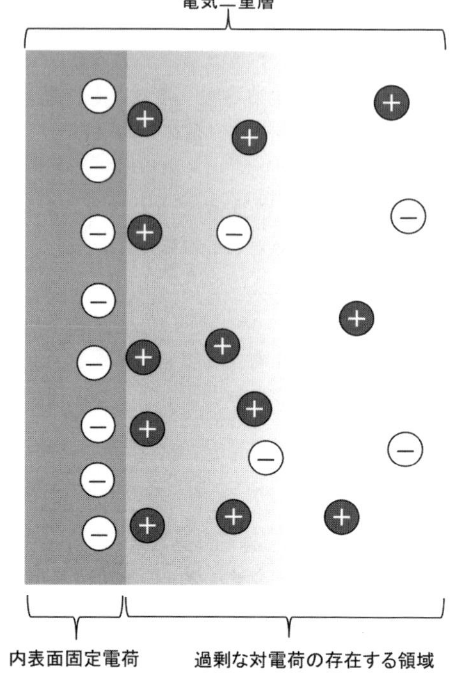

図 6.15　電気二重層の構造

動する．この流れは，電気浸透流（electroosmotic flow；EOF）と呼ばれる．EOF は電気泳動と同様に電場下で発生する現象であり，電気浸透流速度（v_{EOF}）は次式に示すように，電気浸透流移動度（μ_{EOF}）と電場強度 E の積で与えられる．

$$v_{\mathrm{EOF}} = \mu_{\mathrm{EOF}} E = -\frac{\varepsilon\zeta}{\eta} E \tag{6.20}$$

電気浸透流移動度は，溶液の誘電率（ε），粘性率（η）と，キャピラリー内表面のゼータ電位（ζ）に依存する．ゼータ電位はキャピラリー内表面の電荷の正負とその密度に依存するため，電荷密度が大きな場合，ゼータ電位（電気浸透流移動度）も大きくなる．また，先に述べたように，ゼータ電位が負（内表面電荷が負）であれば，EOF は陰極に向かって発生し，逆に陽イオンなどの吸着により内表面電荷が正となっている場合は，EOF は陽極に向かって発生する．また，内表面電荷密度がゼロであれば，EOF は発生しない．

電気浸透流移動度は，泳動液の組成に大きく影響される．ゼータ電位は表面電荷密度に依存するため，シラノールの解離状態に影響を与える pH（酸性溶液を用いると EOF は抑制される），解離したシラノールとカチオン種との相互作用（多価陽イオンの泳動溶液添加による EOF の抑制）などが，EOF 速度のコントロールにおいて重要な要因となる．また，臭化セチルトリメチルアンモニウム（CTAB）などのカチオン性界面活性剤を内表面に吸着させることで，EOF の流れる方向を反転させることも可能である．溶液のイオン強度も EOF 速度に大きな影響を与える因子であり，イオン強度が高い泳動溶液は，表面電荷を遮蔽する効果が大きいため，EOF 速度は低下する．一方，温度は溶液の粘性，誘電率，遮蔽効果，吸着平衡，解離平衡など種々の因子に影響を与える．通常，高温になるほど EOF 速度は増加する．これは，主として粘性の低下によるものである．

電気浸透流は，クロマトグラフィーで用いられる圧力差流と同様に溶液全体の流れであるが，そのフロープロファイル（速度分布）は大きく異なる．図 6.16 に示すように，圧力差流では，管中央が最も速くなる放物線状の速度分布であるが，EOF では管径方向に依存しないほぼ均一な速度分布となる．この流れは栓流と呼ばれ，圧力差流よりも試料バンドの広がりが少なく，高い分離性能（幅の狭い鋭いピーク）が得られ

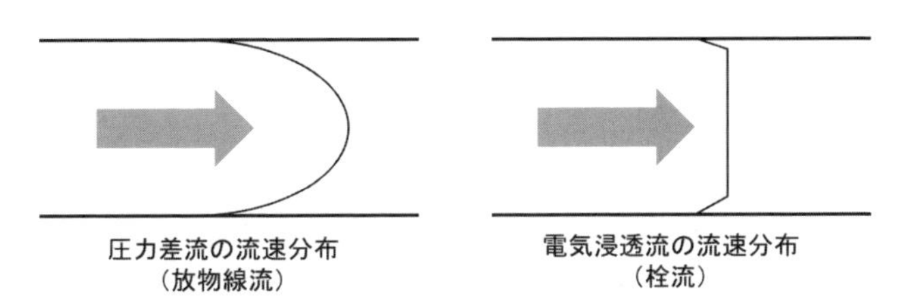

図 6.16　圧力差流および電気浸透流のフロープロファイル（流速分布）の違い

るという特徴がある．

6.4.3　キャピラリーゾーン電気泳動

キャピラリーゾーン電気泳動（capillary zone electrophoresis；CZE）は，CE で最初に開発された手法であり，最も汎用されている方法である．そのため，CE 分析と単純に述べられているときには，CZE を指していることが多い．

CZE では単一の泳動溶液がキャピラリーに満たされ，その中で電気泳動分離が行われる．上述の通り，キャピラリーに対して電圧を印加すると，電気泳動に加えて電気浸透流が発生する．したがって，試料成分の実際（見かけ）の電気泳動速度は，次式で表される．

$$v_{\mathrm{app}} = v_{\mathrm{ep}} + v_{\mathrm{EOF}} = (\mu_{\mathrm{ep}} + \mu_{\mathrm{EOF}})E \tag{6.21}$$

例えば，EOF が陽極から陰極へと流れ，キャピラリー入口側を陽極として分析を行う場合，カチオン種が最も早く検出され，次いで電気泳動をしない中性物質が EOF により輸送されて検出される．またこのとき，アニオン種は入口方向へと電気泳動するが，その速度が EOF よりも小さな場合，見かけの速度は正（陽極から陰極へ向かう）となるため，電気泳動の方向が逆であるにもかかわらず，出口側に設置した検出器で検出可能となる．CZE では EOF が存在することで，アニオン種とカチオン種の同時分析が可能となる．

一般的に，CZE では HPLC に比べて高い分離性能（鋭いピーク）が得られる．その理由は，クロマトグラフィーでは，理論段相当高さ H は移動相の線速度 u の関数として $H = A + B/u + Cu$ と示され，試料ゾーンは，多流路拡散（A 項），軸方向拡散（B 項），物質移動拡散（C 項）により広がるのに対し，CZE では理想的には A 項および C 項は無視でき，軸方向拡散（B 項）のみで広がるからである．試料成分とキャピラリー内壁の間に何らかの相互作用（吸着など）が存在する場合は，クロマトグラフィーと同様に試料バンドは広がるため，CZE では試料成分と壁面との相互作用を抑制することが望ましい．また，CZE 固有の問題として，ジュール熱による試料バンドの広がりがある．電圧印加を行うとキャピラリー内に電流が流れ，これに伴いジュール熱が発生する．キャピラリーの中心部は外周部に比べて外部に熱が逃げにくいため，電流値が大きい場合，または，比較的内径の大きなキャピラリーを用いた場合，キャピラリー断面方向に温度分布が生じる．温度が異なると，溶液の粘性，試料の電気泳動移動度など様々な因子が変化し，これによる試料バンドの広がりが生じる．なお，CE において「キャピラリー」が分離場に用いられるのは，放熱効率を高めることにより，温度分布を小さくするためである．電気伝導度の高い泳動溶液，高い電場強度，内径の大きなキャピラリーは，電流値を増加させジュール熱の影響を大きくすることに注意する必要がある．

CZE では，図 6.14 に示す構成の装置が一般的に用いられる．分離場であるキャピラリーには，内径 30〜100 μm，長さ 30〜100 cm で外表面をポリイミドで被覆した溶融石英キャピラリーが最もよく用いられる．再現性のよい分離を行うためには，恒温槽を用いてキャピラリー内の温度を一定に保つことが望ましい．通常，キャピラリーに対しては，出口側をゼロ電位（接地）として，入口側に高電圧が印加される．一般的には最大 ±30 kV の電圧が印加される．

HPLC では試料注入にロータリーバルブインジェクターが汎用されるが，CZE では，通常，試料溶液はキャピラリーに対して直接導入される．すなわち，試料分離時には図 6.14 に示すようにキャピラリー両端には泳動溶液で満たされたリザーバーが設置されているが，試料注入時には，入口側のリザーバーが，試料溶液を満たしたリザーバーと交換される．その後，一般的には電気的注入法，または，落差法で試料導入が行われる．電気的注入法では，1〜5 kV 程度の電圧が印加され，試料は電気浸透流および電気泳動の双方によりキャピラリー内に導入される．電気的注入法では個々の試料成分の電気泳動の影響を受けるため，キャピラリー内に入れた試料の組成は試料溶液とは同一ではない．落差法では，試料溶液が満たされたリザーバーの液面を，出口側リザーバーの液面よりも 10〜20 mm 程度高く持ち上げ（数秒間），サイフォンの原理により試料溶液を導入する．電気的注入法とは異なり，試料溶液と同じ組成の溶液が導入される．いずれの方法を用いた場合でも，試料導入量は，一般的には数 nL である．試料注入量が 5 nL，試料成分濃度が 0.1 mM の場合，実際に分析に用いられる試料の絶対量は 0.5 pmol であり，極微少量の試料成分が分析されていることが CZE の特徴といえる．

クロマトグラフィーと同様に，CE においても検出法は不可欠である．検出には，キャピラリー外表面のポリイミド被覆の一部を削除し，その部分を光学セルとした紫外・可視吸光検出法が，最もよく用いられる．ただし，内径の細いキャピラリー部分が試料セルとなるため，光路長が短く，濃度感度は高いとはいえない．より高感度である検出方法は，（レーザー）蛍光検出法である．また，近年はクロマトグラフィーと同様に，質量分析計（MS）を検出器として用いる CE-MS も普及している．

6.4.4 ミセル動電クロマトグラフィー

CZE では試料成分は電気泳動移動度の違いにより分離される．したがって，電気泳動移動度がゼロである中性物質を CZE で分離することは不可能である．これを解決するため，泳動溶液にイオン性界面活性剤を添加し，ミセル共存下で電気泳動を行う，ミセル動電クロマトグラフィー（micellar electrokinetic chromatography；MEKC）が開発された．MEKC では，臨界ミセル濃度（critical micelle concentration；CMC）以上の濃度の界面活性剤が泳動液に添加される．MEKC の分離機構を図 6.17 に示す．

なお，キャピラリー入口側を陽極とし，界面活性剤には陰イオン性界面活性剤である硫酸ドデシルナトリウム（SDS）を用い，EOF は陰極へ向かって流れているとした．

SDS ミセルは中心部に疎水場を有し，かつ，表面の硫酸基により十分な負電荷を有する．そのため，電場下では陽極へ向かって電気泳動を行う．ここで，試料成分である中性分子は，ミセル中心の疎水場と泳動液の水相との間で分配平衡状態にあるとする．中性分子がミセルに対して一切分配されない場合，その成分は EOF により検出部へと運ばれ検出される（t_0 として表記）．負電荷を有する SDS ミセルは，キャピラリー入口側へと電気泳動するため，ミセルに分配される試料は，t_0 よりも遅れて検出される．試料成分のミセル相 / 水相間での試料成分の保持比を k，ミセルの電気泳動速度を v_{MC} すると，試料の泳動速度（v_{s}）は次式で与えられる．

$$v_{\mathrm{s}} = \frac{1}{1+k} v_{\mathrm{EOF}} + \frac{k}{1+k} v_{\mathrm{MC}} \tag{6.22}$$

すなわち，ミセルへの分配の大きさにより，試料成分の泳動速度が異なることがわかる．なお，図 6.17 では，v_{MC} は負の値となるため，k の大きな成分ほど遅く溶出される．k が大きいと，$v_{\mathrm{s}} \approx v_{\mathrm{MC}}$ となるため，中性の試料成分は図 6.17 中の t_0 と t_{MC}（ミセルが入口から検出へ到達するまでの泳動時間．疎水性が非常に大きな化合物を用いて求めることができる）の間に検出される．この t_0 から t_{MC} までの時間は分離窓

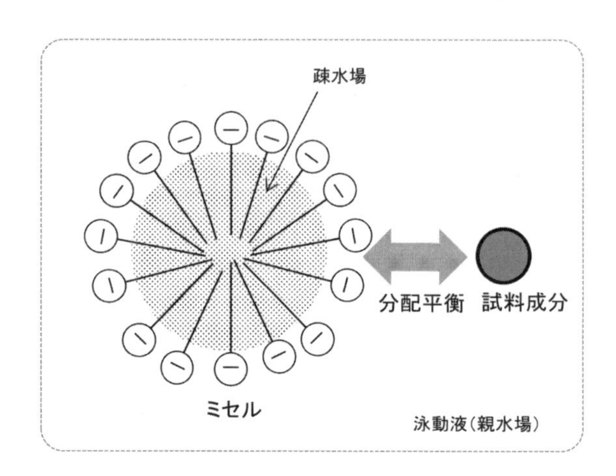

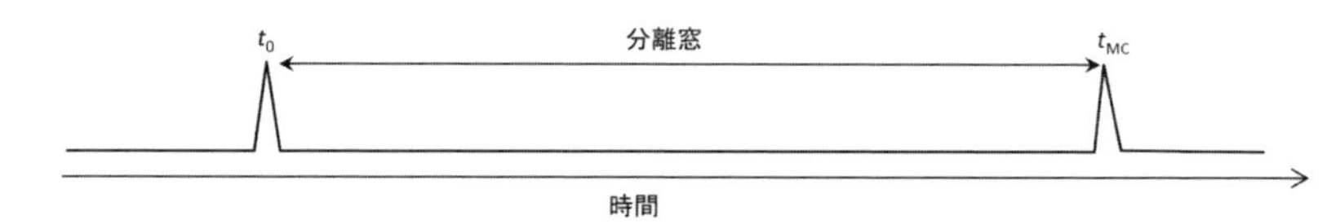

図 6.17　MEKC の概念図

(separation window) と呼ばれる．MEKC では，クロマトグラフィーの固定相／移動相間での平衡と同様に，ミセル相 / 水相間での分配平衡が分離を支配している．そのため，MEKC においてミセルは「疑似固定相 (pseudostationary phase)」と呼ばれる．MEKC では，界面活性剤の種類や濃度，泳動液の pH や有機溶媒濃度などを調整し，試料成分のミセルへの分配挙動をコントロールすることで望ましい分離を得る．

図 6.17 の例では，陰イオン性ミセルを用いているが，CTAB のような陽イオン性界面活性剤を添加して，陽イオン性の疑似固定相を利用することも可能である．また，MEKC は当初中性分子分離を目的として提唱されたが，ミセルに分配する化合物であれば，イオン性・非イオン性を問わず適応可能である．そのため，電気泳動を行わない中性界面活性剤ミセルを用いる MEKC も存在する．

6.4.5　そのほかのキャピラリー電気泳動

CE には，CZE, MEKC とは異なった原理に基づく分離手法が存在する．キャピラリーゲル電気泳動 (capillary gel electrophoresis；CGE) は，スラブゲル電気泳動と同様に「ゲル」による分子ふるい効果を利用してサイズ別分離を行う手法であり，主としてタンパク質や DNA のような生体高分子の分離に用いられる．DNA の分離では，わずか 1 塩基の違いによるサイズ分離が達成され，DNA のシーケンシングに利用さ

表 6.9　CE で用いられる主要な分離モード

手　法	特　徴	対象物質
キャピラリーゾーン電気泳動 (capillary zone electrophoresis；CZE)	最も一般的な CE の分離モード．電荷を有する試料を電気泳動移動度の違いにより分離する．	荷電粒子 (イオン)
ミセル動電クロマトグラフィー (micellar electrokinetic chromatography；MEKC)	界面活性剤を泳動媒体に添加し，試料のミセルへの分配係数の違いを利用して分離．中性分子の分離が可能．電気浸透流存在下でイオン性界面活性剤を用いる条件が一般的．中性界面活性剤を用いてイオン性分子の分離選択性を改善する際にも用いられる．	中性分子 イオン性分子
キャピラリーゲル電気泳動 (capillary gel electrophoresis；CGE)	ポリアクリルアミドなどのゲルをキャピラリー内に充塡し，分子ふるい効果により分離を行う．DNA・タンパク質の分離によく用いられる．	生体高分子 タンパク質・DNA
キャピラリー等速電気泳動 (capillary isotachophoresis；CITP)	リーディング電解液，ターミナル電解液と呼ばれる溶液の間に試料溶液を挟んだ後電気泳動を行う．試料は分離され鋭い界面で隔てられた連続するゾーンを形成し分離される．	イオン
キャピラリー等電点電気泳動 (capillary isoelectric focusing；CIEF)	キャピラリー内に pH 勾配を形成し，試料の等電点の違いを利用して分離を行う．	両性電解質 主として タンパク質

れている．

ポリアクリルアミドゲルやアガロースゲルなどを充塡したキャピラリー中で，高分子イオンを電気泳動させると，分子サイズの大きな成分ほどゲルの網目構造による抵抗を受けやすいため，泳動速度が低下する．そのため，サイズの小さな成分ほど速く泳動し，サイズ別分離が達成される．網目構造による抵抗はゲル濃度に依存するため，ゲル濃度により分離を調整することができる．

CGE はスラブゲル電気泳動と同様の分離をキャピラリー内で行う方法であるが，熱放出のよいキャピラリーを用いているため，高い電場強度を印加できるという利点がある．また，CGE ではスラブゲル電気泳動で用いられる架橋ゲルのほかに，直鎖状ポリマー溶液を用いた，非架橋ゲルによる分離も可能である．非架橋ゲルは，キャピラリー内に高分子溶液を満たすだけで調製することができるため，現在は非架橋ゲルを用いる CGE がよく利用されている．なお，非架橋ゲルを用いた場合は CGE ではなく，capillary sieving electrophoresis（CSE）と呼ぶことが IUPAC により推奨されている．

CE にはこのほかの分離モードが存在する．CE で用いられることが多い分離モードを表 6.9 にまとめた．本書で解説できなかった手法については，参考文献を参照されたい（本田・寺部，1995；北川・大塚，2010）． **［北川 慎也］**

参考文献

中山 広樹・西方 敬人（1995）『遺伝子解析の基礎（細胞工学別冊 目で見る実験ノートシリーズ（バイオ実験イラストレイテッド②））』，秀潤社．

本田 進・寺部 茂（1995）『キャピラリー電気泳動―基礎と実際（講談社サイエンティフィク）』，講談社．

西方 敬人（1996）『タンパクなんてこわくない（細胞工学別冊 目で見る実験ノートシリーズ（バイオ実験イラストレイテッド⑤））』，秀潤社．

北川 文彦・大塚 浩二（2010）『電気泳動分析（分析化学実技シリーズ（機器分析編 11））』，日本分析化学会．

大藤 道衛（2011）『電気泳動なるほど Q&A ―そこが知りたい！』，羊土社．

第7章
光　分　析

光は 1 mm 程度の波長を持つ赤外線から，0.01 nm 程度の短い波長を持つ γ 線までの波長範囲を有する電磁波である．これらの光のうち，可視光線と近紫外線は広く利用されている光で，重要な分析法の発展に寄与している．光が関係する分析法には，物質による光吸収を利用するものと発光を利用するものとがある．

7.1 光分析の基礎

7.1.1 光の性質

光は図 7.1 に示すように分類することができる．1 nm は 10^{-9} m で，波長を表す単位として用いられている．波動の 1 秒間のサイクル数を振動数（ν）と呼び，波長（λ）とは次の関係にある．

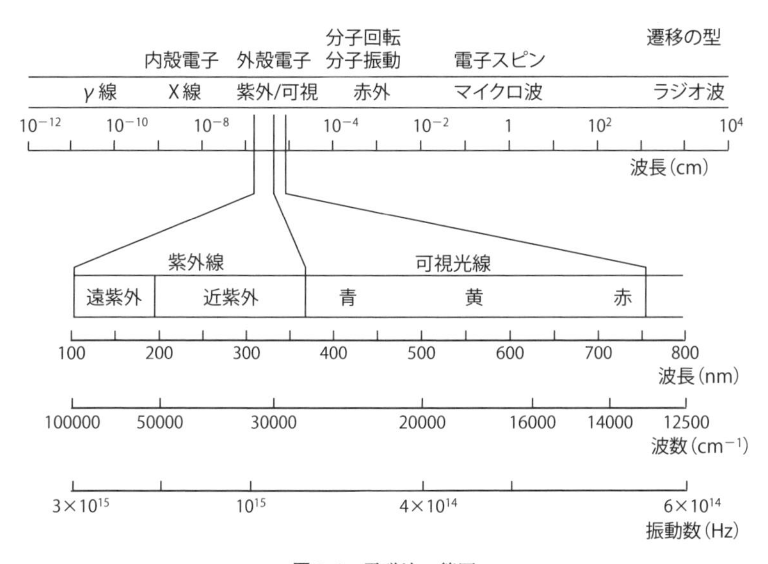

図 7.1　電磁波の範囲

$$\nu = \frac{c}{\lambda} \tag{7.1}$$

c は光速度で約 3×10^{8} m s^{-1} の値を持つ．例えば 500 nm の光についての振動数を求めると 6×10^{14} s^{-1} となる．また波数 $\bar{\nu}$ は

$$\bar{\nu} = \frac{1}{\lambda} \tag{7.2}$$

で表すことができる．このように光の特性を波長，波数あるいは振動数で表す．また1個の光子の持つエネルギーと振動数の間には $E=h\nu$ の関係が成り立つ．h はプランクの定数と呼ばれ，6.63×10^{-34} J s である．1 mol の物質が振動数 ν の光で光化学反応を起こすときのエネルギー E は

$$E = N_{\mathrm{A}} h\nu = \frac{N_{\mathrm{A}} hc}{\lambda\ \mathrm{m}} \tag{7.3}$$

となる．ここで N_{A} は Avogadro 定数で 6.022×10^{23} mol^{-1} である．式(7.3)にこれらの数値を入れて計算すると

$$E = \frac{0.1198\ \mathrm{J\ mol^{-1}}}{\lambda\ \mathrm{m}} = \frac{1.198\times10^{8}\ \mathrm{J\ mol^{-1}}}{\lambda\ \mathrm{nm}} \tag{7.4}$$

となる．したがって 700 nm の光の持つエネルギーは 171.1 kJ mol^{-1} であり，400 nm の光は 299.5 kJ mol^{-1} のエネルギーを持つ．このように波長の短い光ほど大きなエネルギーを持つことがわかる．

原子や分子は，最もエネルギーレベルの低い基底状態とエネルギーレベルの高い励起状態に存在することができるが，励起状態から基底状態に遷移する際，そのエネルギー差を1個の光子として放射する．また，基底状態から励起状態に遷移するときは，そのエネルギー差に等しいエネルギーを持つ1個の光子を吸収する．このような遷移を利用する分析法が光分析である．

7.2 吸光光度分析

古くから，着色した溶液の色の濃淡を肉眼で比較し，溶質の濃度を求める方法があるが，これは物質による可視光の吸収を利用したものである．しかし，この方法では高い精度が得られないため，光の吸収の度合を測定する分光光度計が開発され，精度のよい定量ができるようになった．また波長領域も 400〜800 nm の可視領域だけでなく 200〜400 nm の紫外領域の測定も可能で，着色した溶液のみならず，紫外部に吸収を示すベンゼンやナフタレンなどの有機化合物の定性および定量が可能になった．

このように，紫外領域および可視領域の光の吸収に基づく定性・定量分析法を吸光光度法と呼ぶ．

7.2.1 分子の光吸収

分子が光を吸収すると，その分子に含まれる電子がエネルギーを吸収して高いエネルギー準位に遷移する．分子は電子エネルギー E_{el}，振動エネルギー E_{vib}，回転エネルギー E_{rot} を有する．分子のエネルギー準位と遷移過程を図7.2に示すが，紫外可視領域のスペクトルはAの変化（ΔE_{el}）に伴う．光の吸収によって基底状態から励起状態への遷移が起こるが，光の吸収の程度（吸光度，7.2.2項参照）を光の波長の関数として測定すると吸収スペクトルが得られる．一方，励起一重項状態の通常最も低いエネルギー準位から基底状態に遷移するとき，光を発する．この光は蛍光と呼ばれる．

無機化合物，金属錯体，共役二重結合を有する有機化合物には，可視あるいは紫外部に吸収を示すものが多い．図7.3にはベンゼンおよびニトロベンゼンの，また図7.4

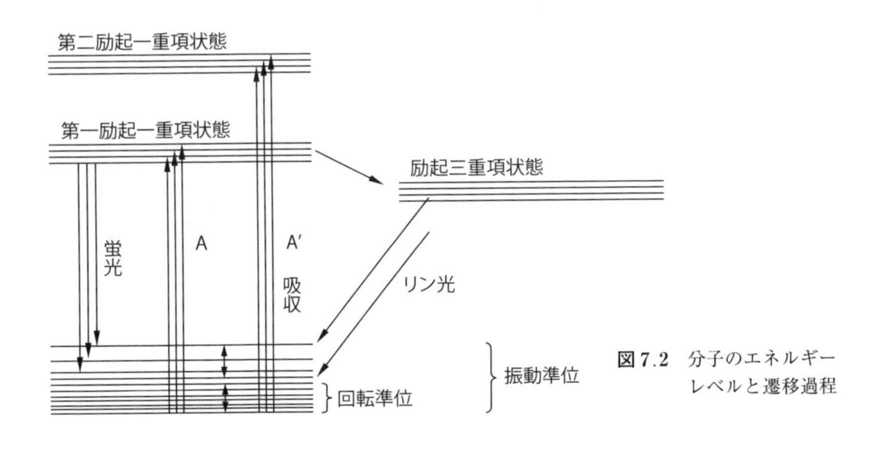

図7.2 分子のエネルギーレベルと遷移過程

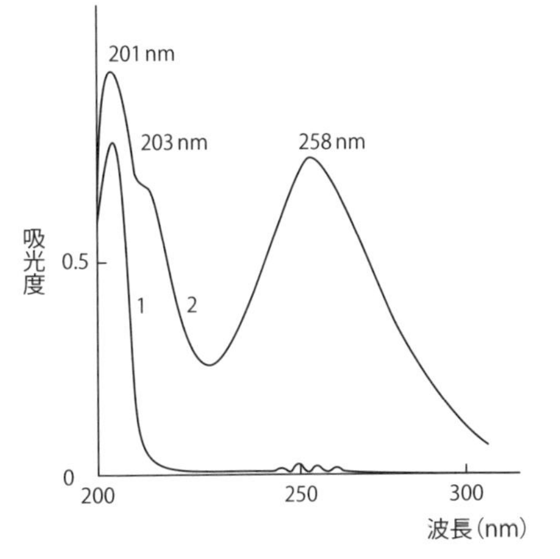

図7.3 ベンゼンとニトロベンゼンの紫外吸収スペクトル

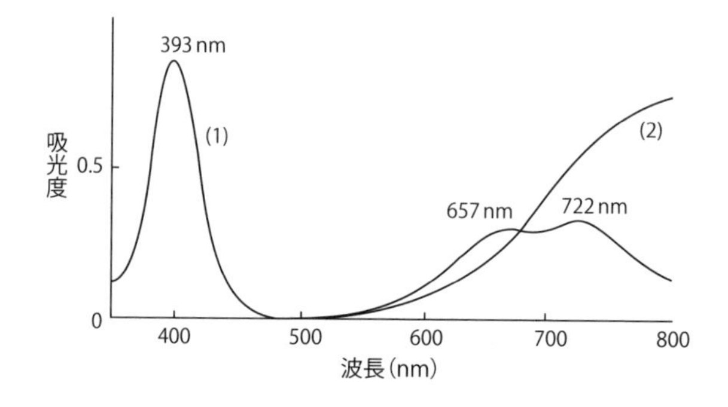

図7.4　硝酸ニッケルおよび硫酸銅の吸収スペクトル

表7.1　光の波長範囲と光の色

波長（nm）	色	補色	波長（nm）	色	補色
400 ～ 435	紫	黄緑	560 ～ 580	黄緑	紫
435 ～ 480	青	黄	580 ～ 595	黄	青
480 ～ 490	緑青	橙	595 ～ 610	橙	緑青
490 ～ 500	青緑	赤	610 ～ 750	赤	青緑
500 ～ 560	緑	赤紫	750 ～ 800	紫赤	緑

には硝酸ニッケルおよび硫酸銅溶液の吸収スペクトルを示す．ベンゼンとニトロベンゼンは光吸収に関与する構造が似ていることから，それらの吸収極大の波長はほぼ同じところに見られるが，ニトロベンゼンは258 nmにも大きな吸収を示す．一方，硝酸ニッケルと硫酸銅はいずれも水和錯イオンに基づくスペクトルであるが，それぞれの吸収ピークは，前者は393 nm，657 nmと722 nmに，後者は800 nmに見られ，同じ水和イオンにもかかわらず，スペクトルが異なることがわかる．白色光を，ある波長の光を吸収する溶液中を通過させたとき，目に映るのは，その波長の補色である．可視領域における光の色とその補色を表7.1に示す．

7.2.2　Lambert-Beerの法則

紫外および可視領域の特定波長，とくに吸収極大波長において，溶液の光の吸収量を測定することにより，その溶液の濃度を求めることができる．図7.5に光が試料溶液を通過するときの様子を示す．

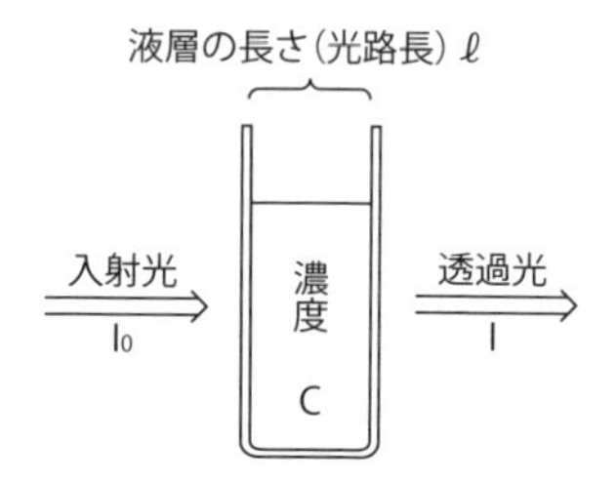

図7.5　試料溶液と光吸収

濃度がCである溶液を光路長lのセルに入れ，光を透過させると，その強度は指数関数的に減少する．入射光強度をI_0，透過光強度をIとすると

$$I = I_0 e^{-k_1 l} \quad \left(つまり -\ln\left(\frac{I}{I_0}\right) = k_1 l \right) \tag{7.5}$$

と表すことができる．通常は10を底とする常用対数で表すことが普通であり，この場合は定数k_1がk_2に変わるだけで，次のように表される．

$$-\log\left(\frac{I}{I_0}\right) = k_2 l \tag{7.6}$$

これをLambert（ランベルト）の法則という．

この場合，溶質のみならず溶媒も光を吸収するが，溶媒の吸収は機械的に補正することができるので無視してよい．溶液が均一であるとすると，光の透過断面積に含まれる溶質の分子数nは液層の長さに比例するので

$$-\log\left(\frac{I}{I_0}\right) = k'n \tag{7.7}$$

と表すことができる．液層の長さlを一定にすると，溶質の分子数nは溶液の濃度Cに比例し

$$-\log\left(\frac{I}{I_0}\right) = k''C \tag{7.8}$$

となり，この関係をBeer（ベール）の法則という．

これらのことをまとめると

$$-\log\left(\frac{I}{I_0}\right) = klC \tag{7.9}$$

と表すことができる．これがLambert-Beerの法則で，吸光光度法によりある物質濃度を定量するとき，最も重要な式となる．

$-\log(I/I_0)$ は吸光度A(absorbance）と呼ばれ，次のように書き改められる．

$$A = -\log\left(\frac{I}{I_0}\right) = \log\left(\frac{I_0}{I}\right) = klC \tag{7.10}$$

式(7.9)，(7.10)で示すkは比例定数で吸光光度法においては吸光係数(absorptivity）と呼ばれるが，とくに溶液の濃度を1 mol L^{-1}，光路長を1 cmとしたときの吸光係数はモル吸光係数（molar absorptivity）といい，ε（単位 L mol^{-1} cm^{-1}）で示す．したがって，最もよく用いられる式は

$$A = \log\left(\frac{I_0}{I}\right) = \varepsilon lC \tag{7.11}$$

である．

また，入射光I_0と透過光Iとの比を透過率T（transmittance）と呼ぶ．

$$T = \frac{I}{I_0} \tag{7.12}$$

透過率Tは，しばしば百分率（%）で示され，パーセント透過率%T（percent transmittance）といい，

$$\%T = \left(\frac{I}{I_0}\right) \times 100 \tag{7.13}$$

となる．また吸光度 A と $\%T$ の関係は

$$A = 2 - \log \%T \tag{7.14}$$

で示される．

モル吸光係数 ε は溶質固有の値を示し，その値が大きいほど高感度な定量が可能である．pH，温度，反応試薬の濃度などを調整して作られ標準溶液がLambert-Beerの法則に従う場合は図7.6のAおよびBのような直線が得られる．直線Aの傾きが直線Bの傾きより約3倍大きい．これはAの反応系の ε がBの3倍であることを意味する．また調製されたいずれの溶液もLambert-Beerの法則に従うということではない．溶液の濃度が濃かったり，濁っていたり，また二量体などが形成されたりするとCやDのような曲線となる．したがって，溶質の濃度を測定するときは溶質を含む溶液系がLambert-Beerの法則に従うかどうかを，またその法則に従う濃度範囲をあらかじめ確かめておかなければならない．

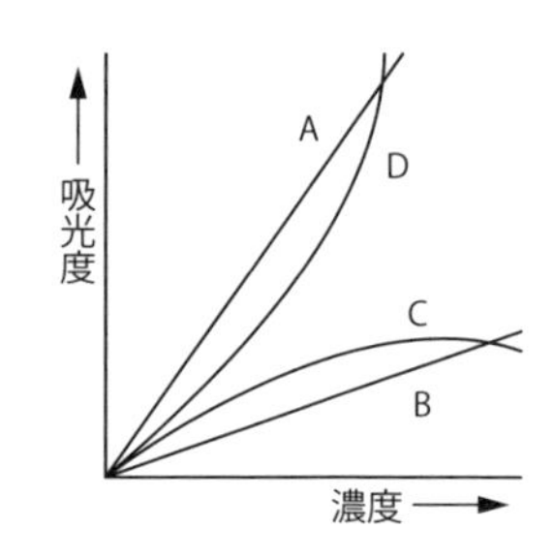

図7.6 Lambert-Beerの法則に従うとき（A, B）と反するとき（C, D）の関係

無機化合物の溶液を取り扱うとき，溶質の濃度をモル濃度で表し，その感度をモル吸光係数 ε を用いて示すが，多くの有機系医薬品を対象としている日本薬局方においては，濃度 C の表示に質量パーセントを用いることが多い．$C=1\%$，$l=1\ \text{cm}$ としたとき，$E^{1\%}_{1\,\text{cm}}$ で示す．これを比吸光度 E 値といい，次の関係式で示される．

$$E^{1\%}_{1\,\text{cm}} = \frac{A}{c\,(\%) \times l} \tag{7.15}$$

このときに用いられる濃度はm/v%あるいはm/w%であるが，日本薬局方では原則的には後者を用いている．

7.2.3 吸 収 曲 線

Fe^{3+} と SCN^- を含む硫酸酸性溶液中では $Fe^{3+} + 4SCN^- \longrightarrow Fe(SCN)_4{}^-$ の錯イオンが生成し，溶液は赤褐色を呈する．また Fe^{2+} に発色試薬である1,10-フェナントロリン（phen）を加えると $Fe^{2+} + 3\text{phen} \longrightarrow Fe(\text{phen})_3{}^{2+}$ のキレートイオンが生成し，赤色の溶液になる．また過マンガン酸カリウムの溶液は赤紫色である．このような溶液の色は類似した色調を示すため，目では識別しにくい．しかし，分光光度計（詳細は後述する）を用いて波長を650 nm付近から400 nm付近まで走査して，波長に対する透過率（$\%T$）または吸光度をプロットすると，吸収曲線（吸収スペクトル，absorption

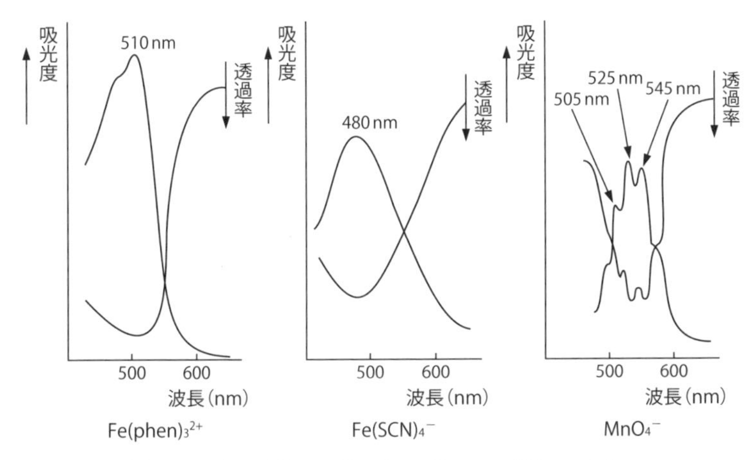

図 7.7 Fe(phen)$_3^{2+}$, Fe(SCN)$_4^-$, MnO$_4^-$の吸収スペクトル

spectrum) が得られる．Fe(SCN)$_4^-$，Fe(phen)$_3^{2+}$，MnO$_4^-$の吸収スペクトルを図7.7 に示す．Fe(SCN)$_4^-$の吸収極大は 480 nm，Fe(phen)$_3^{2+}$は 510 nm に存在するが，MnO$_4^-$は 525 nm と 545 nm にピークが観測され，それぞれスペクトルの形状に特徴が見られる．最も高いピークが存在する波長を吸収極大波長（absorption maximum wavelength）といい，λ_{max}で表す．また MnO$_4^-$の場合，2 つのピークのほかに小さなピークが見られるが，これをショルダー（ピークの肩の意味）という．

7.2.4 吸光光度法のための機器

ある波長において，溶液に含まれる溶質の吸光度や吸収スペクトルを測定するために分光光度計（spectrophotometer）を使用する．分光光度計は光源，分光器，吸収セル保持部，検出器，直読メーター，記録計の各部分から構成されている．その基本的な構成図を図 7.8 に示す．分光器は波長選択機能や光量調節機能なども有している．分光光度計の性能は分光器（モノクロメーター，monochromator）にプリズムを用い

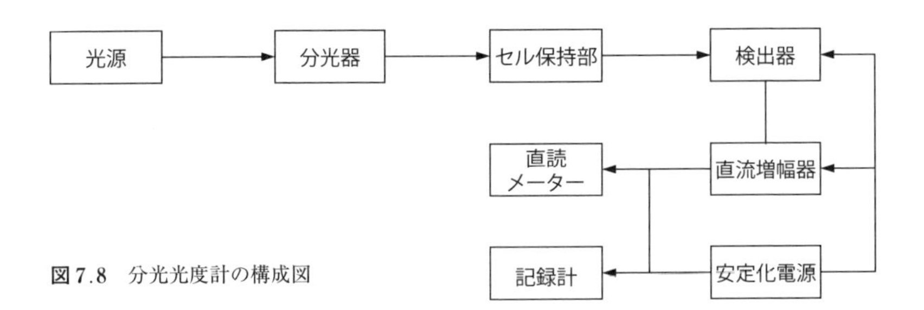

図 7.8 分光光度計の構成図

るか，回折格子を用いるかで異なるが，最近は回折格子が用いられている．分光光度計にはシングルビーム型とダブルビーム型の2つのタイプがある．

①シングルビーム型分光光度計（single-beam spectrophotometer）

図7.9にこの型の分光計の一例を示す．光源であるタングステンランプから放射された白色光は入口スリットを通る．対物レンズは入口スリットの像を回折格子で反射回折させた後，出口スリット上に連続スペクトルを結像させる．回折格子をカムで回転させ，検出波長の単色光をそのまま吸収セルに入射させる．この光は最後に測定用光電管に入り，光のエネルギーは電気信号に変換され記録される．この場合，単色光は一光路のみを通って吸収セルに入射されるので，対照となる溶液の吸光度（あるいは透過率）をあらかじめ測定しておき，試料溶液の値から差し引く手計算をする面倒さはあるが，精度もよく操作も簡単であり，比較的安価で入手できる利点がある．

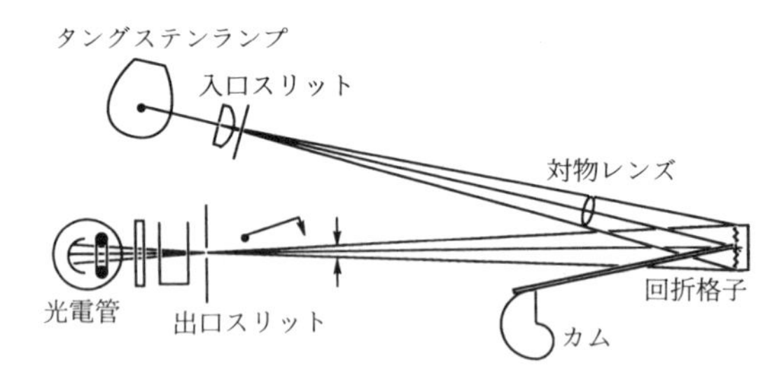

図7.9 シングルビーム型分光光度計（Bausch and Lomb, Inc.）

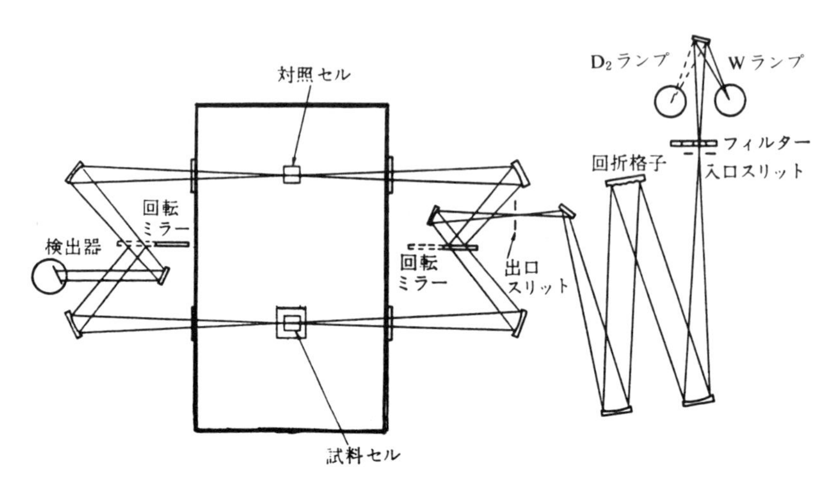

図7.10 ダブルビーム型分光光度計の光学系
（大倉ほか（1984）『吸光光度法—有機編—』，共立出版，p.25）

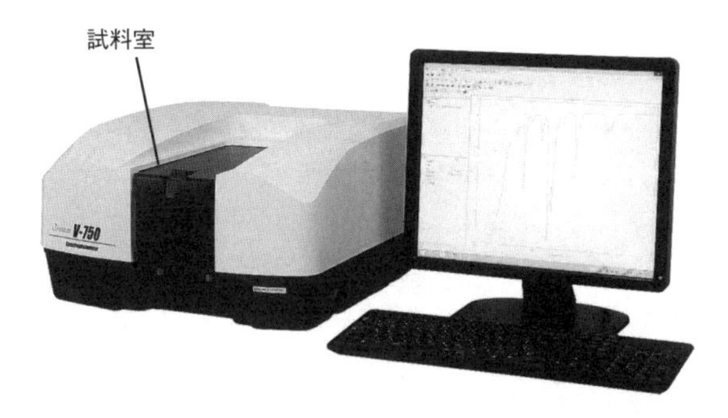

図 7.11 最近の分光光度計の外観（日本分光株式会社提供）

②ダブルビーム型分光光度計（double-beam spectrophotometer）

ダブルビーム方式では，図 7.10 に示すようにモノクロメーター（図 7.10 では回折格子）によって分光された単色光はセクター鏡により，対照側光束と試料側光束に分岐される．セクター鏡には回転ミラーが使用されており，対照側セルと試料側セルとに単色光が交互に入射される．そして，2 つのセル溶液の吸光度の差が自動的に記録されるようになっており，結果的には試料溶液のみの吸光度が測定される．最近の装置は，内部構造は従来のものと同じであっても外観が図 7.11 のように変わり，スペクトルは PC の画面上で観察でき，吸光度のデータが保存できる．操作パネルのキーを用いて測定モードを設定し，吸収スペクトルや吸光度を測定する．

光学系の全体の様子については述べたが，それを構成している基本的な装置の特徴あるいは原理について以下に説明する．

a. 光　源

可視領域の測定に用いられるランプはタングステンランプ（W ランプ）である．このランプにはハロゲンが封入されたものが使われており，ハロゲンタングステンランプという．図 7.12 に各波長に対する光源強度の変化の様子（パワースペクトル）を示すが，約 500 nm から 2500 nm までの範囲で安定したエネルギーを持ち，連続スペクトルを与える．赤外領域の強度にくらべると可視領域での強度は弱いが，検出器に用いられる光電管の性能が改善されており，使用にはさしつかえない．しかし，紫外領域（400 nm 以下）になると強度は急激に弱まるので，200～350 nm の波長領域の測定には不都合である．

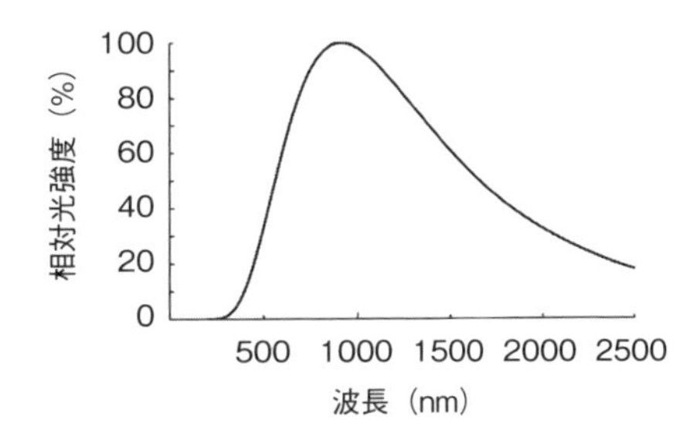

図 7.12 ハロゲンタングステンランプの光源強度（日本分光株式会社提供）

重水素放電管（D_2 ランプ）のパワースペクトルを図7.13に示すが，200〜360 nm 付近の範囲でエネルギーを持つ連続スペクトルを与え，その光強度が非常に強いことから，紫外領域のスペクトル測定用に適していることがわかる．このように，分光光度計には性能が互いに異なる2つのランプが備え付けられていて，測定の目的に応じて使用するランプを選択する．

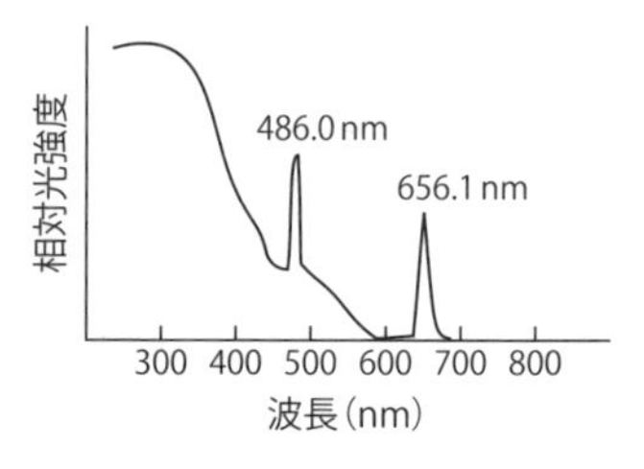

図7.13　D_2 ランプの光源強度

b.　モノクロメーター

光源からの光を分光し，特定の波長の単色光を取り出すための装置をモノクロメーターという．これにプリズムが手軽に用いられるが，可視部用にはガラスプリズム，紫外部用には石英プリズムが用いられる．プリズムは光の屈折率の違いを利用するもので安価でもあるが，波長を精度よく選択することは難しい．これに対し，高価ではあるが波長選別能すなわち分解能が高い回折格子（grating）が一般的に用いられている．高分解能の回折格子は極めて接近したスペクトル線でも分離できる性能を有するが，吸光光度法で対象とする吸収曲線は幅の広いピークを持つものが多いので，高分解能の回折格子を使用する必要はない．回折格子は金属あるいはガラス平面に多数の平行刻み線を入れたもので，光の回折現象を利用して分光するものである．刻み線は1 mm につき600本あるいは1200本刻んだものが通常使われる．

回折格子による分光の様子を図7.14に示す．波長 λ の光を格子面の法線に対し入射角 α で入射させた場合，回折角を β，溝間距離を d とすると，次の関係が成り立つ．

$$d(\sin\alpha + \sin\beta) = n\lambda \tag{7.16}$$

n は回折の次数である．この式を満足するような β 方向では波長 λ の回折光の位相

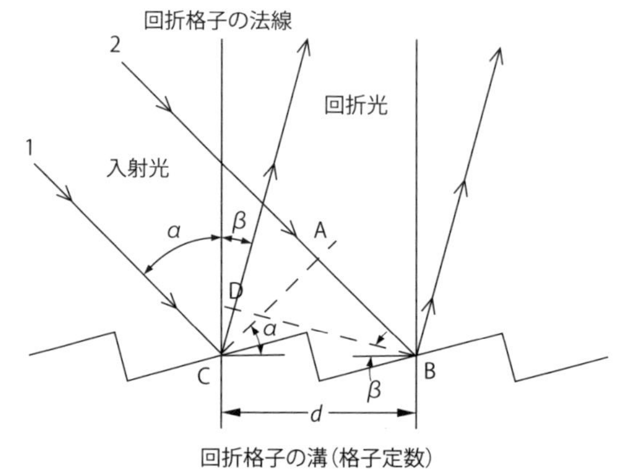

図7.14　回折格子による分光

が一致して明るい縞が見える.

c. 試料部

石英セルおよびガラスセルの吸収スペクトルを図7.15に示す.この結果,紫外領域の測定にはガラスセルが利用できないことがわかる.逆に可視領域の測定においては高価な石英セルでなくていもよい.通常は角型の光路長1 cmのものがよく使われる.市販されているセルのいくつかを図7.16に示す.

d. 検出器

光を電気信号に変換するもので,光電管(phototube)と光電子増倍管(photomultiplier)がある.光電管は,管球内にSb-CsあるいはAg-Csなどを蒸着した光電面を持ち,中心部に陽極柱を置いたものである.Sb-Cs光電管は,400 nm付近の光に対しては敏感であるが,600 nm付近の光に対しては感度は極めて弱くなる.したがって,この付近の波長による測定では光量を増やす必要がある.このような微弱な光でも検出を可能にしたものが図7.17に示す光電子増倍管である.負の高電圧を負荷した陰極光電面に光が当たると,光電面から光電子が放出され,それらの電子が正電位の対陰極(ダイノード)に衝突して,おのおのの電子が複数の二次電子を放出する.このような現象が対陰極ごとに繰り返され,そのたびに二次電子の数が増加して最終的に電子の数は約10^6倍となる.このようにして入射光からの弱い信号でも大幅に増幅され,高感度な検出が可能となる.

7.2.5 吸光光度法の応用

吸光光度法を用いて,化学物質あるいは化学反応のいろいろな情報を得ることができる.以下に吸光光度法がどのようなことに利用できるかについて述べる.

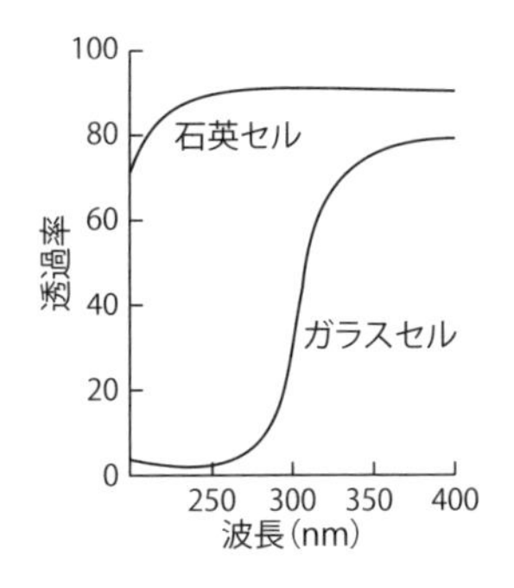

図7.15 石英セルとガラスセルの光の透過率
(大倉ほか(1984)『吸光光度法―有機編―』,共立出版,p.29)

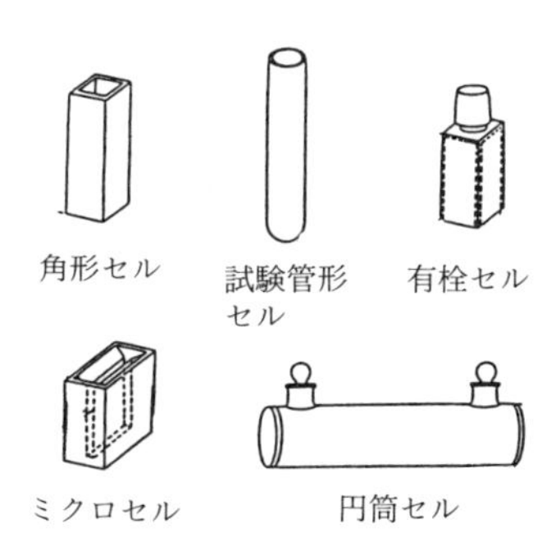

図7.16 吸収セルのいろいろ

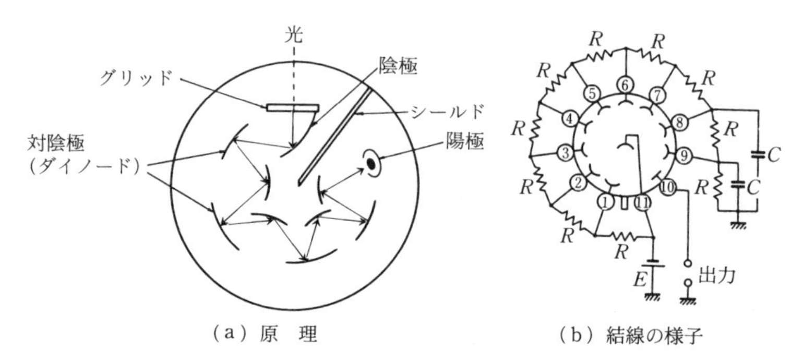

（a）原　理　　　　（b）結線の様子

図7.17　光電子増倍管

（a：大倉ほか（1984）『吸光光度法—有機編—』，共立出版，p.22；b：中原編（1987）『分光測定入門』，学会出版センター，p.84）

a.　pH指示薬の酸解離定数（pK_a）の測定

ある pH 指示薬を HA とする．この指示薬の解離は

$$HA \rightleftharpoons H^+ + A^- \tag{7.17}$$

となる．質量作用の法則から

$$K_a = \frac{[H^+][A^-]}{[HA]} \tag{7.18}$$

となる．ここで K_a は解離定数である．図7.18は指示薬 HA の pH 変化に伴う吸収スペクトルの変化を示している．スペクトル1は HA のみが存在するときのもの，スペクトル2は HA が完全に解離し A^- のみが存在するときの，また3はその途中の pH でのスペクトルである．ある pH における HA および A^- の濃度をそれぞれ $C(1-x)$，$C\cdot x$ とすると式(7.18)は

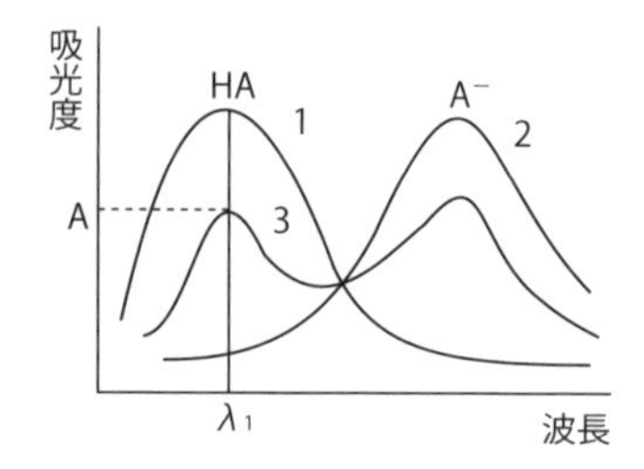

図7.18　pH指示薬 HA の pH 変化によるスペクトル変化

$$K_a = \frac{[H^+]C\cdot x}{C(1-x)} \tag{7.19}$$

となる．したがって

$$x = \frac{K_a}{[H^+]+K_a} \tag{7.20}$$

と書き改められる．また，波長 λ_1 における化学種 HA のモル吸光係数を ε_{HA}，化学種 A^- のモル吸光係数を ε_{A^-} とすれば，λ_1 において光路長1 cm のセルを用いて測定される吸光度 A は

$$A = \varepsilon_{HA}\cdot C(1-x) + \varepsilon_{A^-}\cdot C\cdot x \tag{7.21}$$

で表すことができる．式(7.20)に式(7.21)を代入すると，

$$A = \varepsilon_{HA} \cdot C\left(\frac{[H^+]}{[H^+]+K_a}\right) + \varepsilon_{A^-} \cdot C\left(\frac{K_a}{[H^+]+K_a}\right) \tag{7.22}$$

これを K_a について書き直すと，

$$K_a = \frac{A - \varepsilon_{HA} \cdot C}{\varepsilon_{A^-} \cdot C - A} \cdot [H^+] \tag{7.23}$$

となる．ここで

$$\frac{A - \varepsilon_{HA} \cdot C}{\varepsilon_{A^-} \cdot C - A} = 1 \tag{7.24}$$

であれば $K_a = [H^+]$ となり，$pK_a = pH$ となる．これを書き直すと，式(7.24)が成立する A は

$$A = \frac{\varepsilon_{HA} \cdot C + \varepsilon_{A^-} \cdot C}{2} \tag{7.25}$$

で示される．$\varepsilon_{HA} \cdot C$ は HA のみが存在するときの λ_1 における吸光度 A_{HA}，また $\varepsilon_{A^-} \cdot C$ は A^- のみが存在するときの λ_1 における吸光度 A_{A^-} に相当する．すなわち

$$A = \frac{A_{HA} + A_{A^-}}{2} \tag{7.26}$$

であるときの pH が pK_a となる．実験的にはある濃度の HA 溶液に種々の pH の緩衝液を加え，吸光度と pH の関係をプロットすると図 7.19 に示す曲線が得られる．それぞれの平坦部分を外挿(がいそう)し A_{HA}, A_{A^-} を求め，その和の 1/2 となる吸光度と曲線の交点から横軸に垂線を引いた点の pH が pK_a となる．

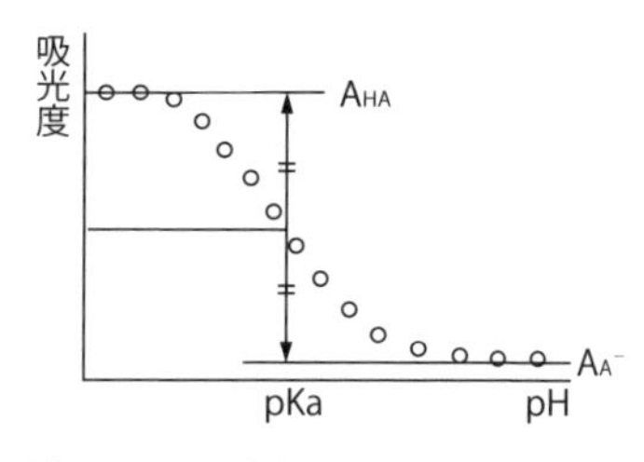

図 7.19 pH 変化による λ_1 での吸光度の変化

b. 錯化合物の組成決定法

試薬（配位子）と金属イオンとの結合比は，試薬の配位原子数および金属イオンの配位数からある程度は予想することができる．しかし，試薬の量（濃度）や pH などの反応条件によっては予想と違った結果になることがある．そこで，特定の条件のもとで，試薬と金属イオンとの結合比を実験的に求めることになる．いま，試薬を L，金属イオンを M とすると，錯生成反応は次のように示される．

$$M + nL \rightleftharpoons ML_n \tag{7.27}$$

ただし，電荷は省略してある．

よって，式(7.27)の n を次の方法により求め，錯体の組成を決定する．

モル比法　反応の条件および吸光度の測定波長を定める．金属イオン M の濃度 ($mol\ L^{-1}$) を一定に保ち，試薬（配位子）の濃度を変えた一連の溶液を調製する．生

成した錯体の吸光度と試薬濃度との関係をプロットし，その屈折点から結合比を求める．例えば1,10-フェナントロリン（phen）とFe^{2+}の反応の場合，phenは二座配位子であり，Fe^{2+}は6配位構造をとるので，$Fe(phen)_3{}^{2+}$の生成が予想される．

Fe^{2+}は1×10^{-4} Mとし，phenについて0〜10×10^{-4} Mの溶液（pH8）を調製し，それらの溶液の吸光度をλ_{max}の510 nmで測定すると図7.20に示すような結果が得られる．それぞれのプロットを内挿（ないそう）し，交点から横軸に垂線をおろしたところのphen濃度が，1×10^{-4} MのFe^{2+}と化学量論的に結合するのに必要なphenの濃度である．すなわち1×10^{-4} MのFe^{2+}に対し，phenが3×10^{-4} M以上存在すると，Fe^{2+}：phen＝1：3という一定組成の錯体が生成する．

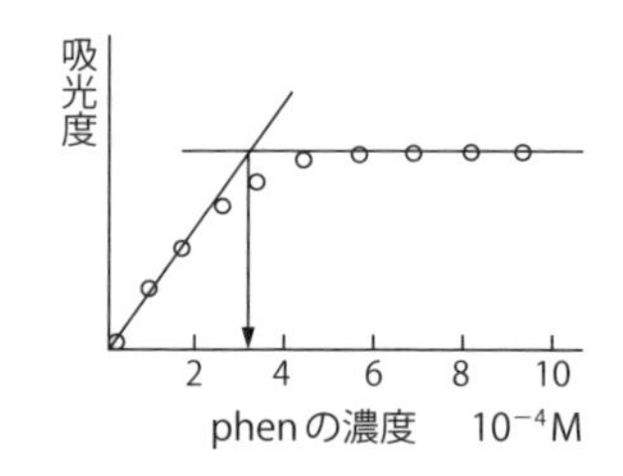

図7.20　モル比法による組成決定法
Fe^{2+}：1×10^{-4} M，λ：510 nm

連続変化法　金属イオンのモル濃度を［M］，キレート試薬のモル濃度を［L］とする．（［M］＋［L］）を一定に保ち，［M］/（［M］＋［L］）と吸光度の関係をプロットする．［M］/（［M］＋［L］）＝1/2のときに最大のピークが得られた場合，式(7.27)において$n=1$となる．すなわちMとLは1：1で結合し，$M+L \rightleftharpoons ML$が成立する．また［M］/（［M］＋［L］）＝1/3のときは$n=2$であり，$M+2L \rightleftharpoons ML_2$の反応が，［M］/（［M］＋［L］）＝1/4のとき$n=3$であり，$M+3L \rightleftharpoons ML_3$の反応がそれぞれ成立すると考えてよい．

実験としては次のように行う．ここではFe^{2+}とTPTZ（2,4,6-トリス-2-ピリジル-5-トリアジン）の組成を求めよう．5×10^{-4} MのFe^{2+}溶液および同じ濃度のTPTZ溶液を調製する．9本の50 mLメスフラスコに各1%の塩酸ヒドロキシルアミン溶液を2 mL，pH 4.5の緩衝液を5 mL加えた後，5×10^{-4} MのFe^{2+}溶液をそれぞれのメスフラスコに1 mL, 2 mL, …, 9 mLと加える．これに対し5×10^{-4} MのTPTZ溶液を9 mL, 8 mL, …, 1 mLの順に加え，続いて蒸留水で50 mLにした後，それぞれの吸光度を595 nmで測定する．いずれの場合も［Fe^{2+}］＋［TPTZ］＝1×10^{-4} Mとなる．得られる結果の例を図7.21に示すが，［Fe^{2+}］/（［Fe^{2+}］＋［TPTZ］）＝1/3の付近に2つの直線の交点が存在することから$n=2$と推定できる（曲線1）．図7.22に示すTPTZは三座配位子であるから，Fe^{2+}とTPTZとの結合比は1：1か1：2が考えられるが，この結果から1：2が正しいことになる．

なお，仮に2の曲線が得られるとすれば，$n=1$となり，$Fe(TPTZ)^{2+}$の組成が推定される．

金属キレート化合物の組成の決定方法はこのほかにもあるが，ここでは省略する．

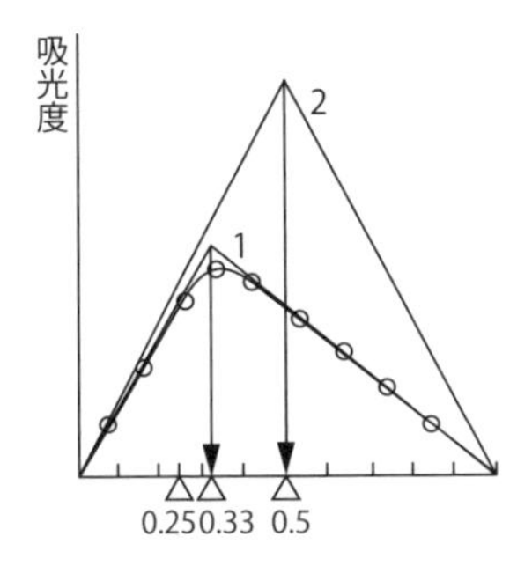

図 7.21 連続変化法によるプロット
[Fe^{2+}] 添加量：1, 2, 3, 4, 5, 6, 7, 8, 9 mL
[TPTZ] 添加量：9, 8, 7, 6, 5, 4, 3, 2, 1 mL

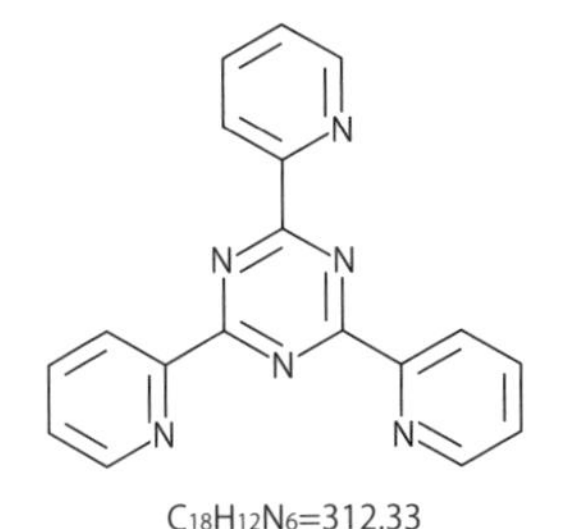

図 7.22 TPTZ の構造式

c. 吸光光度法による定量

単一成分の定量 紫外領域に吸収を持つベンゼン ($\lambda_{max}=203$ nm), ニトロベンゼン ($\lambda_{max}=201$ nm) などはそれぞれの濃度の異なる標準液をいくつか調製し，その最終濃度に対して吸光度をプロットすると相関のよい直線が得られる．これを検量線 (calibration curve) という．この検量線を作成して未知濃度のベンゼンやニトロベンゼンの濃度を直接求めることができる．一方，多くの金属イオンは低濃度になると吸収を示さないので，吸光光度法でその濃度を直接測定することはできない．このような場合は金属イオンと反応し発色するようなキレート試薬を用いる．例として前述の TPTZ を用いて Fe^{2+}の検量線を作成してみよう．

50 mL メスフラスコを 6 本用意する．それぞれに 10 mg L^{-1} の Fe^{2+}標準液を 2, 4, 6, 8, 10 mL ずつ加える．1 本目のメスフラスコには Fe^{2+}溶液を加えない．次に，すべてのメスフラスコに 2.5×10^{-3} M の TPTZ 溶液を 5 mL，1%塩酸ヒドロキシルアミン溶液を 2 mL，pH 4.5 の緩衝液を 5 mL 加え，蒸留水で 50 mL にした後，吸光度を測定する．このとき，ダブルビーム分光光度計を用いるのであれば，対照側セルに Fe^{2+}を含まない 1 本目の溶液を入れる．これを空試験液 (reagent blank) という．したがって，対照溶液と試料溶液の各吸光度の差 ΔA が測定されることになる．TPTZ の場合，Fe^{2+}と反応して初めて発色するので対照溶液として蒸留水を用いてもよいが，キレート試薬自体が有色であることが多いので，この操作は重要な意味を持っている．このように操作して作成した検量線を図 7.23 に示す．横軸は加えた Fe^{2+}溶液の体積ではなく最終濃度である．つまり 10 mg $L^{-1}\times2/50=$ 0.4 mg L^{-1}, 10 mg $L^{-1}\times4/50=0.8$ mg L^{-1}, …, 10

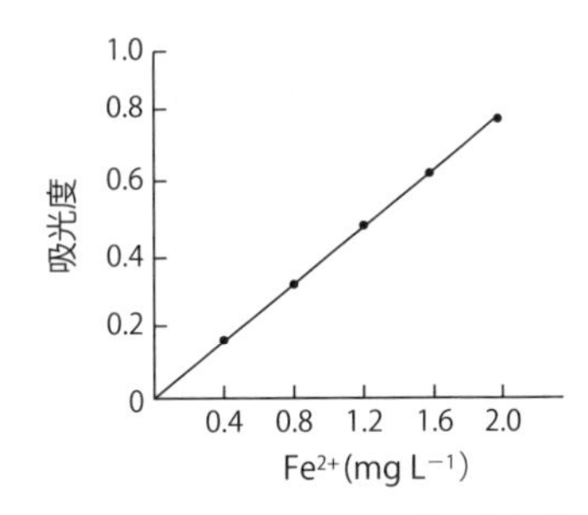

図 7.23 TPTZ による Fe^{2+}の検量線

mg L^{-1}×10/50＝2.0 mg L^{-1} となる．空試験液を対照溶液としているので検量線は原点を通る．用いたセルの光路長が 1 cm であれば，"検量線の傾き＝吸光度 / モル濃度"はモル吸光係数 ε を示すので，この傾きが大きな化学種ほど感度がよく，低濃度の Fe^{2+} を定量できることを意味する．ただし，この実験では Fe^{2+} 濃度は mg L^{-1} なので ε を求めるには mg L^{-1} 濃度をモル濃度に換算しなければならない．

一般的には，試料溶液中の Fe^{2+} 濃度は上記の検量線を用いて求めるが，試料溶液の溶液組成（マトリックス）が複雑な場合は次のような方法が利用される．試料溶液の一定量を5本の 50 mL メスフラスコにとり，おのおのに Fe^{2+} 標準液を加えた後，検量線を作成するときと同じ操作を行い，その吸光度と Fe^{2+} 濃度の関係をグラフ化する．図 7.24 に示すように，直線と横軸との交点が未知試料中の Fe^{2+} 濃度となる．この方法を標準添加法（standard addition method）という．

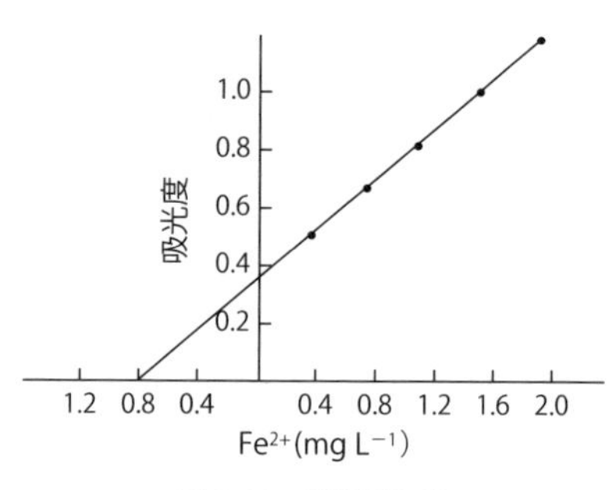

図 7.24　標準添加法

2 成分の同時定量法　　吸光光度法において，検出しようとする化学種の吸収スペクトルは，比較的幅広のピークである．したがって，構造が類似したり，発色機構が似た成分どうしが共存すると，互いにそれぞれの吸収ピークが重なり合うことがある．このような理由で，吸光光度法では多成分を同時に定量することが難しいことが多い．しかし，混合成分が2成分の場合，共存する化学種がわかっていて吸収極大波長が離れているときには同時に定量することができる．

2つの成分 a, b が共存する場合の吸収スペクトルを模式的に図 7.25 に示す．それぞれの成分の吸収極大波長は，λ_1 と λ_2 に存在する．曲線1と2は各成分が単独に存在するときの吸収スペクトル，曲線3は2つの成分が共存するときの吸収スペクトルである．λ_1 における a 成分および b 成分の吸光度を a_1, b_1 とし，λ_2 におけるそれぞれの吸光度を a_2, b_2 とする．成分 a の λ_1 と λ_2 におけるモル吸光係数を ε_{a_1} と ε_{a_2} とし，成分 b の λ_1 と λ_2 におけるモル吸光係数を ε_{b_1} と ε_{b_2} とすれば，これらのモル吸光係数は a および b の標準液を用いて求めることができる．混合成分の λ_1 と λ_2 における吸光度を A_1, A_2 とすると

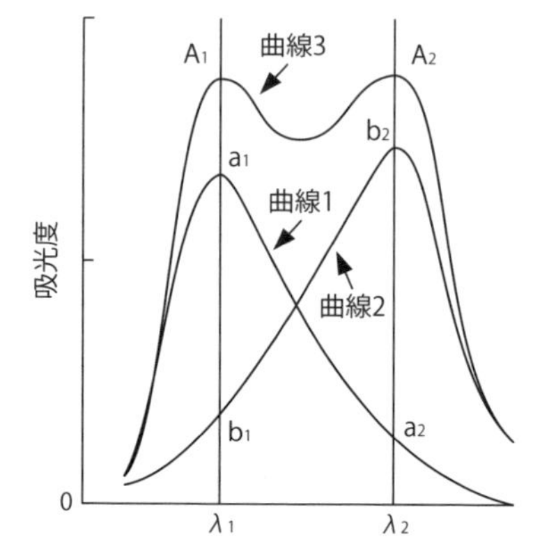

図 7.25　2 成分系の吸収スペクトル

$$A_1 = a_1 + b_1 \quad (7.28)$$

$$A_2 = a_2 + b_2 \quad (7.29)$$

となる．ただし，吸収セルの光路長は1 cmとする．また，混合成分中の成分aおよびbのモル濃度をそれぞれ C_a, C_b とすると

$$A_1 = \varepsilon_{a_1} C_a + \varepsilon_{b_1} C_b \quad (7.30)$$

$$A_2 = \varepsilon_{a_2} C_a + \varepsilon_{b_2} C_b \quad (7.31)$$

となる．これらの式から

$$C_a = \frac{\varepsilon_{b_1} A_2 - \varepsilon_{b_2} A_1}{\varepsilon_{a_2} \varepsilon_{b_1} - \varepsilon_{a_1} \varepsilon_{b_2}} \quad (7.32)$$

$$C_b = \frac{\varepsilon_{a_2} A_1 - \varepsilon_{a_1} A_2}{\varepsilon_{a_2} \varepsilon_{b_1} - \varepsilon_{a_1} \varepsilon_{b_2}} \quad (7.33)$$

が得られる．ε_{a_1}, ε_{a_2}, ε_{b_1}, ε_{b_2} はあらかじめ求められるので，混合溶液の λ_1 および λ_2 における吸光度 A_1 と A_2 を測定すれば，それぞれの濃度 C_a および C_b が求まる．

d. 発色系化学種のモル吸光係数

水溶液中で Co^{2+} がピンク色，Cu^{2+} が青色になることはよく知られているが，これは水和錯イオンの色である．Co^{2+} や Cu^{2+} は最外殻の電子配列に d 軌道を持ち，d 電子が完全に満たされてはいない．配位結合するための水分子の孤立電子対が Co^{2+} や Cu^{2+} に接近すると，その相互作用によって d 軌道が高いエネルギー準位と低いエネルギー準位に分裂する．このとき，d 電子は両エネルギー準位に分かれて収容されるが，このエネルギー準位間の遷移は d-d 遷移と呼ばれる．しかし，発色強度は弱く，定量分析に用いられることは少ない．

一方，d 電子を持つ金属イオンと配位子の π 電子が発色に関係する d-π 発色系がある．これは配位子の電子が金属へ，あるいは金属の電子が配位子へ遷移することによって着色する．この場合の発色強度は強く，モル吸光係数は 10^3～10^4 L mol^{-1} cm^{-1} を示す．例えば，金属イオンの d 電子が配位子の空軌道へ遷移することにより発色が起こる．この場合，配位子はドナー原子に二重結合または共役二重結合の鎖を持つ．2,2′-ビピリジンやphenの Fe^{2+} 錯体による発色がこれに相当する．

＞C=O, -N=O などの二重結合を持つ発色団がある．これを π 電子発色系という．この発色団には σ 結合性，π 結合性の電子および非結合性電子（n 電子）が存在する．電子のエネルギー準位は σ 電子が最も低く，π 電子，n 電子の順となる．これらの電子は，励起されると電子が満たされていない反結合性軌道の σ^* および π^* 軌道に励起される．n-π^* 遷移が最も小さい励起エネルギー準位となり，π-π^*, n-σ^*, σ-σ^* の順に大きくなる．このうち，n-π^* と π-π^* の遷移が紫外および可視領域に吸収を示す．このように，発色は光エネルギーの吸収による電子遷移によるが，着色有機化合物には発

表 7.2　発色団および助色団のいろいろ

発色団		助色団	
$-NO_2$	ニトロ基	$-OH$	水酸基
$-N_2O$	ニトロソ基	$-SH$	チオール基
$-N=N-$	アゾ基	$-NH_2$	アミノ基
$>C=O$	カルボキシル基	$-NR_2$	ジアルキルアミノ基
$>C=N-$	アゾメチン	$-Cl$, $-Br$	ハロゲン

色に直接に関わる原子団（発色団（chromophore））と，発色団と結合してその吸収波長を長波長側にシフトさせたり，吸収強度を強める原子団（助色団（auxochrome））がある．代表的な発色団と助色団を表 7.2 に示す．

有機化合物の発色機構について述べたが，分析化学的に見ると，これらの化合物は大きなモル吸光係数 ε を持つことが好ましい．Lambert-Beer 則 $A=\varepsilon Cl$ における ε は

$$\varepsilon=9\times10^{19}Pa \tag{7.34}$$

で示される．

ここで，a は分子の吸収断面積，P は呈色化学種の電子が光エネルギーの吸収によって起こす遷移確率である．π-π^* 遷移に基づく電子遷移確率をほぼ 1 と見なし，$a=10^{-15}\ \mathrm{cm}^2$ とすると $\varepsilon\approx10^5$ となる．この値は理想値であるが，発色試薬を新しく開発しようとするとき，① a を大きくする，②共役二重結合を増やす，③電子対を持つ助色団を導入するなどを考慮するとよい．

表 7.3 に Fe^{2+} に対する発色試薬とその性質を示す．これらの試薬による錯体の ε は約 10 000 であり，$\mathrm{mg\ L^{-1}}$ オーダーの検出にはさしつかえない．しかし，最近 $\mu\mathrm{g\ L^{-1}}$ レベルの微量成分の定量が要求されるようになり，それに対応できる有機試薬の開発

表 7.3　Fe^{2+} 発色有機試薬とモル吸光係数

化合物	構　造	ε
2,2′-ジピリジル	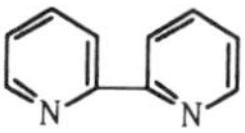	8 000
2,2′,2″-トリピリジル	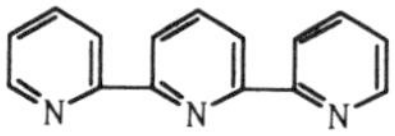	11 000
1,10-フェナントロリン	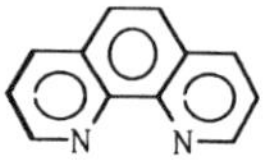	10 000
バソフェナントロリン	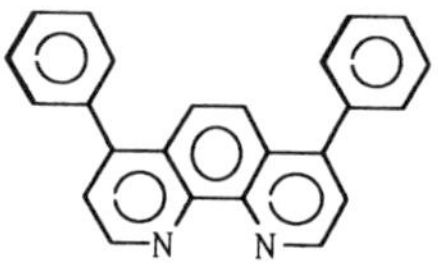	22 000

が試みられてきた．その1つにピリジルアゾ化合物がある．基本的な構造を図7.26に示す．ここで，Xには-Cl, -Br，Yには$-NH_2$, -COOH, -OH，R_1とR_2には$-CH_3$, $-C_2H_5$などが導入される．

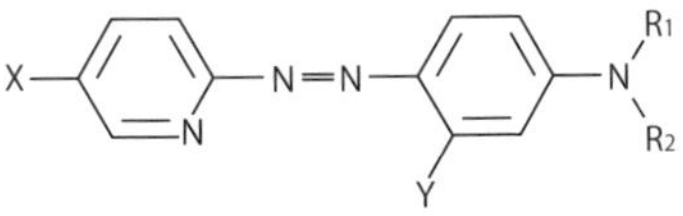

X　N　N=N　N　R_1　R_2　Y

図7.26 ピリジルアゾ化合物の構造

具体例として，2-(5-クロロ-2-ピリジルアゾ)-5-ジエチルアミノフェノール（5-Cl-PADAP）とCo^{2+}イオンとの錯体の共鳴構造を図7.27に示す．

この錯体のεは9×10^4 L mol^{-1} cm^{-1}であり，先の理論式(7.34)のεに極めて近い．この化合物の特徴はアゾベンゼンのアゾ基の両端に電子吸引基と電子供与基を持ち，図7.27のように電荷を持つキノン構造（チャージドキノン構造という）を示すことである．しかし，この錯体は水に難溶であるという欠点があるため，その後，図7.28に示す水溶性試薬が開発された．

5-Br-PSAAは骨格としては5-Cl-PADAPの誘導体で発色に関与する機構は同じであるが，アゾ基のパラ位のアミノ基にスルホプロピル基が導入されて，水溶化されている．したがって，εも反応性もそこなわれず，しかも水溶液系で金属イオンの吸光光度定量に応用できる利点がある．Fe^{2+}錯体のεは8.9×10^4（$\lambda_{max}=558$ nm），Pd^{2+}錯体は9.8×10^4（$\lambda_{max}=610$ nm）である．

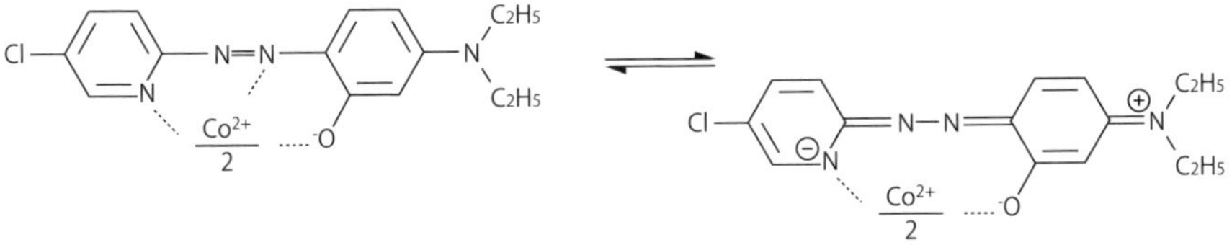

Cl　N　N=N　N　C_2H_5　C_2H_5　$\frac{Co^{2+}}{2}$　^-O

Cl　N　N−N　N　C_2H_5　C_2H_5　$\frac{Co^{2+}}{2}$　^-O

図7.27 5-Cl-PADAP-Co^{2+}錯体チャージドキノン構造

Br　N　N=N　N　C_3H_7　$C_3H_6SO_3Na$　H_2N

(5-Br-PSAA)

(2-(5-ブロモ-2-ピリジルアゾ)-5-[N-プロピル-N-(3-スルホプロピル)アミノアニリン]

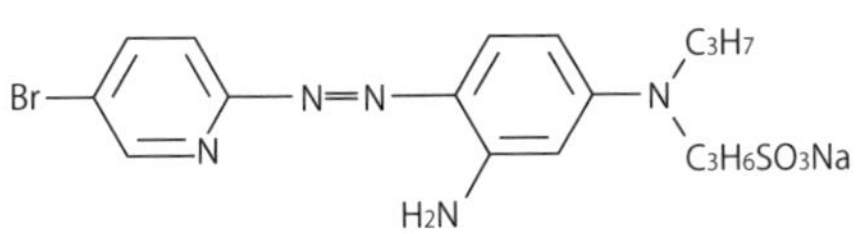

図7.28 ピリジルアゾ系水溶性キレート試薬

7.3 蛍光光度分析

基底一重項状態の分子が光を吸収して励起され，励起一重項状態の種々のエネルギー準位に遷移する（図7.2を参照）．続いて分子は吸収したエネルギーを放出して基底状態に戻るが，通常はまず無放射遷移により第一励起状態の最低エネルギー準位に遷移する．そして，ここでエネルギーを放射して基底一重項状態に戻る．このときに発する光が蛍光である．一方，励起一重項状態からエネルギー準位にあまり差のない励起三重項状態に系間交差（項間交差）により遷移し，そこから基底一重項状態に戻ることもある．これはリン光と呼ばれ，遷移過程が異なるのでそれぞれ区別されているが，これらをまとめて光ルミネッセンスと呼ぶこともある．蛍光性物質としては種々のものがあるが，典型的なものを図 7.29 に示す．

これらの蛍光物質は，光吸収を行うので吸収スペクトル（励起スペクトルという）を有する一方，基底状態に戻るときの蛍光スペクトルも有する．1×10^{-6} mol L^{-1} の塩酸キニーネ溶液を用いて吸収スペクトルと蛍光スペクトルを測定した結果を図 7.30 に示す．234 nm に吸収極大が存在するが，280 nm と 330 nm 付近にも吸収が見られる（曲線(1)）．これらの波長のいずれかを照射し励起する．330 nm を励起波長に選ぶと曲線(2)の蛍光スペクトルが得られる．また，最も強い吸収を示す 234 nm を励起波長に選ぶと曲線(3)の蛍光スペクトルが得られ，385 nm に強い強度の蛍光が観察される．

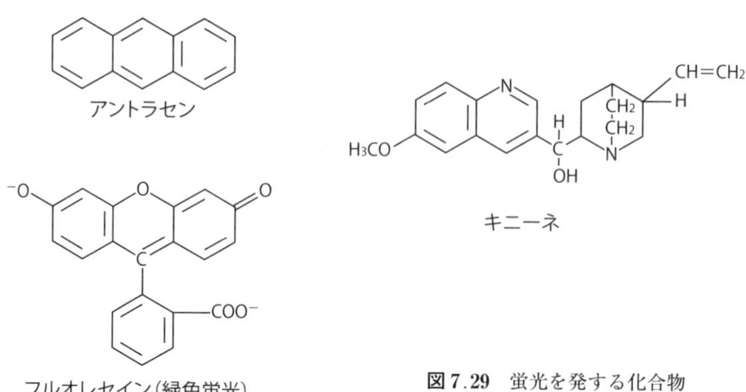

図 7.29　蛍光を発する化合物

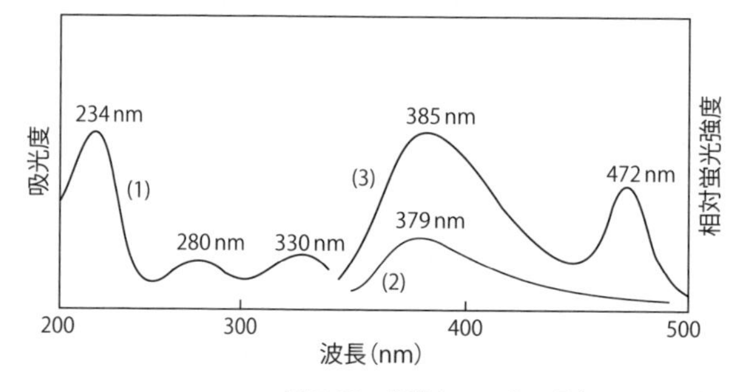

図 7.30　塩酸キニーネの吸収および蛍光スペクトル

このことから塩酸キニーネの蛍光光度定量には励起波長（E_x）234 nm，蛍光波長（E_m）385 nm を選ぶと感度よく測定できる．

吸収スペクトルと蛍光スペクトル，励起波長と蛍光波長は物質により異なるため，蛍光光度法は吸光光度法にくらべて選択性に優れていることが多い．図 7.31 にアントラセンの吸収スペクトル（A）と蛍光スペクトル（B）を示す．蛍光スペクトルは，吸収スペクトルより長波長側に観測される．また，吸収スペクトルと蛍光スペクトルとの間には形状に鏡像関係が見られる．

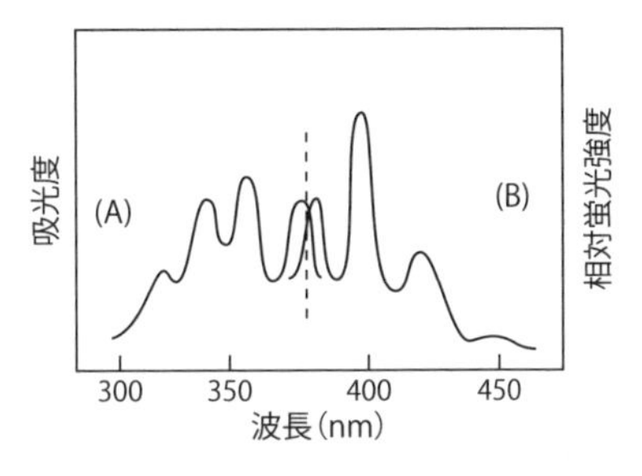

図 7.31 アントラセンの吸収スペクトル（A）および蛍光スペクトル（B）

7.3.1 蛍光分光光度計

図 7.32 に蛍光分光光度計の概略図を示す．この測定装置の特徴は，励起光分光部と蛍光分光部にそれぞれの分光器（モノクロメーター）が備えられていることである．励起光分光部では光源（キセノンランプ）の光を単色光として試料に照射する．励起された試料から直角方向に放射される蛍光は，蛍光分光部で分光され検出される．また波長と相対蛍光強度をプロットすると蛍光スペクトルが得られる．

光源としてはレーザーなどの強い光強度を持つ光源も用いられるが，キセノンランプが比較的強い連続スペクトルを持ち（図 7.33），放射エネルギーの安定性もよいので通常はこれが用いられる．しかし，寿命は 1000 時間程度と短い．

溶液試料を用いた測定では四面透明な角形セルが用いられ，石英製が一般的である．

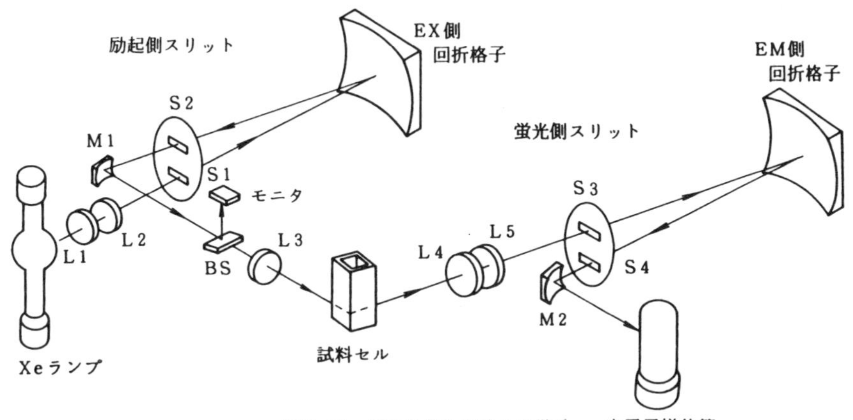

図 7.32 蛍光分光光度計の光学系

7.3.2 蛍 光 強 度

蛍光強度と蛍光物質の濃度の関係をLambert-Beer則から導くことができる．蛍光物質の濃度をC，溶液層の長さをl，入射光強度をI_0，透過光強度をI，モル吸光係数をεとすると

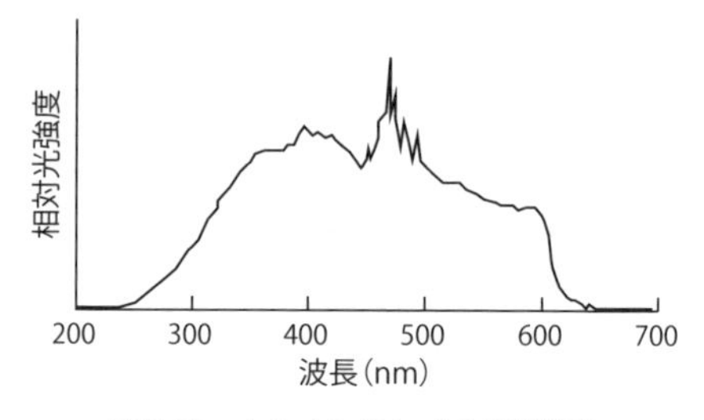

図7.33 キセノンランプの光源強度

$$I = I_0 e^{-\varepsilon l C} \qquad (7.35)$$

となる．吸収された光の強度は

$$I_0 - I = I_0(1 - e^{-\varepsilon l C}) \qquad (7.36)$$

蛍光強度Fは吸収された励起光量に比例するので，蛍光物質の量子収率をϕ_fとすると次式で表される．ただし，kは比例定数である．

$$F = \phi_f k I_0(1 - e^{-\varepsilon l C}) \qquad (7.37)$$

測定試料が希薄溶液の場合は$\varepsilon l C \ll 1$であるから

$$F = \phi_f k I_0 \varepsilon l C \qquad (7.38)$$

となる．この式から，蛍光強度は光源光強度I_0と溶液濃度Cに比例することがわかる．したがって，蛍光光度定量が可能となる．

蛍光分析において蛍光強度が弱められる現象がある．これを消光（quenching）といい，いくつかの原因がある．例えば

①試料溶液が高濃度のときに生じる分析成分による蛍光の吸収（濃度消光という）
②常磁性イオンとの相互作用
③芳香族炭化水素と酸素の反応

などが挙げられる．

7.3.3 蛍光量子収率

蛍光量子収率（fluorescence quantum yield）ϕ_fは物質により固有の値を示し，次式で求められる．

$$\phi_f = \frac{\text{蛍光光量子数}}{\text{吸収した光量子数}} \qquad (7.39)$$

実際には，蛍光量子収率が既知の標準蛍光物質との相対比として目的物質の蛍光量子収率を求める．例えば，一定濃度の硫酸キニーネの0.1 mol L^{-1}硫酸溶液を20℃で366 nmで励起したときの蛍光量子収率を0.55とし，これに対する目的物質の相対値を求める．標準液および目的物質の蛍光強度をF_1, F_2とすると

表 7.4　蛍光性物質の量子収率 ϕ_f

化合物	溶　媒	励起波長（nm）	ϕ_f
アントラセン	エタノール	366（QS0.55）	0.30
	ヘキサン	366（QS0.55）	0.29
エオシン	NaOH 溶液	467（RB0.73）	0.23
フルオレセイン	NaOH 溶液	467（RB0.73）	0.85
ローダミン B	エタノール	366（QS0.55）	0.73
硫酸キニーネ	0.1 M H_2SO_4	366	0.55

QS は硫酸キニーネ，RB はローダミン B 水溶液を標準液として相対法で測定したことを示す．硫酸キニーネの値は絶対法で求めた．

$$\frac{F_1}{F_2} = \frac{\phi_{f_1}\varepsilon_1 c_1 l_1}{\phi_{f_2}\varepsilon_2 c_2 l_2} \tag{7.40}$$

となる．ϕ_{f_1}, ϕ_{f_2} は両物質の蛍光量子収率，ε_1, ε_2 は励起波長におけるモル吸光係数，c_1, c_2 は濃度，l_1, l_2 は液層の長さとする．液層の長さは，同じセルを共通に用いて測定するので相殺される．したがって式(7.40)は

$$\frac{\phi_{f_1}}{\phi_{f_2}} = \frac{F_1\varepsilon_2 c_2}{F_2\varepsilon_1 c_1} \tag{7.41}$$

となる．表 7.4 にいくつかの蛍光物質の量子収率 ϕ_f を示す．

7.3.4　蛍光光度定量法

a.　アクリノールの定量

アクリノールは殺菌，消毒薬として広く用いられている医薬品である．その構造式を図 7.34 に示す．

アクリノールは強い発蛍光性を有するので，直接蛍光測定することができる．図 7.35 に吸収スペクトルと蛍光スペクトルを示す．E_x は 366 nm，E_m は 496 nm に存在するので，これらの波長を用いて 10^{-8} mol L^{-1} レベルのアクリノールの定量が可能となる．アクリノールの吸光光度定量法としては，亜硝酸塩とアミノ基のジアゾ化反応によって生ずる赤色化合物の生成を利用する方法があるが，蛍光光度法はこれよりはるかに感度が高い．

b.　蛍光を発しない化合物への適用

スルファミン類は医薬品として広く用いられている化合物である．これらは o-フタルアルデヒドと反応して 2-(p-スルファニルフェニル）フタルイミジンを生成する．反応式を図 7.36 に示す．この反応生成物の E_x は 284 nm にあり，E_m = 434 nm において強い蛍光を発するので，スルファニルアミドの微量分析ができる．

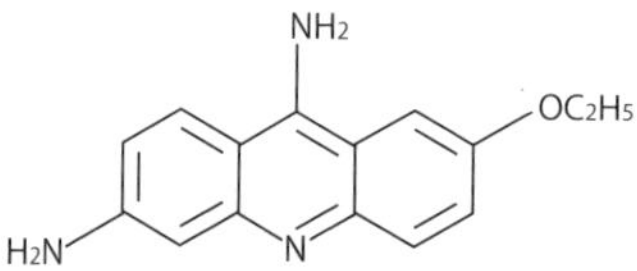

NH2　OC2H5　H2N　N

図 7.34　アクリノールの構造式

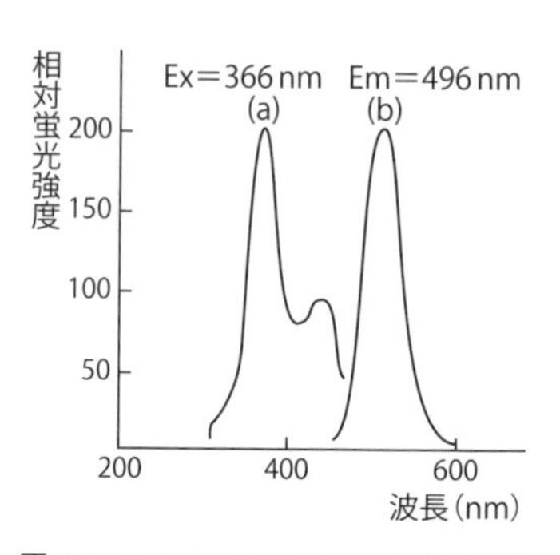

図 7.35　アクリノールの吸収および蛍光スペクトル
(a) 吸収スペクトル，(b) 蛍光スペクトル．アクリノール：2×10^{-7} mol L^{-1}.

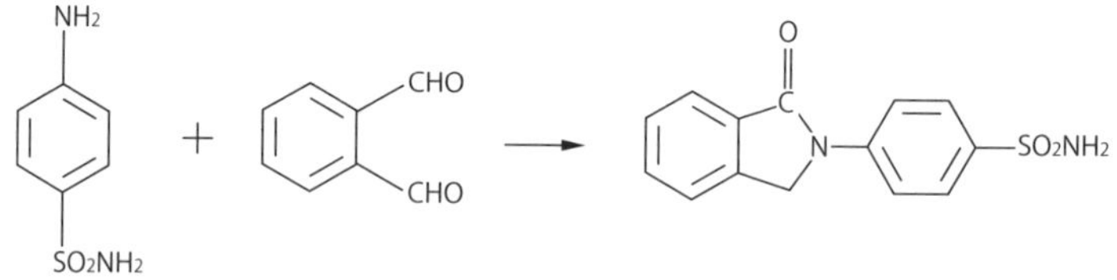

NH2　SO2NH2　＋　CHO　CHO　→　O　C　N　SO2NH2

スルファニルアミド　o-フタルアルデヒド　2-(p-スルファニルフェニル)フタルイミジン

図 7.36　スルファニルアミドの発蛍光性物質の生成

c.　消光を利用する定量法

図7.37に示す2-ナフタレンチオールは蛍光を有し，E_x, E_m はそれぞれ283 nmと362 nmに存在する．この溶液に I_2 が存在すると，ジ-2-ナフチルスルフィドが生成するが，この化合物は蛍光を発しない．したがって，I_2 濃度と相対蛍光強度の関係は負の傾きを持つ直線となり，これを用いて I_2 を定量することができる．

d.　金属イオン検出のための蛍光試薬

多くの金属イオンは蛍光を発しないので，蛍光試薬との錯生成反応を利用し，蛍光光度分析を行う．Zr, Snの検出試薬として3-ヒドロキシフラボン（フラボノール），Al, Beに対し2′, 3, 4′, 5, 7-ペンタヒドロキシフラボン（モリン）が用いられる（図

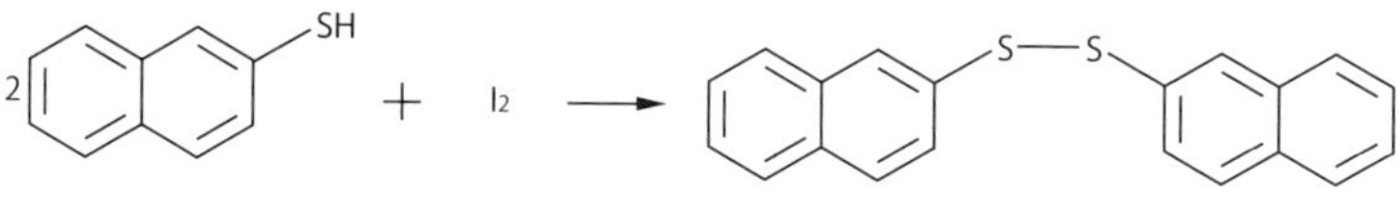

SH　2　＋　I2　→　S—S

2-ナフタレンチオール　ジ-2-ナフチルスルフィド

図 7.37　I_2 による2-ナフタレンチオールの消光反応

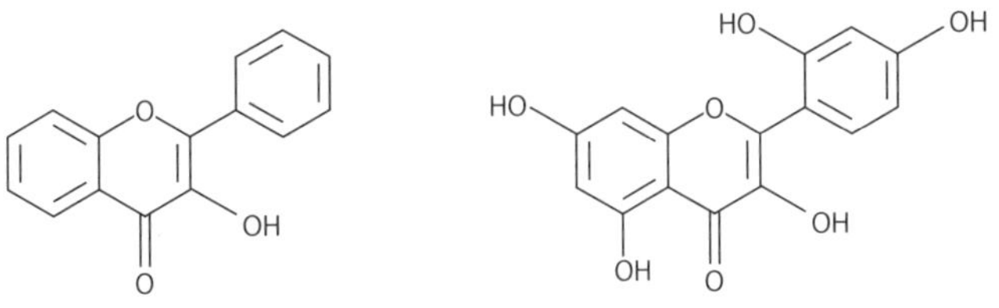

フラボノール　　　　　モリン

図 7.38　金属イオンの蛍光試薬

7.38). これらの試薬は, 金属イオンと錯形成することで蛍光強度がバックグラウンドの強度より 5〜10 倍強くなるので, 上記の各金属イオンの蛍光光度定量に利用できる.

7.4 原子スペクトル分析

原子は原子核とそれをとりまく電子から構成されているが, 電子は特定の軌道に存在する. この原子が外部からエネルギーを与えられて励起されると, 軌道電子は基底状態からエネルギー準位の高い励起状態に遷移する. しかし, 励起状態の原子は極めて短い時間 (約 10^{-8} s) 内に基底状態に戻る. このときの励起状態と基底状態とのエネルギー差 ΔE は電磁波として放射され, 原子発光スペクトルが観測される. 放射されるスペクトル線は原子に固有なものであるので, これを利用して元素の定性分析および定量分析を行うことができ, これを発光分光分析法という. なお, 発光分光分析における原子の励起は化学フレーム (炎), スパーク光源, アーク光源, プラズマ光源などにより行われる.

基底状態原子状の元素は同じ元素の励起状態から発せられた光 (共鳴線) を吸収する. この現象を原子吸光といい, これを用いて定量分析を行う方法を原子吸光法という. 原子発光と原子吸光の基本的な違いを図 7.39 に示す.

種々の化学種として存在している試料中の成分を原子の状態にすることを原子化 (atomization) という. この原子化には, 水素やアセチレンなどを酸素あるいは空気とともに燃焼して得られるフレーム (炎) を用いたり, 炭素炉あるいは金属炉に高電流を流して発生するジュール熱により原子化する方法がある. 前者を化学フレーム法, 後者を電気加熱炉法という.

基底状態と励起状態の原子は, 次式で示される Maxwell-Boltzmann (マクスウェル-ボルツマン) の分布則に従って分布する.

$$\frac{N_e}{N_g} = \left(\frac{g_e}{g_g}\right) e^{-\frac{E_e - E_g}{kT}} \tag{7.42}$$

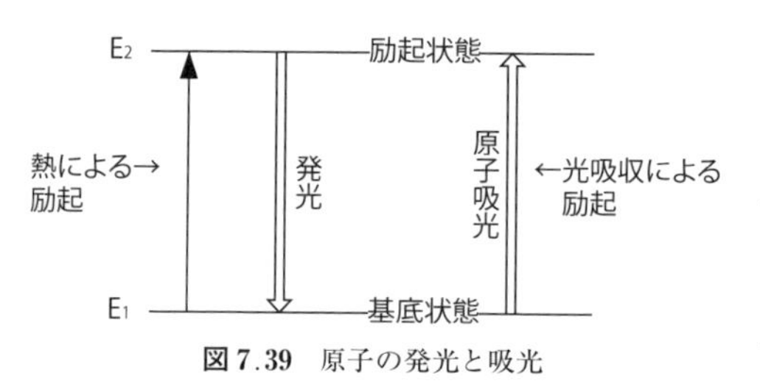

図 7.39　原子の発光と吸光

表 7.5　各温度での励起および基底状態の原子数比

元素	共鳴線	N_e/N_g 2 000 K	N_e/N_g 3 000 K
Cs	852.1	4.4×10^{-4}	7.2×10^{-3}
Na	589.0	9.8×10^{-6}	5.8×10^{-4}
Ca	422.7	1.2×10^{-7}	3.7×10^{-5}

ここで N_g, N_e はそれぞれ基底状態および励起状態にある原子数，g_g, g_e はそれぞれ基底状態（エネルギー E_g）および励起状態（エネルギー E_e）の統計的重み，k は Boltzmann 定数，T は絶対温度である．2000 K および 3000 K における励起状態と基底状態の原子数の比を表 7.5 に示す．

表 7.5 からわかるように，温度が上昇すると N_e/N_g の比は大きくなるが，2000 K，3000 K のいずれにおいても基底状態の原子数は励起状態の原子数よりもはるかに多い．また同一温度で比較した場合，共鳴線が長波長の元素ほど励起状態の原子の割合が大きい．

一方，原子吸光を受けた後の光の強度を I_A とすると

$$I_A = I_0 e^{-kl} \quad \left(つまり -\ln\left(\frac{I_A}{I_0}\right) = kl\right) \tag{7.43}$$

で表される．ただし，I_0 は入射光強度，l は原子蒸気層の長さである．また k は吸光係数であり，原子密度 N とスペクトル線の振動子強度 f に比例した大きさを持ち，スペクトル線ごとに一定値を持つ．よって，吸光度 A は常用対数を用いて次式で示すことができる．

$$A = \log\left(\frac{I_0}{I}\right) = KNfl \tag{7.44}$$

ここで，K は比例定数である．この法則は Lambert-Beer 則と同じであり，吸光度の測定により原子濃度を求めることができる．

7.4.1　原子吸光分析

a.　基本原理

簡単な原子吸光光度計の構成を模式的に図 7.40 に示す．分光光度計では，可視光用光源として連続光源であるハロゲンタングステンランプが一般に用いられるが，原子吸光光度計では極めて細い輝線スペクトルを放射する輝線光源が用いられる．また，ビーカー内の試料は，細いチューブを用いて吸引され，バーナー中に噴霧された後，高温のフレームの中で原子化される．分光光度計では試料を通過する前に分光される

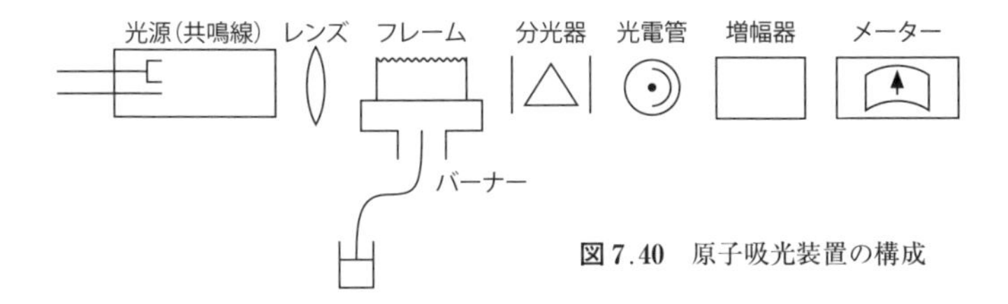

図 7.40　原子吸光装置の構成

必要があるため，分光器はセルの前に置かれるが，原子吸光光度計ではフレーム中で発光する成分を除去するため，試料を通過後に分光する仕組みになっている．

シングルビーム型　　この型の光学系を図 7.41 に示す．この型は最も単純な構成であるが，中空陰極ランプ（後述する）から放射される輝線光強度が周囲の温度などで多少変動するため，ベースラインが乱れる欠点がある．

ダブルビーム型　　シングルビーム型において生ずるベースラインの乱れを自動的に補正するために，ダブルビーム型（複光束型）が開発されている．この型の構成を図 7.42 に示す．中空陰極ランプからの光を，回転半円鏡によって交互に光路(1)と(2)の 2 つの方向に分ける．すなわち，ある瞬間の光は光路(1)を進みフレーム中を透過するが，光路(2)には進まない．そして次の瞬間の光は，光路(2)のみを通って分光器に入る．フレームを通過した光束を試料光束，迂回させた光束を対照光束という．回転半円鏡と同期した対照側信号と試料側信号は信号弁別器により分けられ，割算器によりその比が計算され，メーター表示される．光源強度が変化しても対照側および試料側信号の割合は変化しないので，一定のベースラインが保てる．

2 チャンネル型　　ダブルビーム型は 1 つの光源からの光束を 2 つの光路に分けるが，2 チャンネル型は 2 つの光源を用いる．一方の光源に中空陰極ランプ，もう一方

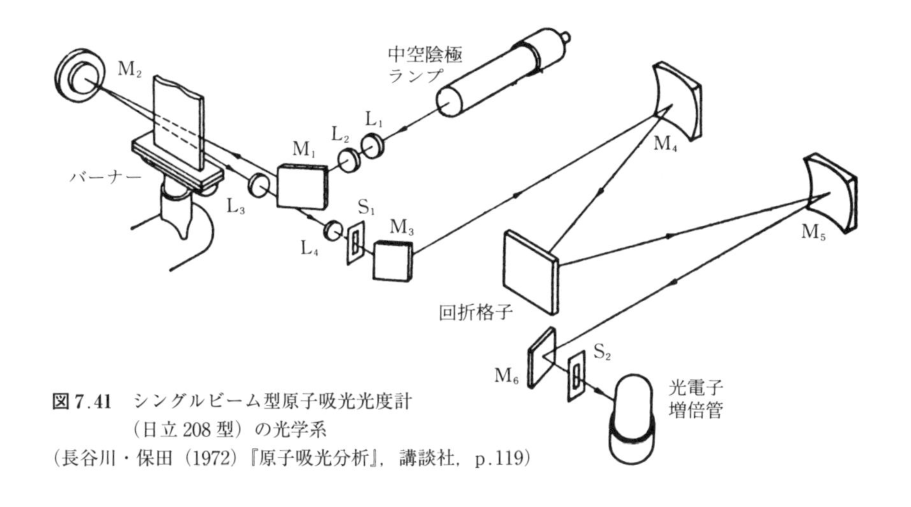

図 7.41　シングルビーム型原子吸光光度計（日立 208 型）の光学系
（長谷川・保田（1972）『原子吸光分析』，講談社，p.119）

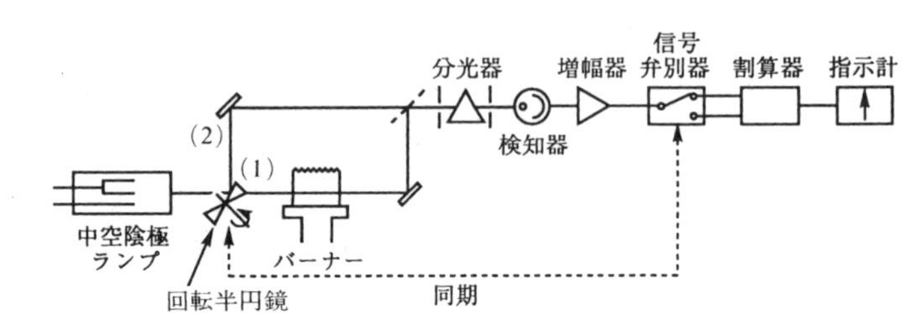

図7.42　ダブルビーム原子吸光光度計の構成
（不破ほか編（1980）『最新原子吸光分析 I 総論—原理と応用—』，廣川書店，p.159）

に重水素ランプ（D_2 ランプ）を用いるときの光学系を図7.43に示す．

この光学系は，主にバックグラウンド吸収の補正のために用いられる．バックグラウンド吸収は，試料溶液中の成分が原子化部で原子状態にまで分解されず，未解離の分子が存在すると分子吸収や光散乱が生じ，分析線が減光するために起こる．その様子を模式的に図7.44に示す．

従来の方法では，原子吸収とバックグラウンド吸収の合計が測定される．しかし，2チャンネル型装置を用いれば，以下のような原理によりバックグラウンド吸収の補正が可能となる．すなわち，中空陰極ランプより取り出される分析線の波長幅は，輝線スペクトルの幅とほぼ同じで極めて狭く，原子蒸気によって吸収される．この吸収にはバックグラウンドによる吸収も当然含まれる（図7.44(a)）．

一方，D_2 ランプの波長幅は原子吸収線の波長幅よりもはるかに広いため，原子蒸気

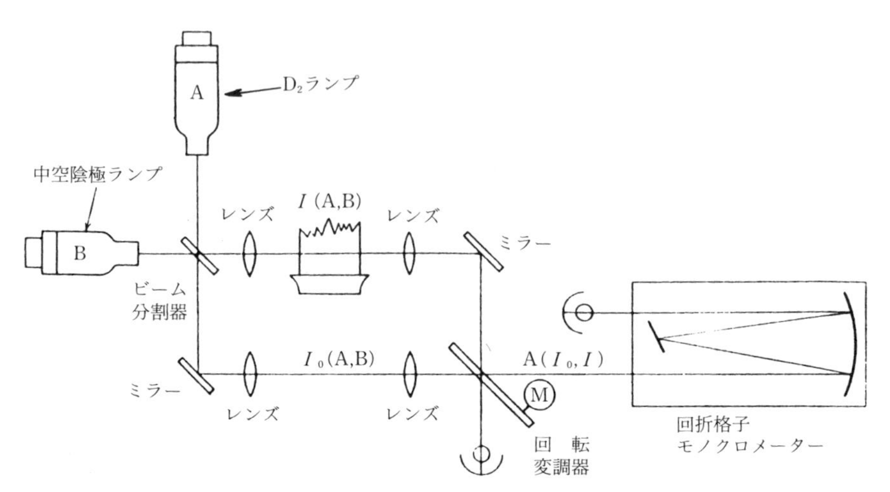

図7.43　2チャネル型原子吸光光度計
（武内・鈴木（1972）『原子吸光分光分析』，南江堂，p.61）

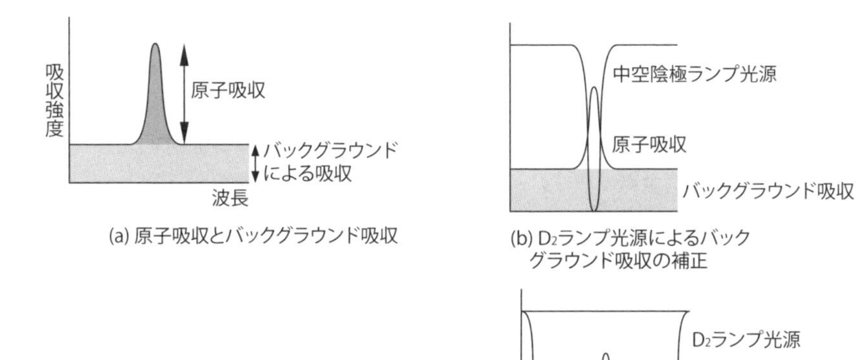

図 7.44 バックグラウンド吸収の補正

による吸収はほとんど無視できる．すなわち，バックグラウンド吸収のみが測定されることになる（図 7.44(b)）．その結果，D_2 ランプによる吸収と中空陰極ランプによる吸収の差を求めることにより，原子吸収のみを測定することができる．

このほか，2 本の異なる中空陰極ランプを用いると二元素同時分析が可能となる．

b. 装置の構成要素

装置は光源部，原子化部，分光部，測光部に分けて考えることができる．

光源ランプ　一般には中空陰極ランプが用いられる．これは，図 7.45 に示すように中空円筒形の陰極とリング状の陽極からなり，低圧のネオンまたはアルゴンガスを封入したものである．両極の間に印加電圧をかけると放電が起こり，封入ガスはイオン化されて中空陰極の内面に衝突する．このとき陰極内面の陰極物質ははじき出され（これをスパッタリングという），中空陰極内で発光スペクトルが発生する．このスペクトルは陰極物質の輝線と封入ガスの輝線からなる．ネオンは 300～400 nm と 500～

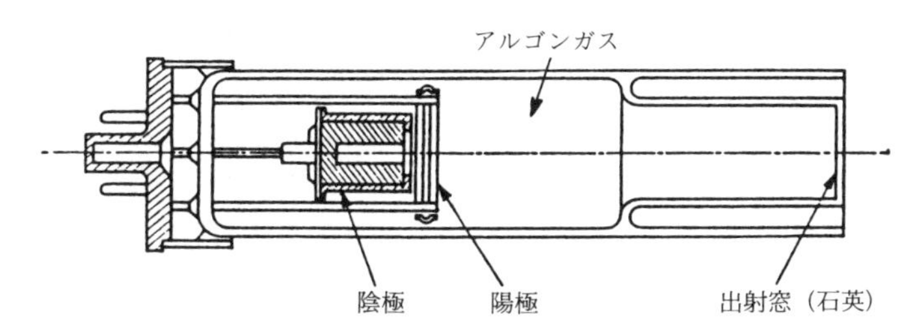

図 7.45 中空陰極ランプの構造

（日立製作所（1990）『日立トレーニングスクールテキスト』，原子吸光分光光度概要，p.3）

650 nm の範囲に発光スペクトルを示し，アルゴンは 400〜500 nm の範囲に発光スペクトルを示す．したがって，これらのスペクトルと陰極物質の分析線（共鳴線）とが重ならないように封入ガスが選択される．例えば，カルシウムの分析線は 422.7 nm が用いられるので，封入ガスとしてはネオンが望ましい．陰極は分析目的元素の単体で作られるが，低融点金属や活性に富む金属の場合は合金や固溶体として用いられる．しかし，純度の高いものを用いるほど光強度の強い発光スペクトルが得られる．出射窓はホウケイ酸ガラスまたは石英ガラスが用いられる．石英ガラスは 190 nm 付近の光までよい透過性を示すが，ホウケイ酸ガラスは 300 nm 以下の光の透過性は悪い．

中空陰極ガラスの放電電流を大きくすると共鳴線の光強度は強くなるが，電流が大きくなりすぎると陰極のスパッタリングが激しくなり，発光原子以外に非発光原子が増加し自己吸収が起こる．そのため分析感度が低下する．また，放電電流が大きいとランプの寿命も短くなることから，適当な放電電流を用いることが望ましい．

アトマイザー

①バーナー

アトマイザーは，溶液試料中の金属成分を原子状態にする装置のことをいう．試料を粒子径の小さい（約 7 μL）霧にするネブライザー，大粒の霧を排除するディスパーサー，スプレーチャンバー（噴霧室）および化学フレームを形成するバーナーヘッドからなっている．最もよく使われるタイプを図 7.46 に示す．ネブライザーにより導入された試料は，燃料ガスおよび助燃ガスと混合され，粒径の小さいものだけがバーナーヘッドへ導入され，ガスの燃焼熱により原子化される．このタイプのバーナーは予混合バーナーと呼ばれ，フレームは静かで安定しているので精度がよい．しかし，吸引される試料の 80%以上がドレーンより排出されるため，原子化効率はよくない．そこでスプレーチャンバーを加温したり，助燃ガスを加熱し噴霧状態をよくする試みもされている．

バーナーは火口幅（スロット）が 0.5 mm，光路長として 10 cm 程度のものがよく用いられる．一般に燃料ガスとしてアセチレン，助燃ガスとして空気が利用されている．しかし，このフレーム温度では原子化しにくい元素（Al, Be, Si, Ti など）の場合には酸化二窒素-アセチレンのフレームが用いられる．ただし，酸化二窒素-アセチレンフレームは逆火の危険性があり，

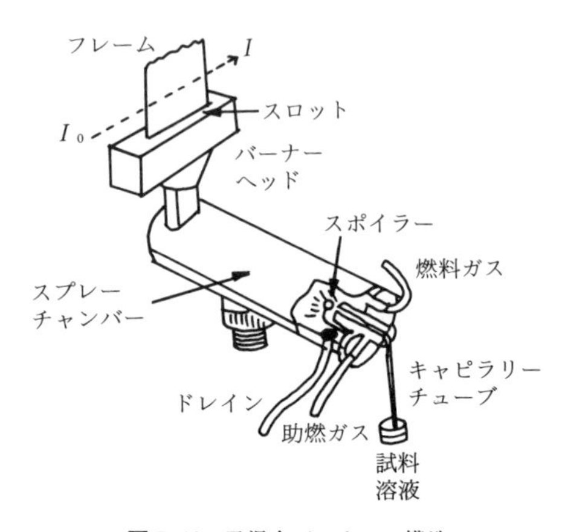

図 7.46 予混合バーナーの構造

またこのフレームにはスロットが幅 0.4 mm，長さが 5 cm 程度の高温バーナーを使用する．

以上のように化学フレームを用いて原子化する場合をフレーム原子吸光法と呼ぶ．

②電気加熱炉

炭素炉（グラファイト炉）や高融点金属炉（メタル炉）に電流を流してジュール熱により原子化を行う．よく用いられる炉（ファーネス）の例を図 7.47 に示す．原子化温度は多くの場合約 2800 ℃であるが，炭素による還元力により原子化されやすく，ほとんどの金属の測定に適している．メタル炉はタングステンやタンタルなどの金属で作られており，マトリックスの干渉が少なくメモリー効果がないことが特徴である．原子化部の構造を図 7.48 に示す．高温のグラファイト炉は空気に触れると燃焼するので，これを防ぐためアルゴンなどの不活性ガスを流す．また発熱による影響をさけるため，電極部を水冷する．窓からマイクロピペットを用いて一定量（10 μL 程度）を注入する．その際，注入量に変動があると精度に影響するので熟練が必要であり，オートサンプラーが使われることもある．炉の温度は印加電圧によって決まるが，まず 100～300 ℃で試料は乾燥（drying）され，ついで 500～800 ℃で灰化（ashing）され，

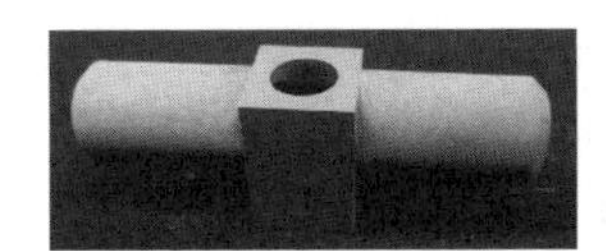
カップ型

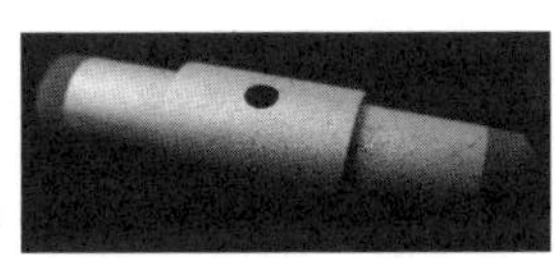
チューブ型

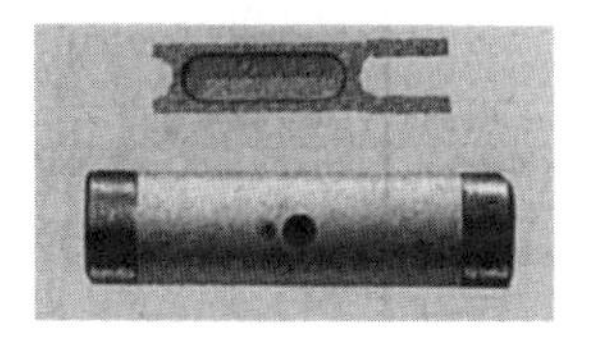
プラットフォーム型

図 7.47　よく用いられる炭素（グラファイト）炉
カップ型，チューブ型は，株式会社日立ハイテクサイエンス提供．

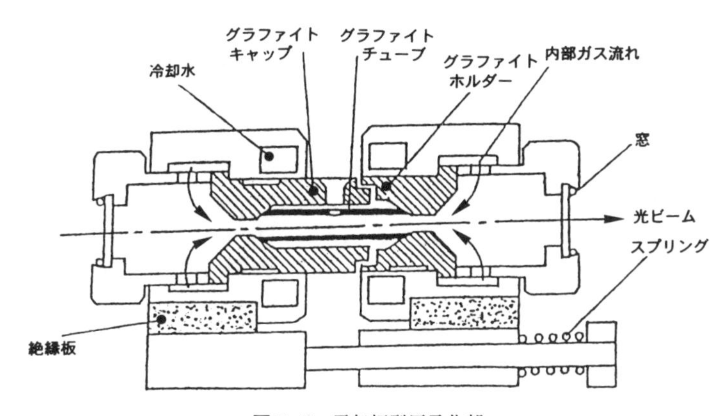

図 7.48　電気炉型原子化部

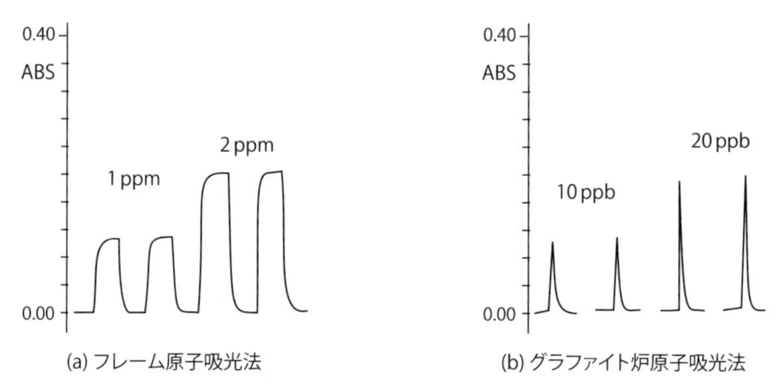

図 7.49 原子吸光法のシグナル形状とピーク高さ
測定元素：Cd，波長：228.8 nm，ABS：吸光度.

最後に 1500～2800 ℃で原子化（atomization）が行われる.

この原子吸光法は化学フレームを使わないため，フレームレス原子吸光法と呼ばれることがあるが，グラファイト炉（またはメタル炉）原子吸光法と呼ぶのが正しい.

フレーム原子吸光法とグラファイト炉原子吸光法の吸収ピークの形状は基本的に異なる．それぞれのシグナルを図 7.49 に示す．図 7.49(a)はフレーム原子吸光法の吸収シグナルである．試料溶液がネブライザーに吸引され始めるとピークが立ちあがり，その後一定の吸収が得られる．一方，グラファイト炉原子吸光法では発生した原子蒸気は不活性ガスにより系外に出されるため，図 7.49(b)に示すように鋭いピークシグナルが観測される．なお，狭い炉内に原子蒸気が閉じ込められるため原子密度は大きくなり，検出感度は高められる（フレーム原子吸光法の 10～100 倍）.

7.4.2 フレーム分光分析

これは，主に水素と酸素のフレームを用いて励起された原子の発光スペクトルを利用する分析法である．フレームから与えられるエネルギーはあまり大きくないので，対象は励起エネルギーの低い元素，すなわちアルカリ金属やアルカリ土類金属に限られる．検出感度はあまり高くないが，フレームの励起エネルギーが小さいので発光する輝線の数が少なく，化学干渉が少ない．したがって，選択性のある測定が可能となる．フレーム分光光度計の光学系を図 7.50 に示す．バーナーには図 7.51 に示す全噴霧バーナーが用いられ，試料は直接フレームの中に吸引される．試料の量はわずかでよいが，フレームが不安定で精度は劣る．元素の分析線と感度を表 7.6 に示す.

7.4.3 ICP 発光分析

フレーム分析法で用いられる化学フレームの温度は 2000～3000 K と低く，したがっ

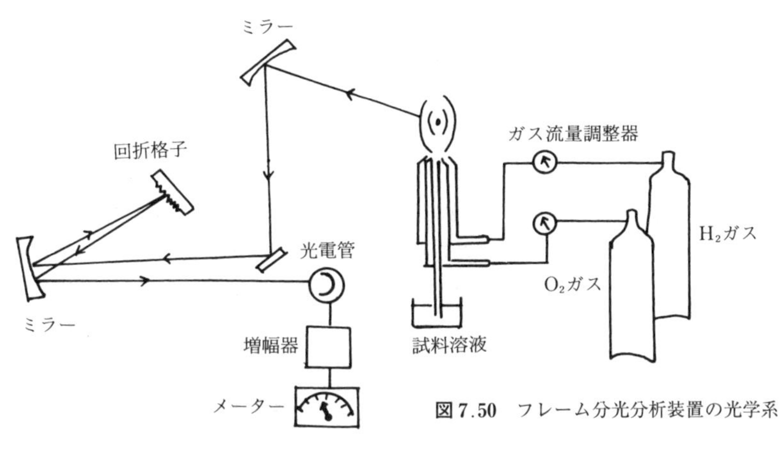

図 7.50 フレーム分光分析装置の光学系

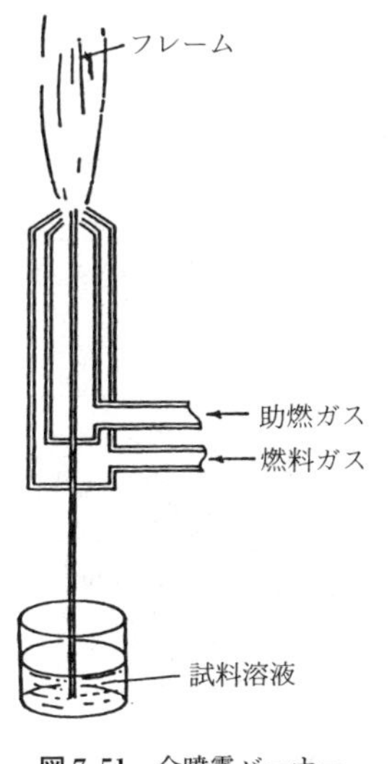

図 7.51 全噴霧バーナー

表 7.6 元素の分析線と感度

元素	分析線（Å）	感度（ppm）
Mg	2 852.1	5
K	4 044.2	8
Na	5 890.0	0.2
Ca	4 226.7	0.4
Ba	5 535.5	137

てこれにより励起される元素は限られる．そこで，8000 K 程度の安定な高温が得られるプラズマ光源が開発された．プラズマとは，高温において電離した陽イオン，陰イオンおよび電子が再結合しないまま，空間電荷をほぼゼロの状態に保った中性電離気体のことをいう．例えば大気圧のアルゴンガスを電離するために，図 7.52 に示すように石英ガラス放電管に水冷式銅管の高周波誘導コイルを巻き，周波数 4～50 MHz，出力 1～10 kW の高周波発生装置を用いて高周波エネルギーを与え，放電プラズマを発生させる．このプラズマを誘導結合プラズマ（inductively coupled plasma；ICP）と

呼ぶ．ネブライザーにより試料溶液をエアロゾル（霧）としてプラズマに導入し，励起，発光させて各元素の発光スペクトルを測定する方法をICP発光分析法（ICP-atomic emission spectrometry；ICP-AES）という．図7.53に誘導結合プラズマの温度の分布図を示すが，6000～8000 Kの温度を有している．これはフレーム原子吸光法やフレーム分光分析法に用いる化学フレーム温度の2～3倍の高温であることから，高沸点化合物も気化することができ，多くの元素に適用できる．バックグラウンドスペクトルとしてはアルゴンのスペクトル線以外にOH, NO, NH, CNなどが観察されるが，弱いバンドスペクトルなのでバックグラウンドの影響が少なくμg L^{-1}オーダーの金属元素の検出が可能である．

a. ICP 発光分析装置

図7.54にICP発光分析装置の一例を示す．プラズマトーチは石英三重管構造となっている．試料はキャリヤーガスであるアルゴンによってスプレーチャンバーからプラズマトーチの中心に導入される．この外側に補助ガスが送られ，一番外側に冷却ガスが導入される．冷却ガスは外側の管を冷却し，またプラズマ炎を中心に閉じ込めて安定にするはたらきがある．エアロゾルが吹き込まれるとプラズマは中心に穴のあい

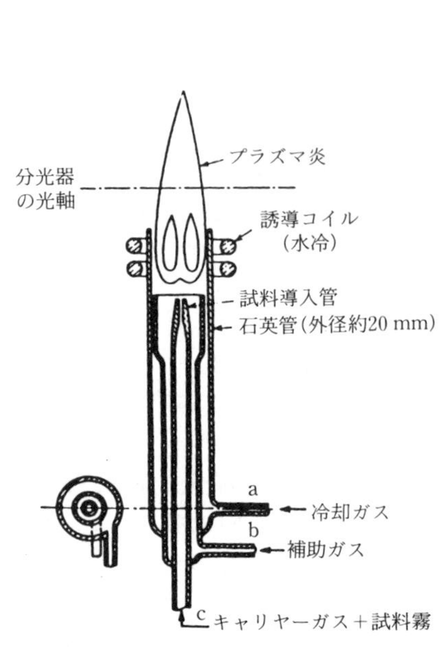

図7.52 プラズマトーチの構造
（高橋・村山編（1983）『液体試料の発光分光分析』，学会出版センター，p.10）

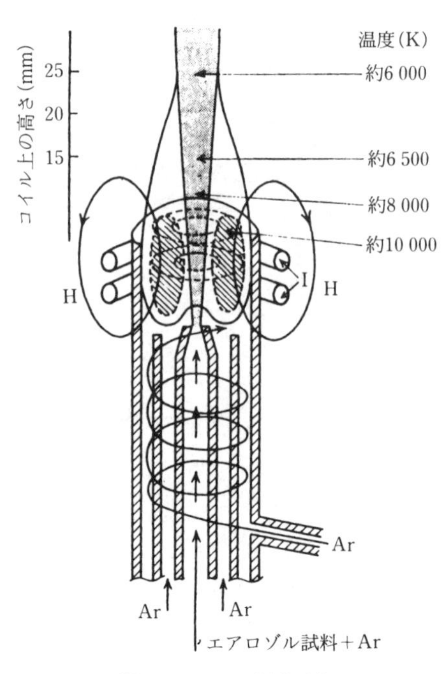

図7.53 ICPの温度分布
（原口（1986）『ICP発光分析の基礎と応用』，講談社サイエンティフィック，p.25）

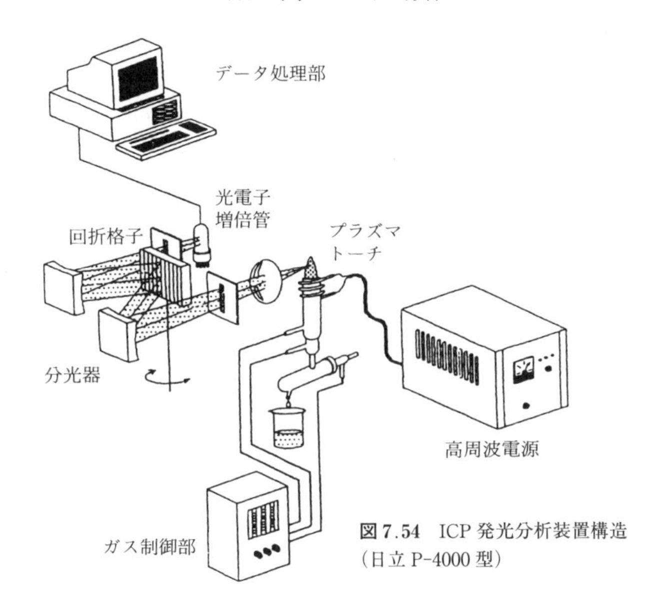

図 7.54　ICP 発光分析装置構造
(日立 P-4000 型)

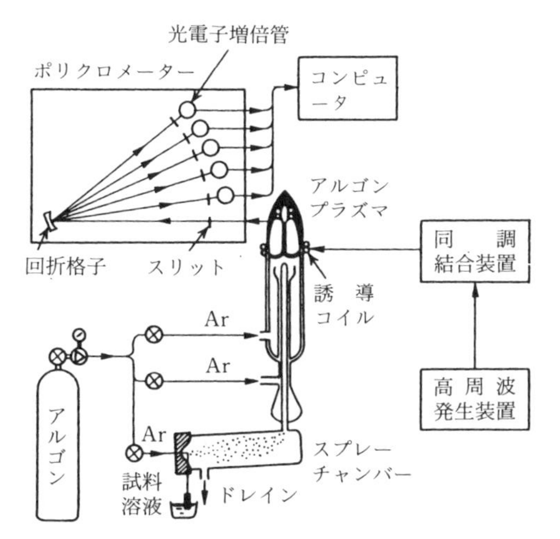

図 7.55　多元素同時分析用 ICP-AES 分析装置
(赤岩ほか (1991)『分析化学』, 丸善出版, p.139)

たドーナツ状となる．この状態ではエアロゾルは高温状態のトンネルを通ることになり，原子化と励起発光が効率よく行われる．またプラズマ温度が高温であるため未解離分子などによる自己吸収も少ないため，検量線の濃度範囲も広くなる．また，図7.55 に多元素同時分析用 ICP 発光分析装置の構成を示す．

表 7.7 ICP 発光分光分析による検出限界

	スペクトル線（Å）	検出限界（ppb）		スペクトル線（Å）	検出限界（ppb）
Ag I	3 280.7	2	K I	7 664.9	30
Al I	3 961.5	1	Mg II	2 795.5	0.01
Al I	3 082.2	7	Na I	5 889.9	0.1
As I	1 937.6	25	Ni I	3 524.5	2
Be I	2 348.6	0.03	P I	2 535.6	30
C I	1 930.9	100	Pb II	2 203.5	15
Ca II	3 933.7	0.0005	Pb I	2 833.1	10
Cd I	2 288.0	0.3	S I	1 820.3	30
Co II	2 388.9	0.4	Ti II	3 349.4	0.2
Cr II	2 677.2	0.5	U I	3 859.6	8
Cr I	3 578.7	1	V II	3 093.1	0.2
Fe II	2 599.4	0.2	W II	2 764.3	5
Fe II	2 611.9	7	Zn II	2 138.6	0.3
Hg I	1 849.6	1			

b. ICP による定量分析

表 7.7 に ICP 発光分析で得られるいくつかの元素の検出限界を示す．多くの元素は，μg L^{-1} レベルで検出が可能であることがわかる．元素の後にある I は中性原子線に起因する発光輝線であり，II はイオン線である．共存している元素などからの干渉を考え，どの分析線を用いるかを決定する．Ca の検出限界が最も低いが，Fe, Co, Cd, Mg などは ng L^{-1} レベルの検出限界を示している．また C, P, S, N などの非金属元素の測定もできる特徴がある．

［手嶋　紀雄・酒井　忠雄］

参考文献

大倉　洋甫ほか（1984）『吸光光度法—有機編—』，共立出版．
中原　勝儼編（1987）『分光測定入門』，学会出版センター．
長谷川　敬彦・保田　和雄（1972）『原子吸光分析』，講談社．
不破　敬一郎ほか編（1980）『最新原子吸光分析 I 総論—原理と応用—』，廣川書店．
武内　次夫・鈴木　正巳（1972）『原子吸光分光分析』，南江堂．
日立製作所（1990）『日立トレーニングスクールテキスト』，原子吸光分光分析概要．
高橋　務・村山　精一編（1983）『液体試料の発光分光分析』，学会出版センター．
原口　紘炁（1986）『ICP 発光分析の基礎と応用』，講談社サイエンティフィック．
赤岩　英夫ほか（1991）『分析化学』，丸善出版．

第8章
電気化学分析

8.1　電極反応の基礎

電気化学分析では物質の電気化学反応を利用する．イオン選択性電極を用いるポテンショメトリー（8.4節）では液｜液界面でのイオン移動なども用いられるが，ボルタンメトリー（8.2節）などの主な電気化学測定において最も広く用いられるのは酸化還元物質の電極反応（電子移動）である．ここでは，まず，電極反応の基礎について述べる．

8.1.1　電気二重層と電極反応

いま，2本の電極を電解質溶液に入れ，電極間に電池を用いて電圧をかけた場合を考えよう．ただし，加えた電圧は，電解質も溶媒も電解されない程度の大きさであるものとする．電圧をかけた瞬間は，図8.1(a)に示すように，電解質溶液中に直線的な電位勾配がかかっている．この電位勾配によって，溶液中の陽イオンは負極側へ，陰イオンは正極側へ動く．このとき，外部回路には電流（充電電流という）が流れる．しかし，電極上でイオンが電解されなければ，イオンは電極上にある程度たまって数十ms後にはもはや移動しなくなり，充電電流も0になる．このときの状態を示したのが図8.1(b)である．負極と正極の表面には，それぞれ陽イオンと陰イオンが過剰になり，一方，各電極の内側表面は電子が過剰または不足して負または正に荷電し，溶液側の過剰イオンによる電荷と向き合って対峙する．このようにして形成される電極表面の電気的構造を電気二重層という．ここで注目すべきことは，電気二重層が形成されてはじめて，図8.1(b)のように電極表面付近に電位差が加わるということである．そして，この電位差が電極反応を引き起こすのである．

電気二重層の厚みは非常に薄く，0.1 Mの1-1電解質（K^+Cl^-など）では約1 nm，水分子数個分にすぎない．このように非常に薄い層内に電極に加えた電圧のほとんどがかかるため，もし溶液中に酸化還元される物質が存在すれば，電極表面に生じた電位差を利用して電子移動が起こることになる．

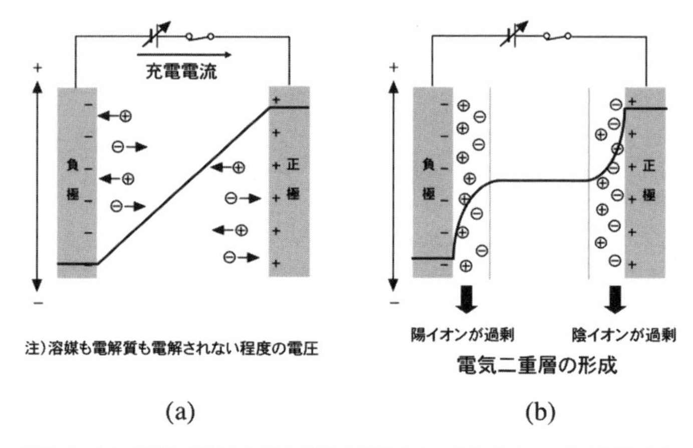

図 8.1 (a) 電極に電圧をかけた瞬間の電位分布，(b) 数十 ms 後の電位分布

8.1.2 電子とイオンの電気化学ポテンシャル

電極電位によって影響を受けるのは，電荷を持っている電極内の電子と溶液内のイオン性の酸化還元物質である．

電子の化学ポテンシャル（1 モル当たりの Gibbs（ギブズ）エネルギー）は，電極相（M）の内部電位（ϕ^{M}）に依存し，次式で与えられる．

$$\tilde{\mu}_{\mathrm{e}}{}^{\mathrm{M}} = \mu_{\mathrm{e}}{}^{\mathrm{M}} - F\phi^{\mathrm{M}} \tag{8.1}$$

ここで $\mu_{\mathrm{e}}{}^{\mathrm{M}}$ は，電子と電極物質との化学的結合に起因する項であり，F は Faraday 定数（96 485 C mol^{-1} $= N_{\mathrm{A}}e$，N_{A} は Avogadro 数，e は電気素量）である．このように，電子の電極内の化学ポテンシャルには，電子の荷電（$-e$）による静電的ポテンシャルが加わる．このため，$\tilde{\mu}_{\mathrm{e}}{}^{\mathrm{M}}$ を電子の電気化学ポテンシャルと呼ぶ．

同様に，溶液相（L）中のイオン（i）の電気化学ポテンシャルを定義することができる．

$$\tilde{\mu}_i = \mu_i^{\circ} + RT\ln a_i + z_iF\phi^{\mathrm{L}} \tag{8.2}$$

ここで，μ_i° および a_i は溶液相中のイオン i の標準化学ポテンシャルおよび活量（希薄溶液では濃度に近似できる），z_i はイオンの電荷数（符号を含む），R は気体定数，T は絶対温度である．

式(8.1)と式(8.2)に示したように，電極相内の電子と溶液相内の酸化還元物質（イオンの場合）の電気化学ポテンシャルは，いずれも相内の内部電位によって変化する．したがって，電極電位 E を制御して電極｜溶液間の界面の内部電位差を変化させたとき，電子とイオンの両方の電気化学ポテンシャルが変化すると考えることができる．しかし通常，電極電位 E は溶液相を基準とした電極相の内部電位として定義される．

$$E = (\phi^{\mathrm{M}} - \phi^{\mathrm{L}}) + E_{\mathrm{ref}} \tag{8.3}$$

ただし E_{ref} は，注目する電極に電位を加えるのに必要なもう 1 本の電極（参照電極，reference electrode）の電位である．E_{ref} も電極電位であるので，一般にいうガルバニ電位差（内部電位差）に相当するが，経験的にその絶対値を決めることはできない．このため国際的規約により，標準水素電極（standard hydrogen electrode；SHE）の E_{ref} を 0 V とし，これを基準にほかの参照電極の E_{ref} の値が決められている（8.2.2 項参照）．

式(8.3)に示したように，E は ϕ^L を基準にしているので，E を変化させたとき ϕ^L が変らないと見なせば，ϕ^M だけが変化すると考えられる．例えば，E を正に大きくすると ϕ^M が正に大きくなるので，$\tilde{\mu}_e{}^M$ は式(8.1)に従って負に大きくなる．つまり電極内の電子の活性が下がり，溶液内の溶質や溶媒から電子を奪う反応，酸化反応が起こる．このような酸化反応が起こる電極を陽極（anode）という．反対に E を負に大きくすると ϕ^M が負に大きくなるので，$\tilde{\mu}_e{}^M$ は正に大きくなる．この場合は電子の活性が上がり，溶液内の溶質や溶媒に電子を与える反応，つまり還元反応が起こる．このような電極は陰極（cathode）と呼ばれる．

8.1.3 平衡電極電位

いま，酸化体 O（電荷数＝z）が電極から電子 n 個を受け取って還元体 R になる反応を考える．

$$O^{z+} + n\,e^- \rightleftharpoons R^{(z-n)+} \tag{8.4}$$

O と R の電気化学ポテンシャルは式(8.2)を用いて，それぞれ次のように与えられる．

$$\tilde{\mu}_O = \mu_O{}^\circ + RT\ln a_O + zF\phi^L \tag{8.5}$$

$$\tilde{\mu}_R = \mu_R{}^\circ + RT\ln a_R + (z-n)F\phi^L \tag{8.6}$$

また，電子の電気化学ポテンシャルは式(8.1)で与えられる．

式(8.4)の反応が平衡であれば，次の関係が成り立つから，

$$\tilde{\mu}_O + n\tilde{\mu}_e{}^M = \tilde{\mu}_R \tag{8.7}$$

式(8.1)，式(8.5)～(8.7)より，次の関係式が得られる．

$$E = \phi^M - \phi^L = -\frac{\left(\mu_R^\circ - \mu_O^\circ - n\mu_e^M\right)}{nF} + \frac{RT}{nF}\ln\frac{a_O}{a_R} \tag{8.8}$$

ただし，本式および以降の式における E は SHE を基準とする．式(8.8)の右辺第 1 項の（　）内は式(8.4)で表される反応の標準 Gibbs エネルギー（ΔG°）に相当するので，

$$E^o = -\frac{\left(\mu_R^\circ - \mu_O^\circ - n\mu_e^M\right)}{nF} = -\frac{\Delta G^\circ}{nF} \tag{8.9}$$

のように置き換えると，式(8.8)は次の Nernst（ネルンスト）式で表現される．

$$E = E^\circ + \frac{RT}{nF}\ln\frac{a_\mathrm{O}}{a_\mathrm{R}} \tag{8.10}$$

ここで E° は標準酸化還元電位で，電極反応に固有の値である．参考のため，種々の電極反応の E° の値を巻末の付表4に示す．表中の値はSHEの電極反応（$2\,\mathrm{H}^+ + 2\,\mathrm{e}^- \rightleftharpoons \mathrm{H}_2$）の E° を基準（つまり0V）としている．E° が正に大きいほど還元反応が起こりやすく，逆に負に大きいほど酸化反応が起こりやすい．

8.1.4 物質移動過程と電荷移動過程

図8.2に最も単純な電極反応を示す．電極反応の主体は電極｜溶液界面での電荷（ここでは電子）の移動であり，これを電荷移動過程と呼ぶ．この電荷移動過程によって，電極表面で酸化還元種（図では酸化体O）が消費され，これに伴い電極から離れたバルク溶液からOが電極へ移動して補給される．また，電極上で生成した還元体Rは濃度のより薄いバルク溶液側へ移動する．このような酸化還元種の溶液内での移動を，一般に物質移動過程と呼ぶ．物質移動は，濃度勾配による拡散，電位勾配による（電気）泳動，溶液の対流などによって起こるが，ボルタンメトリーなどの電気化学測定においては溶液中に比較的高い濃度の支持電解質（例えば0.1 M KCl；$\mathrm{M = mol\,L^{-1}}$）を加えるため，物質移動における泳動の寄与は無視できる．また，溶液を攪拌したり，電極を回転したりしなければ，対流を考える必要もなく，拡散のみによって物質移動が起こると見なすことができる．

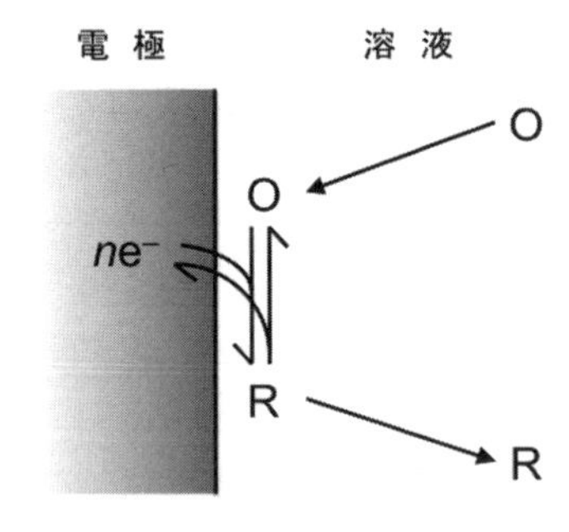

図8.2 最も単純な電極反応の基本過程

a. 物質移動過程

拡散によって酸化還元種が溶液中を移動する際，そのフラックス J（単位時間に単位断面積を通過する物質量；$\mathrm{mol\,cm^{-2}\,s^{-1}}$）は，Fick（フィック）の第一法則に従い，酸化還元種の濃度勾配に比例する．

$$J = D\left(\frac{\mathrm{d}c}{\mathrm{d}x}\right) \tag{8.11}$$

ここで，D および c は酸化還元種の拡散係数（$\mathrm{cm^2\,s^{-1}}$）と濃度（$\mathrm{mol\,cm^{-3}}$），x は電極からの距離（cm）である．そして，電解電流 I は酸化還元種の電極表面でのフラックス $J_{x=0}$ に比例する．

$$I = \pm nFAJ_{x=0} \qquad (-\text{は酸化体，}+\text{は還元体の場合}) \tag{8.12}$$

ここで A は電極表面積である．

さらに，溶液中での酸化還元種の拡散は，次式で表されるFickの第二法則に従う．

$$\frac{\partial c}{\partial t} = D\frac{\partial^2 c}{\partial x^2} \tag{8.13}$$

この式は，時間（t）と場所（x）における拡散種の濃度を記述する方程式で，拡散方程式と呼ばれる．この式を適当な実験条件のもとで解くと，任意の x と t での拡散種の濃度 $c(x, t)$を求めることができる．

b.　電荷移動過程

式(8.4)の電極反応の正方向（還元反応）の速度定数を k_f，逆方向（酸化反応）の速度定数を k_b とすると，電解電流は以下の式で与えられる．

$$I = -nFA[k_\mathrm{f}c_\mathrm{O}(0, t) - k_b c_\mathrm{R}(0, t)] \tag{8.14}$$

$c_\mathrm{O}(0, t)$ と $c_\mathrm{R}(0, t)$ は，それぞれ O および R の電極表面（$x=0$）での濃度である．ここで重要なことは，速度定数が電極電位 E の関数であることである．つまり k_f と k_b は，それぞれ以下の Butler-Volmer（バトラー-ボルマー）式で与えられる．

$$k_\mathrm{f} = k^\circ \exp\left[-\frac{\alpha nF}{RT}(E - E^{\circ\prime})\right] \tag{8.15}$$

$$k_\mathrm{b} = k^\circ \exp\left[\frac{(1-\alpha)nF}{RT}(E - E^{\circ\prime})\right] \tag{8.16}$$

ここで，k° は標準速度定数と呼ばれる電極反応の速度論的容易さを表すパラメーター，α は移動係数（$0<\alpha<1$）と呼ばれるパラメーターで，通常 0.5 に近い値をとる．なお，$E^{\circ\prime}$ は式量電位と呼ばれ，標準酸化還元電位 E° と次の関係にある．

$$E^{\circ\prime} = E^\circ + \frac{RT}{nF}\ln\frac{\gamma_\mathrm{O}}{\gamma_\mathrm{R}} \tag{8.17}$$

ただし，γ_O および γ_R は O および R の活量係数であり，通常 $\gamma_\mathrm{O} \approx \gamma_\mathrm{R}$ なので，$E^{\circ\prime} \approx E^\circ$ と近似できる．この $E^{\circ\prime}$ を用いると，式(8.10)の Nernst 式は O と R の平衡濃度 c_O および c_R を用いて書き直すことができる．

$$E = E^{\circ\prime} + \frac{RT}{nF}\ln\frac{c_\mathrm{O}}{c_\mathrm{R}} \tag{8.18}$$

式(8.15)および(8.16)からわかるように，k_f と k_b は E を $E^{\circ\prime}$ よりも，それぞれ負または正に大きくすることによって，指数関数的に増大させることができる．

c.　電極反応の可逆性

電極反応系は，物質移動過程と電荷移動過程の速度の大小関係によって，以下のように分類される．

①可逆系：　物質移動過程の速度≪電荷移動過程の速度

②非可逆系：　物質移動過程の速度≫電荷移動過程の速度

③準可逆系：　①と②の中間の場合

①の可逆系は，電荷移動過程が非常に速い場合である．いま，電極に一定の電位が加えられて，電極表面近傍のOとRの電極反応が平衡にあるとする．ここで電位を変化させてOとRの濃度の間に小さい変化を生じさせても，可逆系では瞬時に電子移動が起こり，電極表面に新たな“平衡”が達成される．したがって，OとRの電極表面での濃度の間には，見かけ上，Nernst式が常に成立する．

$$E = E^{\circ\prime} + \frac{RT}{nF}\ln\frac{c_{\mathrm{O}}(0,t)}{c_{\mathrm{R}}(0,t)} \tag{8.19}$$

このような可逆系においては，電極反応のトータルの反応速度，すなわち電解電流は律速過程（最も遅い過程）の物質移動によって決まり，物質移動が拡散による場合は拡散律速と呼ばれる．

一方，②の非可逆系は，電荷移動過程が非常に遅いため，電極電位を十分に負（$E \ll E^{\circ\prime}$）または正（$E \gg E^{\circ\prime}$）に大きくしなければ，電解電流を観察することができない．したがって，非可逆系においては酸化反応か還元反応のいずれかが無視できる．

実際の電極反応は，①と②の中間のものが多く，③の準可逆系に分類される．

8.2　ボルタンメトリー

電気化学測定法は，電極電位をコントロールして流れる電流を測定する電位規制電解法と，逆に電流をコントロールして電極電位を測定する電流規制電解法に大別される．後者の例としては，一定電流を流しながら電極電位の変化を記録するクロノポテンショメトリー（chronopotentiometry）がある．8.4節のイオン選択性電極を用いる測定もこの一種であり，電流=0とする特殊なケースといえる．一方，電位規制電解法は，近年，サイクリックボルタンメトリー（cyclic voltammetry；CV）を中心とする各種ボルタンメトリー法が飛躍的な進歩を遂げている．

図8.3に，代表的な電位規制電解法の例を示す．それぞれの方法について，（ア）電極系へ外部から与える印加信号，（イ）これに対する電極応答，および（ウ）通常表示するグラフ形式を示した．ここに示した方法以外に，水銀滴下電極を用いるポーラログラフィー（ボルタンメトリーの“元祖”．チェコのHeyrovský（ヘイロフスキー）と志方益三が1924年に発明），回転電極を用いる対流ボルタンメトリー，目的物質を電極上に濃縮して微量定量を行うストリッピングボルタンメトリーなど多種多様な手法があるが，これらの詳細については参考文献などを参照されたい．

8.2.1　装　　　置

電位規制電解法ではポテンショスタットを用いる．一方，電流規制電解法ではガル

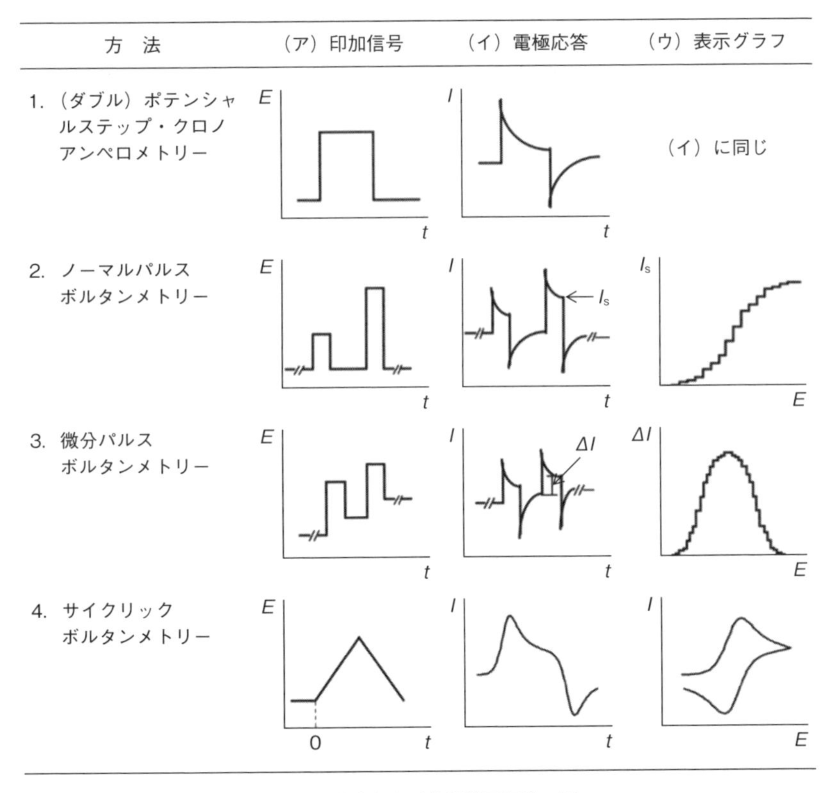

図 8.3　代表的な電位規制電解法の例

バノスタットを用いるが，いずれにおいても，電極電位の規制や計測を正しく行うため，三電極系という測定系を用いる．

電極反応を測定する場合，測定対象になる電極を作用電極（working electrode；WE）という．この作用電極に流れた電流を検出するための電極を対極（counter electrode；CE）という．もし，電位規制電解を作用電極と対極の2本の電極だけで行うと，時々刻々変化する電解電流に応じて作用電極と対極にかかる電圧が変化し，外部電源から電極間に印加する電圧のうち，作用電極にかかる電圧の割合が変化してしまう．そこで，図 8.4(a)のように，もう1本の電極を作用電極の近くに挿入し，計3本の電極をポテンショスタットに接続して測定を行う．ポテンショスタットは，参照電極に対する作用電極の電位（図の E の部分）が望む値になるように対極にかかる電圧を自動的に制御する．この際，参照電極には電流は実際上流れないので，正しい電位制御が可能になる．なお，対極で検出された電流は，印加電圧とともにポテンショスタットから記録計（パソコンを用いる場合が多い）に出力される．

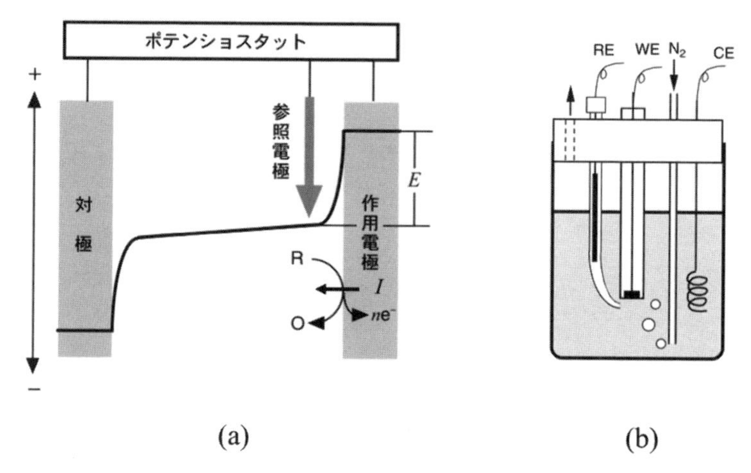

図 8.4　(a) 電位規制電解法の三電極系と (b) 三電極式電解セル

図 8.4(b)に典型的な三電極式の電解セルを示す．試験溶液に上記の3本の電極を浸し，必要に応じて窒素ガスなどを通気して脱気する．参照電極は，図のように先端を細く曲げたガラス管（ルギン細管）を用いて，その先端を作用電極に近づけるとよい．溶液抵抗によるオーム降下（図 8.4(a)参照）の影響を小さくすることができる．

8.2.2　電　　　極

a.　作用電極

かつてのポーラログラフィー全盛時は，滴下（または吊り下げ）水銀電極がよく用いられていた．これは，電極界面が常に新しくなり，再現性のよい測定ができるからであった．しかし，水銀の酸化電位が比較的低いため，測定できる電位領域（電位窓という）が正電位側で狭いという欠点があった．近年，高純度のものが容易に得られるようになり，白金電極や金電極が広く用いられるようになった．ただし，白金電極は水銀電極に比べて正電位側の電位窓が広いものの，水素発生の電位が高いため負電位側の電位窓が狭い．また，最近は非常に優れた炭素材料（グラッシーカーボン，パイロリティックグラファイト，導電性ダイヤモンドなど）が開発されている．電位窓が広く，比較的安価で，広く用いられるようになった．ただし，固体電極の場合，再現性のよい測定を行うためには，測定のたびに電極表面を前処理（研磨，電位掃引など）する必要がある．

b.　対　極

対極は，作用電極に流れた電流を検出するためのものである．電流が流れることによって電極の金属が溶出しないように，通常，コイル状またはメッシュ状の白金電極が用いられる．

c. 参照電極

参照電極は，作用電極の電位をコントロールするための基準となる電極である．上述のように，国際規約ではSHE（$E^\circ = 0$ V）を基準にして電極電位を表すように決まっているが，水素電極は水素ボンベを用いるために使いにくいので，カロメル電極（$Hg \mid Hg_2Cl_2$）や銀-塩化銀電極（$Ag \mid AgCl$）が実用的な参照電極としてよく用いられる．なお，飽和 KCl 溶液中のそれぞれの参照電極の平衡電極電位は，SHE に対して +0.241 V および +0.197 V である．

8.2.3 ポテンシャルステップ・クロノアンペロメトリー

この方法（potential-step chronoamperometry；PSCA）は頻繁に用いられるものではないが，ボルタンメトリーの原理を理解するための基礎として重要である．本手法では，図 8.3 に示すように，一定の大きさの電位ステップを作用電極に加え，電解によって流れる電流変化を記録する．

電位ステップを加える前は，通常，電極電位は電極反応が起こらない電位に保っておく．電位ステップを加えると，直後に電極界面の電気二重層を形成するための充電電流が流れるが，極めて短時間のうちに減衰する．これによって電極表面に電位がかかり，電解が始まる．もし，式(8.4)の反応が起こる場合，電極表面で O が消費され，R が生成する．O はバルク溶液から式(8.13)に従う拡散によって補給されるので反応は進むが，反応の進行に伴い電極表面の O の濃度分布は図 8.5 のように変化する．ただし，この図では O の表面濃度が常に 0 になるように十分負の電位を電極に加えたものと仮定している．このように電解が進むとともに，電極表面の O の濃度勾配が小さくなり，電流は徐々に低くなる（式(8.11)および(8.12)を参照）．なお，電解によって電極表面で生成した R はバルク溶液側へ拡散する．その濃度分布は，図 8.5 の O の濃度分布を上下逆さまにしたようになる．このように電解によって酸化還元種の濃度が変化する電極の表面部分を拡散層という．

式(8.19)の Nernst 式が成り立つ可逆系においては，電流 - 電位 - 時間の関係は次式で与えられる．

$$I(t) = -\frac{nFAc_{\mathrm{O}}^*}{\left\{\dfrac{\exp[nF(E-E^{\circ\prime})/RT]}{\sqrt{D_{\mathrm{R}}}} + \dfrac{1}{\sqrt{D_{\mathrm{O}}}}\right\}\sqrt{\pi t}} \tag{8.20}$$

ただし，$c_{\mathrm{O}}{}^*$ は O のバルク濃度，D_{O} および D_{R} はそれぞれ O および R の拡散係数である．$E \ll E^{\circ\prime}$ になると，O の表面濃度は図 8.5 に示したように 0 になり，式(8.20)の電流値は最大値になる．このときの電流値を限界電流値（limiting current）といい，Cottrell（コットレル）式で与えられる．

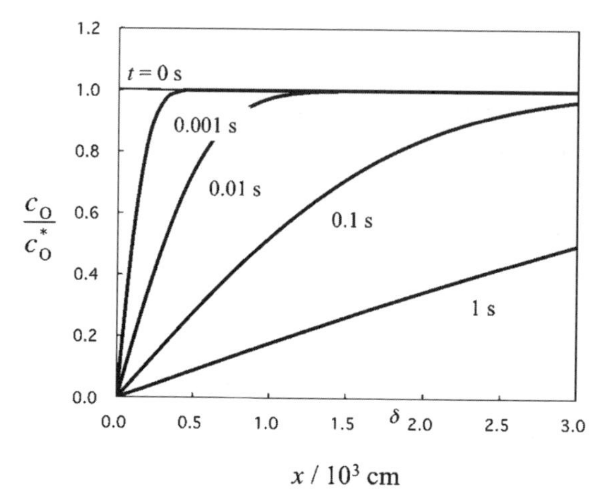

図 8.5　電極表面での酸化体 O の濃度分布の変化
縦軸の酸化体濃度（c_O）はバルク濃度（$c_O{}^*$）に対する比で表した．

$$I_{\lim}(t) = -nFAc_O^*\sqrt{\frac{D_O}{\pi t}} \tag{8.21}$$

図 8.3 に示したノーマルパルスボルタンメトリー（normal pulse voltammetry；NPV）では，一定の時間幅（例えば t=50 ms）の電位パルスを，パルスの高さを少しずつ大きくしながら一定間隔（0.5〜5 s）に与え，各パルスでの電流値（I_s）を測定し，パルスをかけた電位 E に対してプロットする．つまり，E を少しずつ変化させながら PSCA 測定を繰り返し，式(8.20)で与えられる電流-電位曲線を自動的に記録するものである．電流-電位曲線は S 字型を示し，可逆系の場合，$I_{\lim}(t)$ の半分の電流値を示す電位は可逆半波電位（reversible half-wave potential；$E_{1/2}{}^r$）と呼ばれる．

$$E_{1/2}{}^r = E^{\circ\prime} + \frac{RT}{nF}\ln\sqrt{\frac{D_R}{D_O}} \tag{8.22}$$

図 8.3 に示したもう 1 つの手法，微分パルスボルタンメトリー（differential pulse voltammetry；DPV）では，電位パルスの高さを一定（ΔE=10〜100 ms）に保ちながら，パルスを戻す電位を徐々に変化させる．電位パルスをかける前と戻す前の電流値の差（ΔI）を記録すると，ピーク状の電流-電位曲線が得られる．ピーク電位は $E_{1/2}{}^r$ に近似され，ピーク電流値は $c_O{}^*$ に比例する．DPV は感度が高く，微量分析に用いられる．

8.2.4　サイクリックボルタンメトリー（CV）

この方法では，図 8.6(a)に示すように，電極電位を初期電位 $E_{\rm i}$ から掃引速度 v で反転電位 E_λ まで掃引したのち逆転し，$E_{\rm i}$ まで戻したときに流れる電流を測定する．図 8.6(b)に，$E_{\rm i}$ を電極反応が起こらない電位，E_λ を電極反応が拡散律速になるように十分に負の電位に設定したときの可逆系の電流-電位曲線（ボルタモグラムという）を示す．最初，$E_{\rm i}$ では電流は流れないが（a 点），E が $E^{\circ\prime}$ に近づくにつれ式(8.19)の Nernst 式に従って O が R に変わり，これによる還元電流が急激に増加し始める（b 点）．$E=E^{\circ\prime}$ では $c_{\rm O}(0,t)=c_{\rm R}(0,t)$ となり（c 点），この点を過ぎると $c_{\rm O}(0,t)$ の変化量が低下し始め，さらに拡散層が時間とともに厚くなるため，還元電流はピークに達し，減少し始める（d 点）．E がさらに負になると，$c_{\rm O}(0,t)$ は実際上 0 のままであり，この電位領域では電流は $1/\sqrt{t}$ に比例して減少する（e〜f 点）．

次に f 点で電位掃引を逆転させても，しばらくは $c_{\rm O}(0,t)=0$ のまま還元反応が進行するので，電流値はそのまま徐々に減少する（f〜g 点）．E がふたたび $E^{\circ\prime}$ に近づくと，Nernst 式に応じて電極上に生成した R が再酸化され始め，還元電流が急激に減少し，一瞬 0 となる（h 点）．そして，再酸化の電流が還元電流よりも優勢になり（i 点），最初の負側への掃引と同様に j 点で酸化電流がピークに達する．その後，この再酸化の電流は徐々に減衰するが，電位が $E_{\rm i}$ に戻っても溶液側の R が完全には再酸化されきらないため，しばらく酸化電流が流れ続ける（k 点）．

可逆波の場合，最初の負側への掃引での還元波のピーク電流値（$I_{\rm pc}$）が次のように表されることが数値計算によって明らかになっている．

$$I_{\rm pc}=-(2.69\times10^{5})n^{3/2}AD_{\rm O}^{1/2}v^{1/2}c_{\rm O}^{*}\quad(25\,℃)\qquad(8.23)$$

ただし単位は，$I_{\rm pc}$(A), A(cm^2), $D_{\rm O}$(cm^2 s^{-1}), v(V s^{-1}), $c_{\rm O}^{*}$(mol cm^{-3}) である．このように，$I_{\rm pc}$ は $c_{\rm O}^{*}$ に比例するので，定量分析が可能になる．

可逆波かどうかの判定は，還元ピーク電位（$E_{\rm pc}$）と酸化ピーク電位（$E_{\rm pa}$）の差，いわゆるピーク電位差（$\Delta E_{\rm p}=E_{\rm pa}-E_{\rm pc}$）を用いて行う．厳密には，$\Delta E_{\rm p}$ は反転電位 E_λ によって

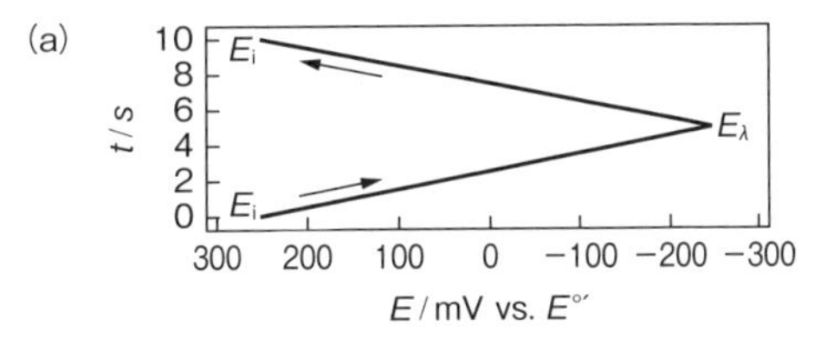

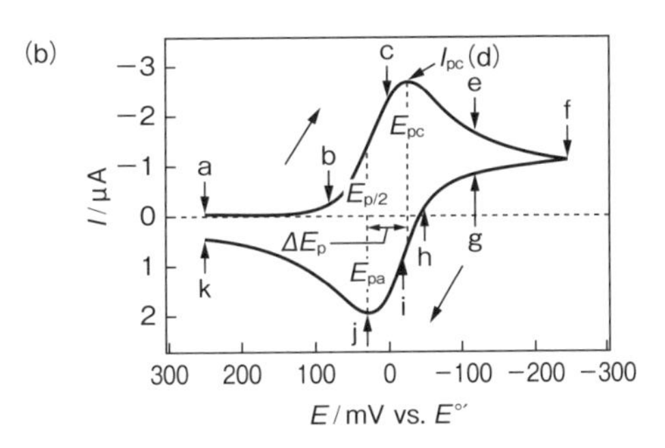

図 8.6　CV の電位掃引（a）と可逆波（b）
$c_{\rm O}^{*}=1$ mM，$c_{\rm R}^{*}=0$ mM，$\nu=0.1$ V s^{-1}，$n=1$，$D_{\rm O}=D_{\rm R}=1\times10^{-5}$ cm^2 s^{-1}，$A=0.01$ cm^2，$T=25$ ℃．
（大堺ほか（2000）『ベーシック電気化学』，化学同人，p.116）

若干影響されるが，通常の測定では，掃引速度によらず$(59/n)$ mV（25℃）になると考えてよい．ただし，高い掃引速度で電流値が大きくなると，溶液抵抗によるオーム降下の影響によりE_{pc}とE_{pa}がそれぞれ負側および正側にシフトしてΔE_pが大きくなるので注意が必要である．

E_{pc}とE_{pa}の中間の電位は中点電位（$E_{mid}=(E_{pa}+E_{pc})/2$）と呼ばれ，式(8.22)の$E_{1/2}{}^r$に近似される．さらに，通常$D_O \approx D_R$および$\gamma_O \approx \gamma_R$であるので，$E_{mid} \approx E_{1/2}{}^r \approx E^{\circ\prime} \approx E^\circ$のように近似できる．このように中点電位から決定されるE°は酸化還元種に固有の値であるので，定性分析が可能になる．

準可逆系では，電荷移動速度が物質移動速度よりも遅いか同程度であるため，電位掃引に応じて表面濃度がNernst式の“平衡”に達するのに時間的遅れを生じる．このため，可逆波に比べて電流値が少し小さくなり，波形が掃引速度vに依存して変化する．図8.7に準可逆系のボルタモグラム（準可逆波）を示す．この図では，v一定条件下においてk°を変化させた場合の波形の変化を示した．k°が減少するに伴い，還元ピークは負電位側へシフトし，ピーク電流値は一定値に向かって減少する．一方，酸化ピークも同様に減少しながら正電位側へシフトする．なお，準可逆系においてもΔE_pがあまり大きくならなければ，低掃引速度でのE_{mid}から$E^{\circ\prime}$（$\approx E^\circ$）を見積もることができる．

図8.7に示した$k^\circ=0.00001$ cm s^{-1}の場合よりもk°がさらに小さくなると，逆掃引におけるピークが電位窓の外に移動し，実際上，観察されなくなる．このように，還元または酸化のどちらか一方のピークしか示さない波を非可逆波という．しかし，一般に“非可逆波”と呼ばれるものは，電子移動反応に後続化学反応を伴う以下のような反応機構（EC機構）によることが多い．

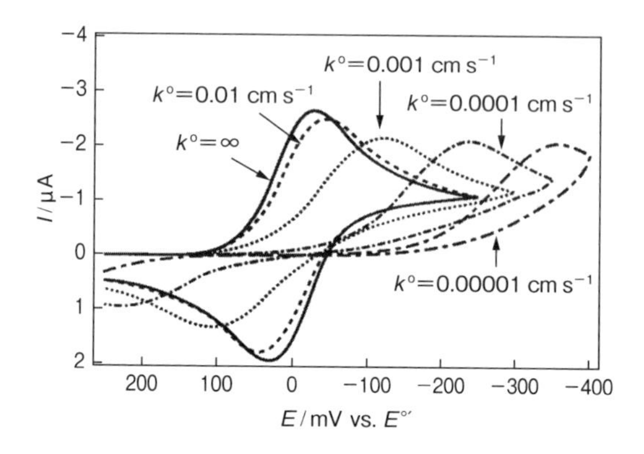

図8.7　CVの準可逆波
（大堺ほか（2000）『ベーシック電気化学』，化学同人，p.119）

$$\mathrm{O} + n\mathrm{e}^- \rightleftharpoons \mathrm{R} \quad (8.24)$$

$$\mathrm{R} \longrightarrow \mathrm{X} \quad (8.25)$$

もし，電子移動によって生じた生成物Rが電気化学的に不活性な物質Xに非可逆的に変化（例えば分解）すると，ボルタモグラムは図8.8のようになる．後続化学反応の速度定数kが大きくなるにつれ，再酸化波は小さくなり，ついには観察されなくなる．このように後続化学反応が非常に速ければ，“非可逆波”が観察されるのである．アスコルビン酸の酸化反応，酸素の還元反応などがその例である．

上で説明した電極反応系のほかにも，酸化還元種が電極に吸着する系，多電子移動系，触媒反応を伴う系など，多種多様なボルタモグラムを示す電極反応系がある．CVでは，反応系に特有のボルタモグラムの形や掃引速度などに対する依存性から，電極反応のメカニズムに関する有用な知見が得られる．このため，分析化学的応用に限らず，無機・有機合成，電池，金属腐食，生体分子，医薬品などの研究に汎用されている．

8.3 バルク電解法

上で説明したボルタンメトリー的手法では，作用電極の表面近くの溶液だけを電解し，あらかじめ作成した検量線を用いて酸化還元種の定量を行う．これに対し，表面積の大きな電極を用いて，溶液中の酸化還元種を全量電解して定量を行う手法（バルク電解法）がある．

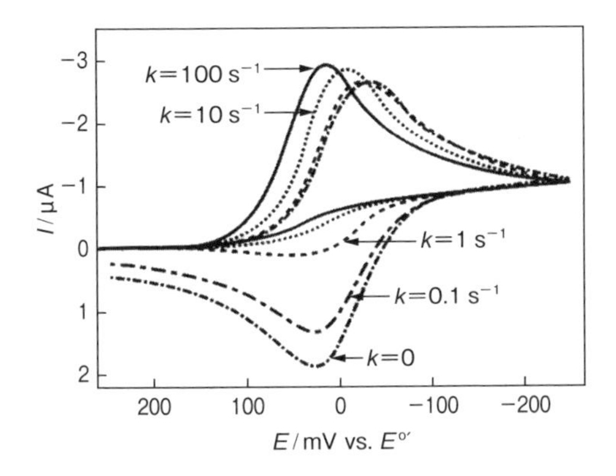

図8.8 R消滅型の後続化学反応を伴うサイクリックボルタモグラム
（大堺ほか（2000）『ベーシック電気化学』，化学同人，p.121）

バルク電解法も電位規制法と電流規制法に大別される．前者では，作用電極に分析対象となる酸化還元種が完全に電解されるように必要十分な電位（溶媒などが電解されない程度の電位）を加える．この際，電解セルは図8.4(b)と同様の三電極式のものが使用できるが，対極での再電解を防ぐため，対極が浸かる溶液を作用電極側の溶液と多孔質膜などを用いて分離しておく必要がある．また，電解が速やかに進むように，作用電極側の溶液をマグネチックスターラーなどで攪拌する．このようにして，電解電流Iが0になるまで電解を続ける．そして，Iを時間で積分し，全電解に要した電気量Qを求める．

$$Q = \int_0^t I \mathrm{d}t \tag{8.26}$$

このQの値から，Faradayの法則に基づいて試験溶液中に存在していたすべての酸化還元種の物質量（$=Q/(nF)$）が求められる．このように電気量を計測する手法（クーロメトリーと呼ぶ）は，一般に時間がかかるものの，試料溶液中の酸化還元種のすべてを測定する絶対定量法であるため検量線を必要とせず，精確な測定を行うことができる．なお，電気量を計測するのではなく，電解で電極上に析出した金属（銅や銀など）の重量を計測して絶対定量を行う手法（電解重量分析法）もある．

電流規制法によるクーロメトリーでは，Iを一定にしてQ（$=It$）を測定する．この手法は電量滴定ともいうが，電解に要した時間t（すなわち終点）は，ほかの滴定法と同様，電極電位の急激な変化の検出などによって決定される．

図8.4(b)のようなバッチ型電解セルを用いたクーロメトリーは時間がかかるが，図8.9のようなカラム電解セルを用いると測定を短時間に行うことができる．カーボン繊維（または粒子）を多孔質ガラス管などに密に詰めたものを作用電極とし，この中にポンプを用いて電解液を一定流速で通す．繊維電極間の平均距離を数十μm程度まで減少できるので，物質移動が速やかに起こり，対流効果も加わって電解効率が飛躍的に高くなる．なお，電解カラム下流に分光分析装置をオンラインで接続すれば，電解生成物の分光測定も可能である．

8.4　ポテンショメトリー

クロノポテンショメトリーの特殊なケースであり，電流＝0での電極電位を測定する手法である．ポテンショメトリーでは，溶液中の特定のイオンに選択的に応答するイオン選択性電極（ion selective electrode；ISE）を用いる．図8.10に，ISEを用いる測定系の基本的構成を示す．ISEには，図に示すように内部溶液を含むタイプと，イオン感応膜を金属電極上に直接固定化したタイプがある．いずれのタイプでも，イオン感応膜と試料溶液間の界面のガルバニ電位差が試料溶液中の目的イオンiの活量

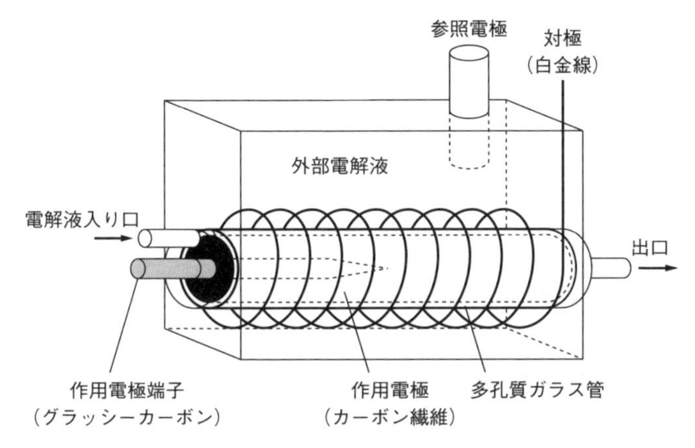

図 8.9 カラム電解セル
（大堺ほか（2000）『ベーシック電気化学』，化学同人，p.128 を一部改変）

(a_i) に応じて変化する．この ISE の電極電位を，適当な参照電極を用いて電位差計で測定する．

ISE はイオン感応膜の種類によって，ガラス電極，固体膜電極，液体膜電極，高分子膜電極に分類される．ガラス電極は pH 測定用に古くから用いられているが，参照電極を組み込んだ複合型電極が普及している．固体膜電極は，ハロゲン化銀などの難溶性塩や LaF_3 の単結晶をイオン感応物質として用いるものである．液体膜電極は，第四級アンモニウム塩や，バリノマイシン，クラウンエーテルなどの中性イオンキャリア（イオノフォア）を溶かした有機溶媒（*o*-ニトロフェニルオクチルエーテル，ジオクチルフェニルホスホネートなど）を多孔質膜に含浸・保持させたものである．最近は，ポリ塩化ビニル（PVC）などの高分子を用いて液膜を“固体化”し，取り扱いやすくした高分子膜電極がよく用いられている．表 8.1 に，これらの ISE の応答イオンの例を示す．

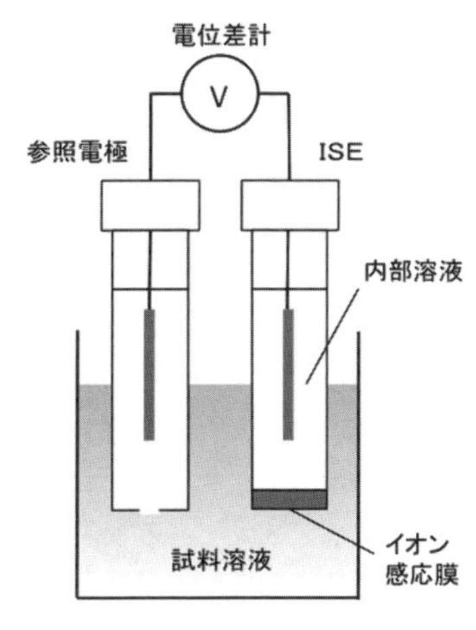

図 8.10 ISE を用いる測定系

ISE のイオン応答の原理は，その種類によって異なり，ガラス電極ではガラス表面でのシラノール基（Si-OH）の解離平衡，固体膜電極では酸化還元平衡，液膜・高分子膜電極では膜｜溶液界面でのイオンの分配平衡に基づいている．いずれの場合でも，ISE が目的イオンのみに応答するよう

表8.1 ISEの種類

イオン電極	イオン感応物質など	応答イオン
ガラス電極	ガラス	H^+
固体膜電極	ハロゲン化銀 MS-As_2S (M＝Cu, Cd, Pd) LaF_3 単結晶	Cl^-, Br^-, I^- Cu^{2+}, Cd^{2+}, Pd^{2+} F^-
液膜電極 または 高分子膜電極	第四級アンモニウム塩 バリノマイシン クラウンエーテル	Cl^- K^+ Na^+, K^+, Li^+

な理想的条件下においては，ISEの電極電位 E（vs. 参照電極）は以下のNernst式に従う．

$$E = E_i^\circ + \frac{2.303RT}{z_iF}\log a_i \tag{8.27}$$

ここで E_i° は目的イオンと電極系の構成（参照電極，内部電極，感応膜など）によって決まる定数，z_i は目的イオンの電荷数である．式(8.27)に従うNernst応答(Nernstian response)では，a_i が10倍増加するごとに $59/z_i$ mV（25℃）変化する．この関係から E の測定に基づいて a_i が求められる．

しかし実際には，目的イオン以外の共存イオンによる妨害を受け，E の値がNernst応答から予想される値からずれることがある．このような場合，E は以下に示すNicolsky-Eisenman（ニコルスキー-アイゼンマン）式に従うことが経験的に知られている．

$$E = E_i^\circ + \frac{2.303RT}{z_iF}\log\left\{a_i + \sum_{j\neq i} k_{ji}^{\mathrm{pot}} a_j^{z_i/z_j}\right\} \tag{8.28}$$

ただし，a_j, z_j は共存する同符号電荷の j イオンの活量および電荷数，k_{ji}^{pot} は選択係数(selectivity coefficient)と呼ばれ，i イオンの分析を目的とするISEに対する j イオンの妨害の程度を表す値である．k_{ji}^{pot} の値が小さいほど目的イオンへの選択性が高い．

図8.11に実際のISEの電位応答（E vs. $\log a_i$ プロット）と共存イオンの妨害の例を示す．このISEは，クラウンエーテルの一種，ビス（ベンゾ-15-クラウン-5）(BB15C5)をイオン感応物質として用いたPVC膜電極である．BB15C5は図8.12(a)に示すように分子内に2つのクラウンエーテル環を有し，これらの環の間に K^+ イオンを挟み込むようにして錯形成する．これによってISEの膜｜溶液界面での K^+ の膜中への分配が促進され，K^+ に対する高い選択性が電極に与えられる．しかし，試料溶液中の妨害イオンである Na^+ の濃度が高くなると，BB15C5は Na^+ に対してもある程度の錯形成を行うため，E の値はNernst応答からずれることになる（図8.11参照）．なお，BB15C5よりも K^+ に対してさらに高い選択性を示すイオノフォアとしてバリノ

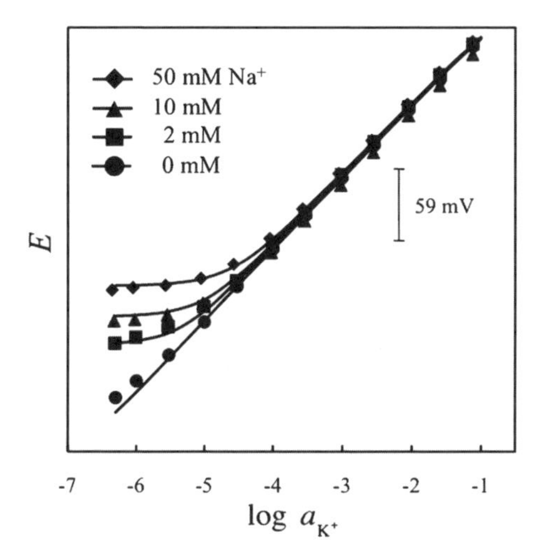

図 8.11　K^+イオン選択性 PVC 膜電極の電位応答
妨害イオン：50 mM，10 mM，2 mM，0 mM Na^+，
イオン感応物質：BB15C5.

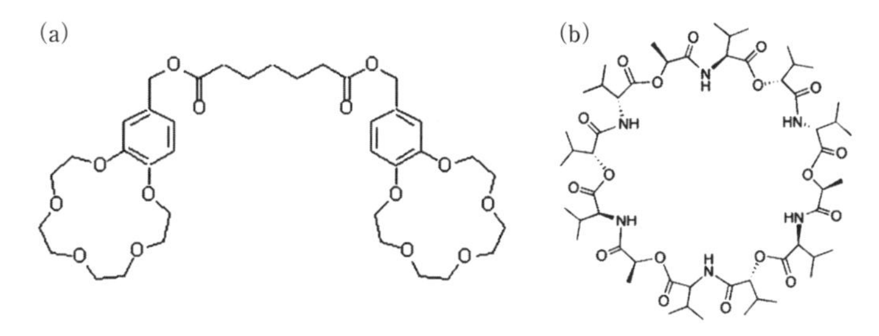

図 8.12　(a)　ビス(ベンゾ-15-クラウン-5)（BB15C5）および（b）　バリノマイシンの構造
(a) は（株）同仁化学研究所より提供．(b) は Wikimedia Commons より引用．

マイシン（抗生物質の一種）がある．図 8.12(b)に示すように環状の構造を有し，その空孔は K^+イオンを収容するのに最適なサイズである．バリノマイシンを用いる K^+-ISE は血清の臨床検査に応用されている．　　**［大堺　利行］**

参考文献

大堺　利行ほか（2000）『ベーシック電気化学』，化学同人．
日本分析化学会近畿支部編（2008）『ベーシック機器分析化学』，化学同人．

第9章
生物学的分析

生物学的分析は，アミノ酸や糖，タンパク質やデオキシリボ核酸（DNA）などの生体関連物質の定性・定量分析にとどまらず，微生物，細胞や組織の活動状態の解析まで多岐にわたる．生体関連物質の分析は，酵素反応，抗原抗体反応，受容体タンパク質反応，DNA の二重らせん構造の形成など，様々な関連物質の分子認識機構を利用して可能となり，前章までに学んだ原理や方法論と組み合わせることによって，バイオセンシング（biosensing）やバイオアッセイ（bioassay），バイオイメージング（bioimaging）として利用されている．

9.1 バイオセンシング

生体内では，化学反応がタンパク質や DNA などをはじめとする多くの生体関連物質により的確に制御されている（図 9.1）．例えば，酵素は精密な立体構造を持つタンパク質であり，水素結合などの比較的弱い力の組合せにより対象物質（基質）を認識して結合し（基質特異性），特定の反応に誘導する（反応特異性）．E. Fischer は，基質と酵素が鍵と鍵穴の関係にあり，鍵穴と同じ形の基質は認識され，異なる形の物質は認識されない，と酵素の特徴を概念的に表した．このような特異性は酵素反応に限られたものでなく，ほかのタンパク質による反応，例えば抗体と抗原による免疫反応，神経伝達物質やホルモンなどの受容体タンパク質反応などでも同様に鍵と鍵穴の関係が存在する．生体関連物質のこのような機能を利用して作製される化学センサをとくにバイオセンサという．

化学センサは特定の物質にのみ応答する装置であり，一般に高い選択性が要求される．われわれの住む世界には無数といってよいほどの種類の物質があるので，これらの中から1種類あるいは一連の少数の物質のみに応答するセンサの作製がいかに困難であるかは容易に想像がつく．センサにはクラウンエーテル（p.60 参照）などの人工的な認識物質を利用する場合も多いが，そのようなセンサに高い選択性を持たせることは困難なことも多い．このような問題を回避するために考えだされたのが生物機能を利用するバイオセンサである．酵素や抗体などの生体関連物質を用いれば，これら物質の持つ高い選択性をそのまま利用できる．ただし，生体関連物質は一般に生命が

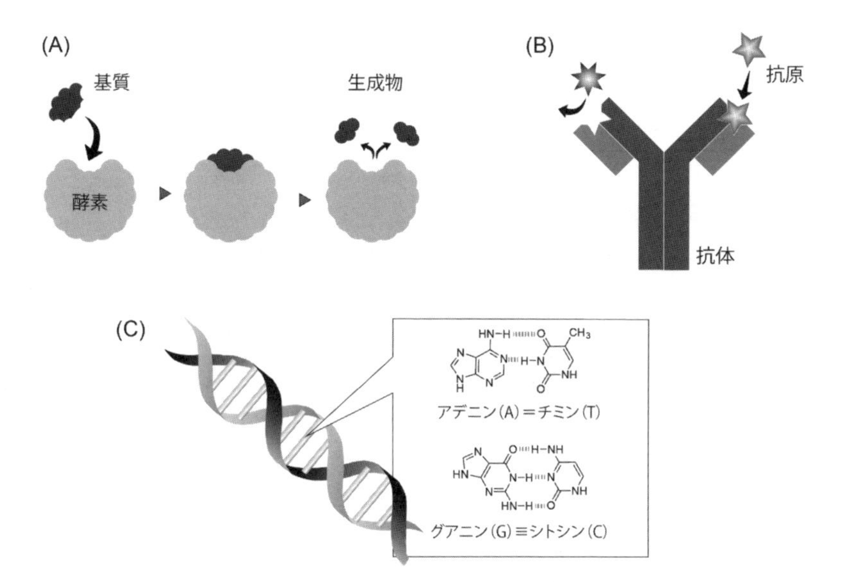

図 9.1 生体内の認識物質の例

(A) 酵素と基質の相互作用, (B) 抗原と抗体の結合, (C) DNA の相補鎖形成. 基質や抗原が鍵穴である酵素や抗体と一致しないときには結合は生じない.
DNA においても, 水素結合が生成する A-T, G-C の塩基対が対峙しないと一本鎖同士の結合力は小さくなる.

活動できる条件でのみ動作する. すなわち, 厳しい物理・化学的環境（高温, 低温, 酸性, 塩基性, 有機溶媒中など）では利用できないことが多い. また, センサの寿命も人工的な認識物質によるセンサに比べて一般に短い. ただし, 生体関連物質の分析には上記の厳しい条件は必要とされないことも多いので, このような欠点はあってもバイオセンサの利用価値は大きい.

図 9.2 に示すように, 化学センサは目的分子を認識するレセプタ（鍵穴；酵素など）が固定された分子認識部位と, レセプタが発する化学情報を利用しやすい形に変換する信号変換部位により構成される. バイオセンサはグルコースオキシダーゼ酵素を用いた酵素センサがそのはじまりとされている（Updike and Hicks, 1967）.

彼らは, 酸素電極をグルコースオキシダーゼ固定化膜で覆い, グルコース（ブドウ糖）のセンシングを行った（図 9.3）. この酵素電極は以下の 2 つの反応により動作する.

$$\text{グルコース} + O_2 \xrightarrow{\text{グルコースオキシダーゼ}} \text{グルコノラクトン} + H_2O_2 \tag{9.1}$$

$$O_2 + 2\,H^+ + 2\,e^- \rightleftharpoons H_2O_2 \tag{9.2}$$

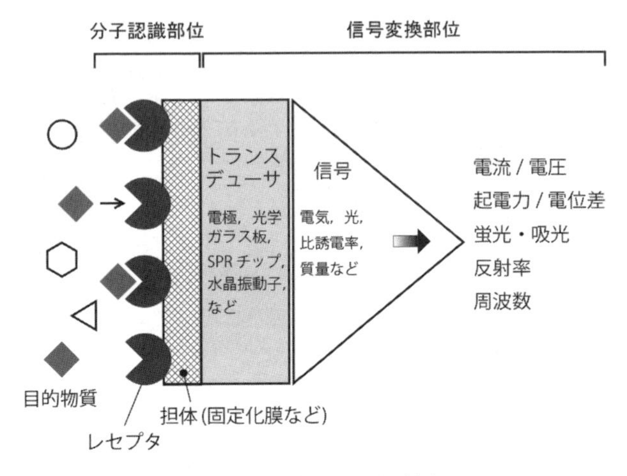

図 9.2 化学センサの概念図

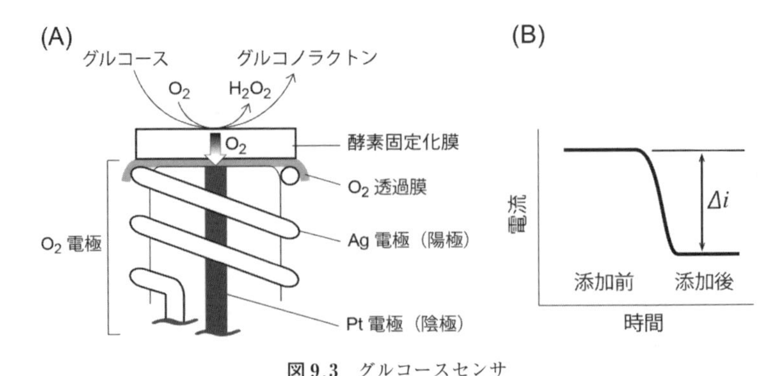

図 9.3 グルコースセンサ

(A) 構成，(B) グルコース試料添加の前後におけるセンサの応答．Δi は酸素還元電流の変化を示す．

式(9.1)はグルコースと溶存酸素がグルコースオキシダーゼにより反応し，グルコノラクトンと過酸化水素を生成することを示している．したがって，図9.3に示すように，試料溶液中にグルコースが存在すると，酵素固定化膜中の酸素が消費されるので，酸素透過膜を横切り白金電極に到達する酸素が減少する[1]．酸素は白金電極で式(9.2)に従い還元電流を生じるので，電極表面の酸素濃度の低下は電流を減少させる．

いま，一定量の緩衝溶液中にセンサを浸し，この中にグルコース試料を添加してそ

1) 白金電極は活性が高いため，試料中に共存する様々な酸化還元物質が電解電流を与える可能性がある．これらの物質による影響を除くため，白金電極表面を酸素透過膜で覆って酸素電極とし，酸素のみが電極上に到達できるように工夫されている．

の濃度を測定する実験を図 9.3 を用いて考えてみよう．まず，白金電極を酸素が還元される電位にあらかじめ設定しておく．酵素固定化膜はゲルでできており，酵素はその中に保持されるが，グルコースおよび酸素は透過できる．試料添加前，白金電極近傍の酸素濃度は溶存酸素濃度に等しく，酸素の電解電流は一定の値をとる．グルコース試料を緩衝溶液に添加すると，グルコースが酵素固定化膜に浸透し，酵素反応式(9.1)が起こる．このため，固定化膜内の酸素濃度が減少する．それに伴い，白金電極近傍の酸素濃度も減少するので，式(9.2)による酸素還元電流は小さくなる（図 9.3B）．また，試料中のグルコース濃度が大きくなれば酵素固定化膜内での酸素消費量も大きくなる．このため，電流値はさらに減少するので，Δi の大きさからグルコースの定量が可能となる．酸素濃度を測定する代わりに，過酸化水素の濃度を測定することでもグルコースの定量は可能である．

このように，電極ではそのまま酸化されにくいグルコースが酵素の触媒作用によって電気化学応答を与え，定量される．酵素センサでは，式(9.1)に示すような酵素反応の反応物や生成物を介して定量が可能となる．別の種類の酵素を用いることにより，血糖値計以外にもアルコール計などがすでに市販されている．また，電極以外のトランスデューサ（図 9.2）を用いる酵素センサも数多く報告されている．

バイオセンサでは，図 9.2 の分子認識部位に様々な生体関連物質が使用される．酵素は生体内で起こる反応を選択的に触媒するタンパク質であり，その数は 4000 種類以上に及ぶ．酵素センサでは酵素の持つ高い基質選択性が利用され，測定試料に含まれる様々な夾雑物の影響が排除できる．したがって，測定対象の物質と反応する酵素を用いて，その物質のみに応答するセンサを作製することが可能になる．

バイオセンサにおいて，酵素のほかによく用いられるのは抗体である（図 9.1B）．抗体は，抗原が原因となる免疫反応により生成される糖タンパク質である．このため，抗原と抗体の結合反応は極めて選択性が高く，さらに低濃度でも結合する．すなわち，抗体をレセプタとすることで，抗原に対して高い選択性を持つセンサを設計することが可能である．

バイオセンサの作製において，レセプタの担体（図 9.2）への固定化技術は重要である（表 9.1）．感度や選択性に優れ，また長期使用にも耐えるセンサは十分な量のレセプタを安定に固定化（担持）することで初めて作製可能になる．例えば，共有結合法ではレセプタの安定した固定化が達成される反面，酵素の活性が失われやすい欠点がある．吸着法では，酵素の活性を維持したままで担持が可能であるが，担体の材質が限定されるうえ担持安定性に劣るため，レセプタの担体からの消失に注意する必要がある．ゲル膜などの中にレセプタを取り込んで保持する包括法によれば，多量のレセプタを安定的かつ活性を維持したまま固定することが可能である．しかし，膜内において基質の移動速度が小さいことが多く，迅速な応答を得るためには膜厚について

表 9.1　レセプタの担体への固定法

固定化法	概略図	長所と短所	主なレセプタ
共有結合法		共有結合 安定性が高い． レセプタの失活	酵素，DNA， 抗体，微生物
架橋法		共有結合 安定性が高い． 多量のレセプタを固定 レセプタの失活	酵素，DNA， 抗体
吸着法		イオン結合，物理吸着 固定化操作が簡単 担体が限定される． 安定性が低い．	酵素，微生物
包括法		物理的包括，化学的相互作用， 共有結合 多量のレセプタを固定 担体の材質によらない． 安定性が高い．	酵素，抗体， 微生物

注意が必要となる．

表 9.2 に示すように，レセプタの種類により使用できるトランスデューサは異なり，高感度計測にはその中でも最適なトランスデューサを選択する必要がある．例えば，抗原抗体反応では酵素のような副反応物や副生成物がないので，酵素センサのような仕組みではセンサが作製できない．そこで，抗原抗体反応を利用するセンサでは，表面プラズモン共鳴（surface plasmon resonance；SPR）法や水晶振動子（quartz crystal microbalance；QCM）法などのトランスデューサが多く用いられる．

SPR 法では，金薄膜で被覆したプリズムを用い，その表面で光を全反射させる（図 9.4）．このとき，表面プラズモン共鳴が起こり，特定の入射角（共鳴角）において反射光強度が低下する．全反射といっても光は薄膜の反対側に少しの距離（100 nm 程度）浸み出す．したがって，金薄膜に固定した抗体に抗原が結合すると薄膜表面の屈

表 9.2　種々のセンシング方式

方　式	出力信号	トランスデューサ	主なセンサ
電　気 （電気化学）	電流，電圧	電極， MOSFET	酵素，DNA
光	吸光，蛍光 反射	光ファイバ， SPR チップ	酵素，免疫，DNA
質　量	周波数	水晶振動子	免疫，DNA

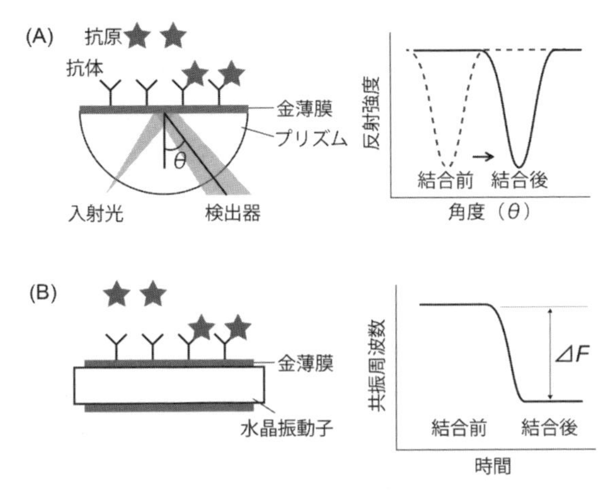

図 9.4 （A）SPR 法と（B）QCM 法の原理と得られる信号

折率（誘電率）が変化し，それにより共鳴角 θ も変化する．SPR 法ではこの角度の変化により目的物質を定量する．金薄膜上へのレセプタの固定は，まず金の上にデキストラン層を導入し，これを足場として抗体などのレセプタを固定することが多い．

QCM 法では，水晶振動子表面に目的物質が結合すると，その質量に応じて振動子の共振周波数が低下することを利用する．水晶振動子は時計において正確な時間を刻むための素子として用いられ，その周波数（振動数）は極めて安定している．しかし，振動子上に少量でも物質が吸着すると周波数は低下する性質があり，周波数の減少値から物質の量を知ることができる．すなわち，QCM は極めて感度の高い天秤として利用できる．この関係は Sauerbrey 式(9.3)として知られており，この式から水晶振動子上のレセプタに結合した物質の質量を求めることができる．

$$\frac{\Delta F}{F^2} = -\frac{2}{\sqrt{\mu\rho}} \cdot \frac{\Delta m}{A} \tag{9.3}$$

μ は水晶せん断応力，ρ は水晶の密度，F は水晶振動子の基本周波数，A は振動子の面積であり，それぞれ使用する水晶振動子に固有の定数である．したがって，共振周波数変化（ΔF）を測定することで振動子上の質量変化（Δm）を見積もることが可能となる．F が 9 MHz の AT カット水晶振動子で，直径 5 mm の金蒸着膜（A＝約 20 mm^2）上に物質が吸着する場合には検出感度は -0.36 ng Hz^{-1} となり，非常に高感度な質量検出器である．振動子表面へのレセプタの固定は金薄膜コーティングを介して行われることが多い．チオール化合物は金と強固に結合するので，チオール化したレセプタを用いて固定できる．

上記の 2 法は標識を必要としない直接的方式であるため，電気化学的活性種が生成しないレセプタ，蛍光や光吸収の起こらないレセプタにおいてよく用いられる．そのほか，バイオセンシングでは光吸収や蛍光強度の変化，あるいは反射率の変化を利用した光学方式もよく使用される．これらの方式においては標識化が必要となるが，これについてはバイオアッセイでよく利用されるので次節で説明する．

9.2　バイオアッセイ

バイオアッセイでは，放射性物質，酵素や蛍光色素などをあらかじめ標識として結合させた抗体（あるいは抗原）を用い，標識により生ずる放射線，光吸収，蛍光，電解電流などを検出して定量を行う間接的な方式が主流である．とくに酵素を標識とする酵素免疫測定（enzyme-linked immunosorbent assay；ELISA）法は，放射性物質を標識に用いるラジオイムノアッセイと比べて安全性が高く，安価かつ簡便であるため，現在広く用いられている．ELISA 法は通常ウェルと呼ばれるくぼみを持つ小さな容器内で行われ，その中に満たされた溶液の呈色を測定することにより目的抗原を定量する．

ELISA 法は直接吸着法，競合法およびサンドイッチ法に分類される（図 9.5）．直接吸着法は，担体に吸着させた目的抗原（定量したい物質）に，これとのみ反応する標識抗体を加え，抗原抗体反応により結合した標識抗体の量により目的抗原を定量する方法である．定量は表面に固定された標識が発する情報（溶液の呈色など）により行う．非常に簡単な方法であるが，標識抗体が目的抗原と反応しない場合でも担体へ

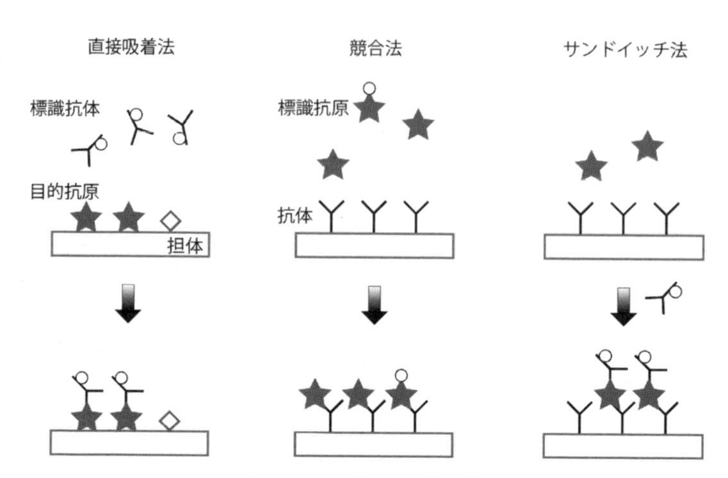

図 9.5　ELISA 法の各方法
○は標識酵素：定量時には標識酵素の基質を加え，発色などの測定により結合した抗原の量を知る．ここでは，ウェルの底面を担体と表示する．

吸着（非特異吸着）して信号を与えることがあり，これを防ぐ工夫が別途必要である．競合法では，試料中に目的抗原と同じ反応性を持つ標識抗原を一定量混合する．すると，目的抗原はそれぞれの抗原の濃度比を維持したまま抗体に結合するので，抗体に結合した標識抗原の量から目的抗原の量を求めることが可能になる．この場合，目的抗原の量が少ない場合には標識抗原からの信号強度が大きく，多い場合には小さくなるという逆相関の関係がある．この方法では，試料中の目的抗原の濃度がある程度予測できないと，標識抗原が過少あるいは過剰となり，正確な定量が困難になる．サンドイッチ法は，担体上に固定された目的抗原に対してさらに標識抗体（二次抗体）を加えて抗体-抗原-標識抗体からなる複合体を形成する．この方法では，非特異的吸着が抑制されるとともに，試料中の目的抗原の濃度に対応して標識抗原からの信号強度が増大する．この方法は目的抗原が選択的かつ高感度に検出可能であることから，よく用いられている．

ELISA における目的抗原の検出は標識物質（図 9.5 の○）を用いて行われる．ここで標識物質とは検出を可能とする物質であり，ELISA で最もよく用いられるのは酵素である．図 9.6 に示すように，酵素の基質が溶液に加えられると反応が起こり，着色した反応物に変換される．目的抗原の量が多いほど標識抗体が多く存在するので溶液は濃く着色することになり，溶液の吸光度を測定することで目的抗原が定量できる．標識として酵素のほかに，蛍光色素や特徴的な蛍光や散乱光を発する量子ドットや金属ナノ粒子なども最近では用いられている．

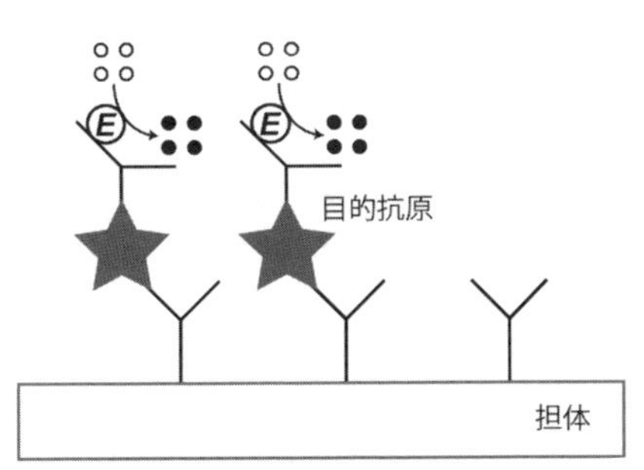

図 9.6　標識物質のはたらき

バイオアッセイ法の応用として，インフルエンザ検査キットや妊娠検査薬を例に説明する（図 9.7）．これらはクロマトグラフィーと組み合わせた分析法であるためイムノクロマトグラフィーとも呼ばれている．簡単で迅速に検査できるのが最大のメリットである．テストストリップ上のサンプルパッドに目的物質（ウイルスまたはある種の糖タンパク質）を含む試料溶液を滴下すると，あらかじめコンジュゲートパッドに含まれている標識抗体（Y_1）と試料中の目的抗原が結合し，複合体が形成される．この複合体が移動するとテストラインに固定化された抗体（Y_2）がこの複合体を捕捉し，標識により発色する．複合体を形成しなかった抗体（Y_1）はコントロールラインの抗体（Y_3）まで移動して捕捉される．したがって，テストストリップ上に 2 本の着色したラインが存在すると陽性，コントロールラインのみが着色する場合には陰性となる．

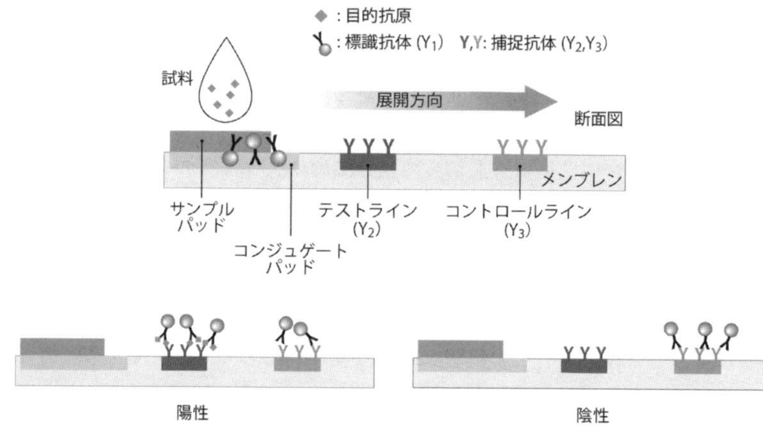

図 9.7　標識イムノクロマトグラフィ・テストストリップの概略図

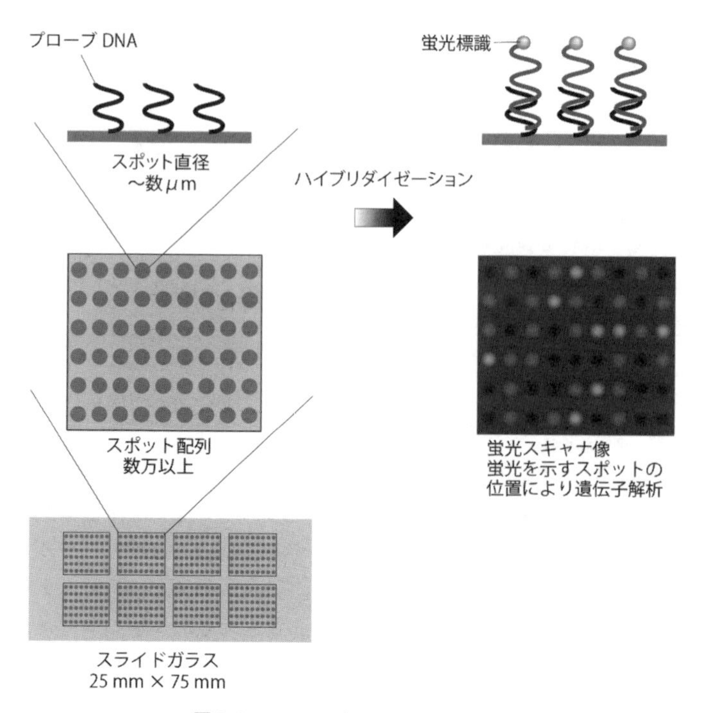

図 9.8　DNA マイクロアレイの概念

スライドガラスやシリコンウエハなどの担体に数万種以上の DNA 断片をスポット状に高密度配列した DNA マイクロアレイ（DNA チップ）もまたバイオアッセイの代表的な実用例である（図 9.8）．特定の塩基配列を持つ DNA 断片との結合を網羅的に調べることができる．担体上に固定した塩基配列のわかっている 1 本鎖の DNA 断片（プローブ DNA）に相補的な塩基配列を持つ試料 DNA が添加されると，二重らせん構造になる．蛍光標識を導入することで試料 DNA のスポット上への結合を蛍光により検出することができる．したがって，多数の異なるプローブ DNA が固定された図のようなチップを用いると，位置情報から一度に試料の塩基配列が決定できるため遺伝子発現の解析に利用されている．

9.3　バイオイメージング

バイオイメージングは，目的とする個体，細胞や組織レベルの観察により，その形態や動態について画像化（imaging）する手法である．画像化により生体内での物質の分布，輸送や反応経路を解析できることから，生体機能の解明だけでなく，薬理，病理学などライフサイエンス全般に利用価値が高い．バイオイメージングは，広義においてセンシングやアッセイを 2 次元，3 次元的に展開したものである．位置情報に加え異なる種類の信号も同時に得られることがあり，そこで起こっている反応や現象についても詳細に解析できる．その手法は多岐にわたるので，試料の種類と観測する現象により最適なものを選択する（表 9.3）．

a.　光学顕微鏡

光学顕微鏡は通常，可視光を照射して試料から生ずる透過光や反射光などをレンズで結像して観測する．このうち，明視野法は，試料の各部分で光の吸収率が異なることを利用し，透過光を観測することでコントラストのある像を得る．試料の内部構造に至るまで詳細に観察するためには，高倍率の対物レンズを選択するとともに分解能（解像度）も高くする必要がある．光学顕微鏡において分解能は利用する入射光の波長と対物レンズの開口数（NA）に依存するため，理論分解能は 200 nm 程度とされる．

バイオイメージングにおいては試料が無色透明であることが多いため，微生物や組織あるいは細胞の内部構造まで詳細に観察するには明視野法では困難であることが多い．そこで，入射光の導入法あるいは対物レンズに入る光の合成などにより，高いコントラストが得られるような工夫がなされた．暗視野法では，光源からコンデンサレンズを通してステージ上の試料に光を斜めから照射し，対物レンズに入射光が直接入らないように工夫されている．このため，試料からの散乱光や反射光が高いコントラストで観測できる．位相差法では，試料内部の誘電率の違いにより生じる光の位相差を利用して高いコントラストの像を得る．微分干渉法では，光源から得られる偏光を

表9.3 バイオイメージングの種類

<table>
<tr><th colspan="2">方 法</th><th>検出信号</th><th>原 理</th><th>観 測</th></tr>
<tr><td rowspan="5">光学顕微鏡</td><td>明視野法</td><td>透過光</td><td>試料の光吸収に基づく透過光を観察</td><td>試料の形態</td></tr>
<tr><td>暗視野法</td><td>散乱光，反射光</td><td>試料による入射光の散乱および反射を観察</td><td>試料の形態</td></tr>
<tr><td>位相差法</td><td>回折光</td><td>屈折率の違いにより生じる位相差を観察</td><td>試料の形態</td></tr>
<tr><td>微分干渉法</td><td>干渉分光</td><td>試料の異なる2点を透過した光の干渉を観察</td><td>試料の形態</td></tr>
<tr><td>蛍光法</td><td>蛍 光</td><td>試料の自発性蛍光あるいは標識による蛍光を観察</td><td>蛍光に基づく試料の形態</td></tr>
<tr><td rowspan="2">走査型プローブ顕微鏡（SPM）</td><td>原子間力（AFM）法</td><td>変 位</td><td>試料との相互作用によるカンチレバーの変位を画像化</td><td>大気，液中での試料の表面形態</td></tr>
<tr><td>トンネル電流（STM）法</td><td>トンネル電流</td><td>試料と探針間のトンネル電流を画像化</td><td>大気，液中での試料の表面の導電状態</td></tr>
<tr><td colspan="2">走査型電子顕微鏡（SEM）</td><td>二次電子</td><td>電子線照射により試料から放出する二次電子を画像化</td><td>真空中での試料の表面形態</td></tr>
</table>

二分割して試料に照射する．このとき，試料の異なる2点を通る光は屈折率や光路長の違いから位相差を生じ，強め合う干渉により明るい部分が，弱め合う干渉により暗い部分が生じる．これらの手法は標識が不要である点に特徴がある．

バイオイメージングにおいて最も広く用いられるのが蛍光顕微鏡であり，蛍光物質によって試料を標識し，光源による励起を通じて試料の蛍光像を得る．この方法では，蛍光の強度や波長についての情報も取得できるため選択的なイメージングが可能となる．各種光学顕微鏡を用いたバイオイメージングについて紹介したが，これらの最大の特徴は試料が生きたままでも観察できることである．

b. 走査型プローブ顕微鏡

光学顕微鏡よりもさらに高い分解能でのイメージングが可能な顕微鏡として，走査型プローブ顕微鏡（scanning probe microscopy；SPM）が挙げられる（図9.9）．SPMは微小な探針（probe）を試料表面に近づけて2次元的に走査しながらイメージングする手法の総称であり，原子間力顕微鏡（atomic force microscope；AFM）と走査型トンネル顕微鏡（scanning tunneling microscope；STM）が代表的である．

AFM法ではカンチレバーと呼ばれる探針を用いる．カンチレバーは一般に単結晶シリコン（Si）や窒化ケイ素（Si_3N_4）で作製され，材料や形状などの違いにより固有

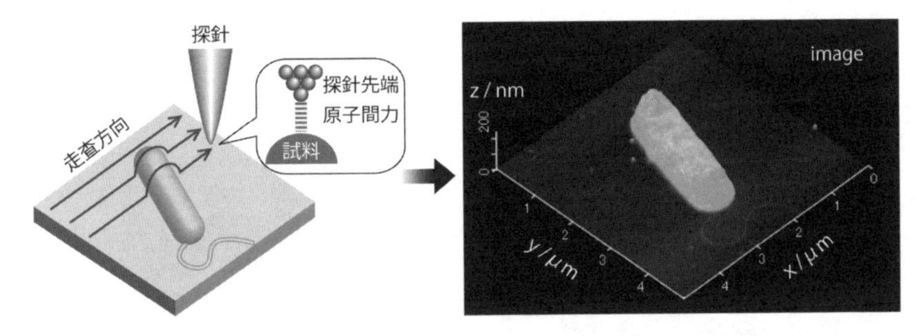

図 9.9 SPM によるイメージングの概略とバクテリアの AFM 像

の機械的特性（バネ定数など）を持っている．カンチレバーの先端を試料表面に近づけて走査すると，試料とカンチレバーとの間に原子間力（引力あるいは斥力）がはたらき，カンチレバーが上下に変位する．測定中，カンチレバーは高い位置精度で移動させるので，試料表面の精密な凹凸（topography）像が得られる．

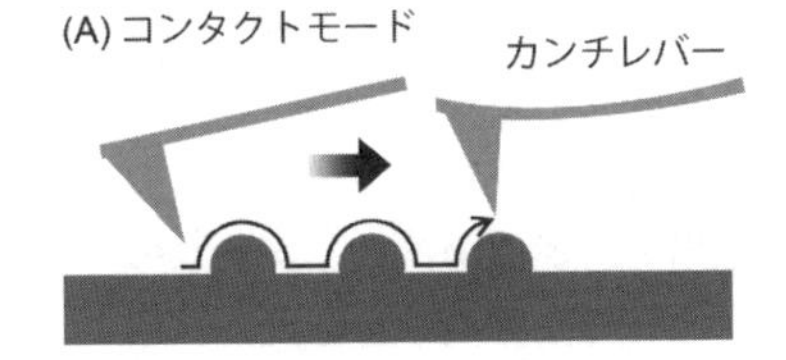

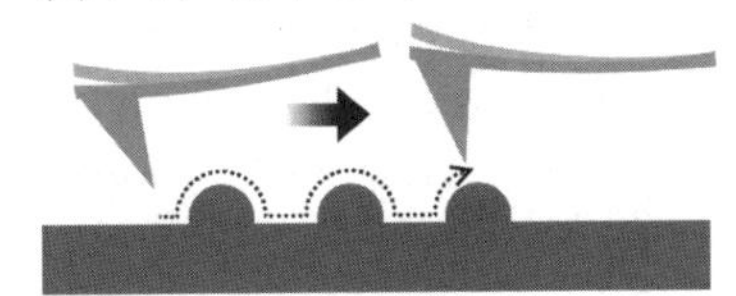

図 9.10 AFM 法における測定モード

AFM 法には大きく分けて 2 つの方式があり，状況に応じて使い分ける（図 9.10）．1 つはコンタクトモードと呼ばれ，試料表面での斥力に基づくカンチレバーの変位を画像化するものである．一方，ダイナミックモードではカンチレバーを共振周波数付近で振動させる．このとき，カンチレバーが試料に接近すると，その振動の振幅，位相あるいは周波数が変化するため，このことを利用して画像化する．ダイナミックモードでは，試料との接触が少ないため，カンチレバー先端の摩耗や試料の破損が少なく，柔らかい試料の観察に適している．したがって，バイオイメージングによく用いられる方法である．

STM 法は導電性の金属探針を試料に近づけることで，非接触で流れる電流（トンネル電流）を検出する SPM であり，導電性試料の観測に使用する．探針と試料表面の距離が小さくなるとトンネル電流は指数関数的に増大する．これは，トンネル電流が探針と試料表面の波動関数の重なりに応答するためであり，原子 1 個分の距離でも変化する．このことから，トンネル電流の変化を記録することで高い解像度を有する画像が得られる．

いずれの SPM においても理論分解能は水平方向に 200 pm，垂直方向に 10 pm とされている．これは，探針の最先端の原子（あるいは電子）1 個が探針として作用した

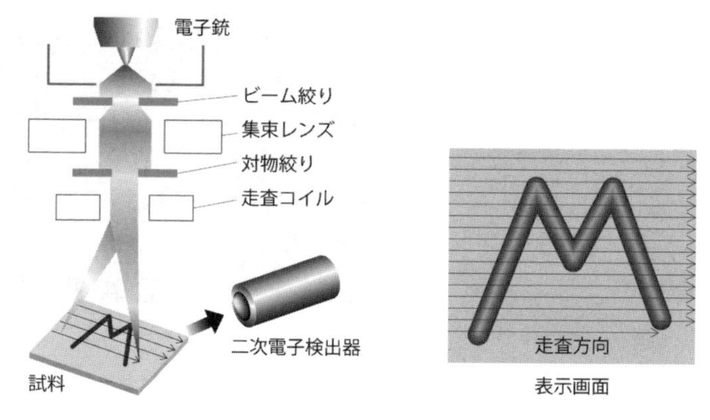

図 9.11 SEM の鏡体概略図と表示される画像

ときに算出されたものである．これらの SPM は，大気中や液中あるいは真空中での観察も可能であることが最大のメリットである．

c. 走査型電子顕微鏡

走査型電子顕微鏡（scanning electron microscopy ; SEM）は，電子線を集束した電子ビーム（焦点直径 1～100 nm）を 2 次元的に走査しながら試料に照射し，試料から放射される二次電子を検出してコントラスト像とするものが一般的である（図 9.11）．電子線の波長は，光学顕微鏡で用いる光の波長（>200 nm）よりも非常に短く，加速電圧を増大させ電子ビーム径を小さくすることで分解能が向上する（15 kV の印加により 10 pm 程度の波長となる）．さらに，可変の対物絞りにより電子線の平行度を高くすることで大きな焦点深度が得られ，高低差の大きな凹凸の観測も可能である．このようにして，試料表面の形状や凹凸が，電子ビームの照射により生じる二次電子により明瞭な画像として得られる．しかしながら，導電性のない試料では電子ビームの照射により表面の帯電（チャージアップ）が起こり，試料の破壊にもつながる．絶縁性物質の観察の際には，導電性物質（白金-パラジウム，白金，金，炭素など）で薄く表面被覆する必要がある．最大の欠点は観測時に高真空（10^{-3}～10^{-4} Pa）が必要となることである．このため，対象を生きたまま観察することは困難であるが，微生物や細胞組織など，様々な生体試料のイメージングに広く利用されている．

［長岡　勉・椎木　弘］

参考文献

E. Fischer (1894) Einfluss der Configuration auf die Wirkung der Enzym, *Ber. Dtsch. Chem. Ges.*, **27** (3), 2985-2993.

S. J. Updike and G. P. Hicks (1967) The Enzyme Electrode, *Nature*, **214**, 986-988.

軽部　征夫（2002）『バイオセンサー』，3-32，シーエムシー出版.
日本表面科学会編（2002）『ナノテクノロジーのための走査プローブ顕微鏡』，228-240，丸善出版.
日本表面科学会編（2004）『ナノテクノロジーのための走査電子顕微鏡』，1-9，丸善出版.

付　　表

付表1　酸解離定数

化合物	化学式	解離定数（25℃）		
		K_{a1}	K_{a2}	K_{a3}
亜硝酸	HNO_2	5.1×10^{-4}		
亜ヒ酸	H_3AsO_3	6.0×10^{-10}	3.0×10^{-14}	
亜硫酸	H_2SO_3	1.3×10^{-2}	1.23×10^{-7}	
安息香酸	C_6H_5COOH	6.3×10^{-5}		
ギ　酸	$HCOOH$	1.76×10^{-4}		
クエン酸	$H_3C_6H_5O_7$	7.4×10^{-4}	1.7×10^{-5}	4.0×10^{-7}
クロロ酢酸	$CH_2ClCOOH$	1.51×10^{-3}		
酢　酸	CH_3COOH	1.75×10^{-5}		
シアン化水素酸	HCN	7.2×10^{-10}		
シュウ酸	$H_2C_2O_4$	6.5×10^{-2}	6.1×10^{-5}	
酒石酸	$H_2C_4H_4O_6$	1.51×10^{-3}	1.12×10^{-4}	
炭　酸	H_2CO_3	4.3×10^{-7}	4.8×10^{-11}	
ヒ　酸	H_3AsO_4	6.0×10^{-3}	1.0×10^{-7}	3.0×10^{-12}
フェノール	C_6H_5OH	1.1×10^{-10}		
フタル酸	$C_6H_4(COOH)_2$	1.12×10^{-3}	3.90×10^{-6}	
フッ化水素酸	HF	6.7×10^{-4}		
ホウ酸	H_3BO_3	6.4×10^{-10}		
硫化水素	H_2S	9.1×10^{-8}	1.2×10^{-15}	
硫　酸	H_2SO_4		1.2×10^{-2}	
リン酸	H_3PO_4	1.1×10^{-2}	7.5×10^{-8}	4.8×10^{-13}

G. D. Christian, P. K. Dasgupta, K. A. Schug（2013）“Analytical Chemistry（7th ed.）”，Wiley，Table C. 1より抜粋.

付表2　弱塩基の解離定数

化合物	化学式	解離定数，K_b（25℃）
アンモニア	NH_3	1.75×10^{-5}
アニリン	$C_6H_5NH_2$	4.0×10^{-10}
エチルアミン	$CH_3CH_2NH_2$	4.3×10^{-4}
トリエチルアミン	$(CH_3CH_2)_3N$	5.3×10^{-4}
ヒドロキシルアミン	$HONH_2$	9.1×10^{-9}
ピリジン	C_5H_5N	1.7×10^{-9}

G. D. Christian, P. K. Dasgupta, K. A. Schug（2013）“Analytical Chemistry（7th ed.）”，Wiley，Table C. 2aより抜粋.

付表 3　難溶性塩の溶解度積

化合物	化学式	溶解度積, K_{sp}	化合物	化学式	溶解度積, K_{sp}
水酸化アルミニウム	$Al(OH)_3$	2×10^{-32}	硫化鉛	PbS	8×10^{-28}
炭酸バリウム	$BaCO_3$	8.1×10^{-9}	炭酸マグネシウム	$MgCO_3$	1×10^{-5}
クロム酸バリウム	$BaCrO_4$	2.4×10^{-10}	水酸化マグネシウム	$Mg(OH)_2$	1.2×10^{-11}
シュウ酸バリウム	BaC_2O_4	2.3×10^{-8}	シュウ酸マグネシウム	MgC_2O_4	9×10^{-5}
硫酸バリウム	$BaSO_4$	1.0×10^{-10}	水酸化マンガン(Ⅱ)	$Mn(OH)_2$	4×10^{-14}
水酸化ベリリウム	$Be(OH)_2$	7×10^{-22}	硫化マンガン(Ⅱ)	MnS	1.4×10^{-15}
硫化ビスマス	Bi_2S_3	1×10^{-97}	臭化水銀(Ⅰ)	Hg_2Br_2	5.8×10^{-23}
硫化カドミウム	CdS	1×10^{-28}	塩化水銀(Ⅰ)	Hg_2Cl_2	1.3×10^{-18}
水酸化カルシウム	$Ca(OH)_2$	5.5×10^{-6}	ヨウ化水銀(Ⅰ)	Hg_2I_2	4.5×10^{-29}
シュウ酸カルシウム	CaC_2O_4	2.6×10^{-9}	硫化水銀(Ⅱ)	HgS	4×10^{-53}
硫酸カルシウム	$CaSO_4$	1.9×10^{-4}	ヒ酸銀	Ag_3AsO_4	1.0×10^{-22}
塩化銅(Ⅰ)	$CuCl$	1.2×10^{-6}	臭化銀	$AgBr$	4×10^{-13}
臭化銅(Ⅰ)	$CuBr$	5.2×10^{-9}	塩化銀	$AgCl$	1.0×10^{-10}
ヨウ化銅(Ⅰ)	CuI	5.1×10^{-12}	クロム酸銀	Ag_2CrO_4	1.1×10^{-12}
チオシアン酸銅(Ⅰ)	$CuSCN$	4.8×10^{-15}	ヨウ化銀	AgI	1×10^{-16}
水酸化銅(Ⅱ)	$Cu(OH)_2$	1.6×10^{-19}	硫化銀	Ag_2S	2×10^{-49}
硫化銅(Ⅱ)	CuS	9×10^{-36}	チオシアン酸銀	$AgSCN$	1.0×10^{-12}
水酸化鉄(Ⅱ)	$Fe(OH)_2$	8×10^{-16}	シュウ酸ストロンチウム	SrC_2O_4	1.6×10^{-7}
水酸化鉄(Ⅲ)	$Fe(OH)_3$	4×10^{-38}	硫酸ストロンチウム	$SrSO_4$	3.8×10^{-7}
塩化鉛	$PbCl_2$	1.6×10^{-5}	塩化タリウム(Ⅰ)	$TlCl$	2×10^{-4}
クロム酸鉛	$PbCrO_4$	1.8×10^{-14}	硫化タリウム(Ⅰ)	Tl_2S	5×10^{-22}
ヨウ化鉛	PbI_2	7.1×10^{-9}	シュウ酸亜鉛	ZnC_2O_4	2.8×10^{-8}
硫酸鉛	$PbSO_4$	1.6×10^{-8}	硫化亜鉛	ZnS	1×10^{-21}

G. D. Christian, P. K. Dasgupta, K. A. Schug (2013) "Analytical Chemistry (7th ed.)", Wiley, Table C. 3 より抜粋.

付表 4　標準酸化還元電位（vs. SHE）

電極反応	E°（V）	電極反応	E°（V）
$Li^+ + e^- = Li$	−3.045	$Cu^+ + e^- = Cu$	0.521
$K^+ + e^- = K$	−2.925	$I_3^- + 2e^- = 3I^-$	0.5355
$Ba^{2+} + 2e^- = Ba$	−2.90	$H_3AsO_4 + 2H^+ + 2e^- = H_3AsO_3 + H_2O$	0.559
$Ca^{2+} + 2e^- = Ca$	−2.87	$MnO_4^- + e^- = MnO_4^{2-}$	0.564
$Na^+ + e^- = Na$	−2.714	$I_2 + 2e^- = 2I^-$	0.6197
$Mg^{2+} + 2e^- = Mg$	−2.37	$C_6H_4O_2$（キノン）$+ 2H^+ + 2e^- = C_6H_4(OH)_2$	0.699
$Al^{3+} + 3e^- = Al$	−1.66	$Fe^{3+} + e^- = Fe^{2+}$	0.771
$Mn^{2+} + 2e^- = Mn$	−1.18	$Hg_2^{2+} + 2e^- = 2Hg$	0.789
$Zn^{2+} + 2e^- = Zn$	−0.763	$Ag^+ + e^- = Ag$	0.799
$Cr^{3+} + 3e^- = Cr$	−0.74	$Hg^{2+} + 2e^- = Hg$	0.854
$2CO_2$（g）$+ 2H^+ + 2e^- = H_2C_2O_4$	−0.49	$H_2O_2 + 2e^- = 2OH^-$	0.88
$Fe^{2+} + 2e^- = Fe$	−0.440	$2Hg^{2+} + 2e^- = Hg_2^{2+}$	0.920
$Cr^{3+} + 3e^- = Cr$	−0.41	$NO_3^- + 3H^+ + 2e^- = HNO_2 + H_2O$	0.94
$Cd^{2+} + 2e^- = Cd$	−0.403	$Pd^{2+} + 2e^- = Pd$	0.987
$Ti^{3+} + e^- = Ti^{2+}$	−0.37	$VO_2^+ + 2H^+ + e^- = VO^{2+} + H_2O$	1.000
$Tl^+ + e^- = Tl$	−0.336	$Br_2 + 2e^- = 2Br^-$	1.087
$Co^{2+} + 2e^- = Co$	−0.277	$SeO_4^{2-} + 4H^+ + 2e^- = H_2SeO_3 + H_2O$	1.15
$V^{3+} + e^- = V^{2+}$	−0.255	$2IO_3^- + 12H^+ + 10e^- = I_2 + 6H_2O$	1.20
$Ni^{2+} + 2e^- = Ni$	−0.250	$O_2 + 4H^+ + 4e^- = 2H_2O$	1.229
$Sn^{2+} + 2e^- = Sn$	−0.136	$MnO_2 + 4H^+ + 2e^- = Mn^{2+} + 2H_2O$	1.23
$Pb^{2+} + 2e^- = Pb$	−0.126	$Tl^{3+} + 2e^- = Tl^+$	1.25
$2H^+ + 2e^- = H_2$	0.000	$Cr_2O_7^{2-} + 14H^+ + 6e^- = 2Cr^{3+} + 7H_2O$	1.33
$S_4O_6^{2-} + 2e^- = 2S_2O_3^{2-}$	0.08	$Cl_2 + 2e^- = 2Cl^-$	1.359
$S + 2H^+ + 2e^- = H_2S$	0.141	$MnO_4^- + 8H^+ + 5e^- = Mn^{2+} + 4H_2O$	1.51
$Cu^{2+} + e^- = Cu^+$	0.153	$BrO_3^- + 6H^+ + 5e^- = (1/2)Br_2 + 3H_2O$	1.52
$Sn^{4+} + 2e^- = Sn^{2+}$	0.154	$HClO + H^+ + e^- = (1/2)Cl_2 + H_2O$	1.63
$SO_4^{2-} + 4H^+ + 2e^- = H_2SO_3 + H_2O$	0.17	$Ce^{4+} + e^- = Ce^{3+}$	1.61
$AgCl + e^- = Ag + Cl^-$	0.222	$MnO_4^- + 4H^+ + 3e^- = MnO_2 + 2H_2O$	1.695
Hg_2Cl_2（s）$+ 2e^- = 2Hg + 2Cl^-$	0.268	$H_2O_2 + 2H^+ + 2e^- = 2H_2O$	1.77
$UO_2^{2+} + 4H^+ 2e^- = U^{4+} + 2H_2O$	0.334	$Co^{3+} + e^- = Co^{2+}$	1.842
$Cu^{2+} + 2e^- = Cu$	0.337	$S_2O_8^{2-} + 2e^- = 2SO_4^{2-}$	2.01
$VO^{2+} + 2H^+ + e^- = V^{3+} + H_2O$	0.361	$O_3 + 2H^+ + 2e^- = O_2 + H_2O$	2.07
$H_2SO_3 + 4H^+ + 4e^- = S + 3H_2O$	0.45	$F_2 + 2H^+ + 2e^- = 2HF$	3.06

G. D. Christian, P. K. Dasgupta, K. A. Schug（2013）"Analytical Chemistry（7th ed.）", Wiley, Table C. 5 より抜粋．g：気体，s：固体．

付表 5　金属イオンの錯生成定数（log β）

配位子	金属イオン	log β_1	log β_2	log β_3	log β_4	log β_5	log β_6
酢酸イオン	Mg^{2+}	1.27					
CH_3COO^-	Ca^{2+}	1.18					
	Ba^{2+}	1.07					
	Mn^{2+}	1.40					
	Fe^{2+}	1.40					
	Co^{2+}	1.46					
	Ni^{2+}	1.43					
	Cu^{2+}	2.22	3.63				
	Ag^+	0.73	0.61				
	Zn^{2+}	1.57					
	Cd^{2+}	1.93	3.15	2.26			
	Pb^{2+}	2.68	4.08				
アンモニア	Ag^+	3.31	7.22				
NH_3	Co^{2+}（$T=20$ ℃）	1.99	3.50	4.43	5.07	5.13	4.40
	Ni^{2+}	2.72	4.89	6.55	7.67	8.34	8.31
	Cu^{2+}	4.04	7.47	10.27	11.75		
	Zn^{2+}	2.21	4.50	6.86	8.89		
	Cd^{2+}	2.55	4.56	5.90	6.74		
塩化物イオン	Cu^{2+}	0.40					
Cl^-	Fe^{3+}	1.48	2.13				
	Ag^+（$\mu=5.0$ M）	3.70	5.62	6.40	6.10		
	Zn^{2+}	0.43	0.61	0.50	0.20		
	Cd^{2+}	1.98	3.60	3.40	2.70		
	Pb^{2+}	1.59	1.80	1.70	1.40		
シアン化物	Fe^{2+}						35.4
イオン	Fe^{3+}						43.6
CN^-	Ag^+		20.48	21.40			
	Zn^{2+}		11.07	16.05	19.62		
	Cd^{2+}	6.01	11.12	15.65	17.92		
	Hg^{2+}	17.00	32.75	36.31	28.97		
	Ni^{2+}				30.22		
フッ化物イオン F^-	Al^{3+}（$\mu=5.0$ M）	6.11	11.12	15.00	18.00	19.40	19.80
水酸化物イオン	Al^{3+}	9.01	18.70	27.00	33.00		
OH^-	Co^{2+}	4.3	8.4	9.7	10.2		
	Fe^{2+}	4.5	7.4	10.0	9.6		
	Fe^{3+}	11.81	22.31	34.41			
	Ni^{2+}	4.1	8.0	11.0			
	Pb^{2+}	6.3	10.9	13.9			
	Zn^{2+}	5.0	11.1	13.6	14.8		

（前ページより続く）

配位子	金属イオン	log β_1	log β_2	log β_3	log β_4	log β_5	log β_6
ヨウ化物イオン	Ag^+（T=18 ℃）	6.58	11.70	13.10			
I^-	Cd^{2+}	2.28	3.92	5.00	6.00		
	Pb^{2+}	1.92	3.20	3.90	4.50		
チオシアン	Mn^{2+}	1.23					
酸イオン	Fe^{2+}	1.31					
SCN^-	Co^{2+}	1.72					
	Ni^{2+}	1.76					
	Cu^{2+}	2.33					
	Fe^{3+}	3.02					
	Ag^+	4.8	8.23	9.50	9.70		
	Zn^{2+}	1.33	1.91	2.00	1.60		
	Cd^{2+}	1.89	2.78	2.80	2.30		
	Hg^{2+}		17.26	19.97	21.8		
チオ硫酸イオン $S_2O_3^{2-}$	Ag^+（T=20 ℃）	8.82	13.67	14.20			
シュウ酸イオン	Ca^{2+}（μ=1 M）	1.66	2.69				
$C_2O_4^{2-}$	Fe^{2+}（μ=1 M）	3.05	5.15				
	Co^{2+}	4.72	7.00				
	Ni^{2+}	5.16					
	Cu^{2+}	6.23	10.27				
	Fe^{3+}（μ=0.5 M）	7.53	13.64	18.49			
	Zn^{2+}	4.87	7.65				
エチレンジ	Ni^{2+}	7.38	13.56	17.67			
アミン	Cu^{2+}	10.48	19.55				
$H_2NCH_2CH_2NH_2$	Ag^+（T=20 ℃, μ=0.1 M）	4.700	7.700				
	Zn^{2+}	5.66	10.64	13.89			
	Cd^{2+}	5.41	9.91	12.69			
1,10-フェナント	Fe^{2+}			20.7			
ロリン	Mn^{2+}（μ=0.1 M）	4.0	7.3	10.3			
	Co^{2+}（μ=0.1 M）	7.08	13.72	19.80			
	Ni^{2+}	8.6	16.7	24.3			
	Fe^{3+}			13.8			
	Ag^+（μ=0.1 M）	5.02	12.06				
	Zn^{2+}	6.2	12.1	17.3			
ニトリロ三酢酸	Mg^{2+}（T=20 ℃, μ=0.1 M）	5.41					
イオン	Ca^{2+}（T=20 ℃, μ=0.1 M）	6.41					
$N(CH_2COO^-)_3$	Ba^{2+}（T=20 ℃, μ=0.1 M）	4.82					
	Mn^{2+}（T=20 ℃, μ=0.1 M）	7.44					
	Fe^{2+}（T=20 ℃, μ=0.1 M）	8.33					
	Co^{2+}（T=20 ℃, μ=0.1 M）	10.38					
	Ni^{2+}（T=20 ℃, μ=0.1 M）	11.53					
	Cu^{2+}（T=20 ℃, μ=0.1 M）	12.96					

（前ページより続く）

配位子	金属イオン	log β_1	log β_2	log β_3	log β_4	log β_5	log β_6
	Fe^{3+}（T=20 ℃, μ=0.1 M）	15.9					
	Zn^{2+}（T=20 ℃, μ=0.1 M）	10.67					
	Cd^{2+}（T=20 ℃, μ=0.1 M）	9.83					
	Pb^{2+}（T=20 ℃, μ=0.1 M）	11.39					
エチレンジアミン四酢酸イオン	Mg^{2+}（T=20 ℃, μ=0.1 M）	8.79					
	Ca^{2+}（T=20 ℃, μ=0.1 M）	10.69					
	Ba^{2+}（T=20 ℃, μ=0.1 M）	7.86					
	Bi^{3+}（T=20 ℃, μ=0.1 M）	27.8					
	Co^{2+}（T=20 ℃, μ=0.1 M）	16.31					
	Ni^{2+}（T=20 ℃, μ=0.1 M）	18.62					
	Cu^{2+}（T=20 ℃, μ=0.1 M）	18.80					
	Fe^{3+}（T=20 ℃, μ=0.1 M）	25.1					
	Ag^{+}（T=20 ℃, μ=0.1 M）	7.32					
	Zn^{2+}（T=20 ℃, μ=0.1 M）	16.50					
	Cd^{2+}（T=20 ℃, μ=0.1 M）	16.46					
	Hg^{2+}（T=20 ℃, μ=0.1 M）	21.7					
	Pb^{2+}（T=20 ℃, μ=0.1 M）	18.04					
	Al^{3+}（T=20 ℃, μ=0.1 M）	16.3					

David Harvey (2008) "Analytical Chemistry 2.0 (electronic versions)" の "Appendix 12 : Formation Constants" の逐次生成定数（K）に基づいて計算．T：溶液の温度，μ：溶液のイオン強度．温度とイオン強度が記載されていないものは，T=25 ℃，μ=0 における値．金属イオン M と配位子 L との反応が $M + nL = ML_n$ であるとき，$\beta_n = [ML_n]/[M][L]^n$ である．ただし，電荷は省略してある．

付表 6　標準物質の例

種　類	供給機関	品　種
純物質系		
高純度物質	NMIJ, NIST	高純度金属および金属塩，高純度有機化合物
pH 標準	CERI	シュウ酸塩 pH 標準液，フタル酸 pH 標準液，中性リン酸塩 pH 標準液，そのほか
標準液	NMIJ, NIST, IRMM	元素標準液，有機化合物標準液
標準ガス	NMIJ, NIST	高純度ガス，混合ガス
容量分析用	NIST, SMU, BAM, NIM, NMIJ	滴定用高純度物質（フタル酸水素カリウム，シュウ酸ナトリウム，そのほか）
有機分析用	NMIJ, NIST, IRMM, KRISS	高純度有機化合物，残留性有機汚染物質，農薬標準液
安定同位体	IAEA, NIST, IRMM,	同位体比測定用同位体，濃縮同位体
放射能	JRIA（頒布機関）	γ 線核種放射能標準，放射能面密度標準線源
産業用組成標準物質		
鉄　鋼	JISF, NIST, BAS, BAM, IRSID, JK, CMSI, EURONORM	純鉄，鋼，合金鋼，鉄鉱石，スラグ
非鉄金属	JAA, JCBA, JTS, JSAC, BAM, IRMM, ERM, NIST	アルミニウム，銅，亜鉛，鉛，白金，金，銀，スズ，セレン，ニッケル，タングステン，チタン，ビスマス，ガリウムなどの地金および合金類
核燃料・原子炉材料	IRMM, NBL, NIST	核燃料分析用標準物質，同位体標準物質，原子炉材料，環境放射能分析用標準物質
セラミックス・ガラス・セメント	NIST, BAM, BAS, CSJ, NMIJ, JSAC, JCA, IRMM	窯業用天然原料，耐火物質，ガラス，セメント，ファインセラミックス，LSI 用標準物質
岩石・鉱物	USGS, GSJ, CANMET, GBW, NIST, MINTEK	岩石，鉱物（鉱石）
石油・石炭・フライアッシュ	IRMM, NIST, JPI	石油製品成分試験用標準物質，石油製品物性試験用標準物質，石炭・コークス，フライアッシュ
樹脂（有害物質分析用）	IRMM, JSAC, NIST, KRISS, NMIJ	プラスチック，ペイント・塗料
環境および食品分析用標準物質		
大気（エーロゾル）	IRMM, NIES, NIST, NRCEAM	都市大気粉じん，室内ダスト・ハウスダスト，自動車排出粒子，ディーゼル粒子，焼却炉ばいじん，黄土・黄砂粒子
水　質	NRC, NIST, IRMM, NWRI, JSAC, NMIJ	河川水，海水，地下水，湖水，排水
底　質	NIST, NRC, IRMM, IAEA, NWRI, JSAC, NIES, NMIJ	底質（沿岸，湖，河川，運河など）
土　壌	NIST, IRMM, JSAC, BAM, CANMET, NMIJ	鉛汚染土，砂質土，褐色森林土，沖積土，灰褐色ラビソル土，黒ボク土

(前ページより続く)

種 類	供給機関	品 種
生 体	NIST, IRMM, IAEA, NIES, NMIJ, NRC	動物由来試料(血液・血清・尿・頭髪・臓器・油脂),魚介類由来試料(魚肉・肝臓・肝油),貝類,甲殻類肝膵,耳石
食 品	NIES, NMIJ, NFRIIRMM, IAEA, ARC/CL, NRC, KRISS, LGC	穀類・豆類・種実類,野菜類・果実類・藻類・きのこ類,魚介類,肉類・卵類,乳類,油脂類,嗜好飲料類,食事・菓子類,サプリメント
飼料・肥料	IRMM, NIST	家畜飼料,化成肥料
廃棄物など	NMIJ, BAM, NIST,	廃油・鉱物油,アスベスト,塗料
臨床化学分析用および医薬品標準物質		
純物質系	IRMM, NIM, NIST, NMIA, NMIJ	電解質測定用無機化合物,代謝物,薬物,アミノ酸,タンパク質,酵素
実試料系	NIST, ReCCS	電解質,血液ガス,含窒素,糖,脂質,タンパク質,酵素,ホルモン,尿などの成分測定用
材料特性解析用標準物質		
表面分析・解析用	NIST, IRMM, NMIJ	深さ方向分析用層状標準物質,イオン注入標準物質,AFM高さ校正用標準物質
高分子特性解析用	BAM, NIST, NMIJ	ポリスチレン,ポリエチレングリコール,ポリメタクリル酸メチル,ポリブタジエン,デキストラン,プルラン

供給機関 ARC/CL(フィンランド):Central Laboratory, Agricultural Research Center of Finland, BAM(ドイツ):Bundesanstalt für Materialforschung und-prüfung, BAS(英国):Bureau of Analysed Samples Ltd., CANMET(カナダ):Canada Centre for Mineral and Energy Technology, CERI(日本):化学物質評価研究機構, CMSI(中国):China Metallurgical Standardization Research Institute, CSJ:日本セラミックス協会, ERM(EU):European Reference Materials, EURONORM(EU):European Certified Reference Materials, GBW(中国):State Bureau of Technical Supervision, GSJ(日本):産業技術総合研究所地質調査総合センター, IAEA(オーストリア):International Atomic Energy Agency, IRMM(EU):Institute for Reference Materials and Measurements, IRSID(フランス):Institut de Recherches de la Siderurgie, JAA(日本):日本アルミニウム協会, JCA(日本):セメント協会, JCBA(日本):日本伸銅協会, JISF(日本):日本鉄鋼連盟, JK(スウェーデン):Jerunkontorets Analysormmaler, JPI(日本):石油学会, JRIA(日本):日本アイソトープ協会, JSAC(日本):日本分析化学会, JTS(日本):日本チタン協会, KRISS(韓国):Korea Research Institute of Standards and Science, LGC(英国):LGC Limited., MINTEK(南アフリカ):South Africa Bureau of Standards, NBL(米国):New Brunswick Laboratory, NFRI(日本):食品総合研究所, NIES(日本):国立環境研究所, NIM(中国):National Institute of Metrology, NIST(米国):National Institute of Standards and Technology, NMIA(オーストラリア):National Measurement Institute of Australia, NMIJ(日本):産業技術総合研究所計量標準総合センター, NRC(カナダ):The National Research Council of Canada, NRCEAM(中国):National Research Center for Environmental Analysis and Measurement, NWRI(カナダ):National Water Research Institute, ReCCS(日本):検査医学標準物質機構, SMU(スロバキア):Slovak Institute of Metrology, USGS(米国):United States Geological Survey.[久保田 正明編著(2009)『化学分析・試験に役立つ標準物質活用ガイド』,丸善出版,を参照して作成.]

[小熊 幸一]

索　　引

欧　文

ア　行

カ　行

サ　行

タ　行

ナ　行

ハ　行

マ　行

ヤ　行

ラ　行

編著者略歴

小熊 幸一（おぐま こういち）

1943年 埼玉県に生まれる
1967年 東京教育大学大学院理学研究科修了
現　在 千葉大学名誉教授
理学博士

酒井 忠雄（さかい ただお）

1944年 鳥取県に生まれる
1967年 鳥取大学教育学部卒業
現　在 愛知工業大学名誉教授
薬学博士，博士（工学）

基礎分析化学　　定価はカバーに表示

2015年3月25日　初版第1刷
2024年3月15日　　　第7刷

編著者　小　熊　幸　一
　　　　酒　井　忠　雄
発行者　朝　倉　誠　造
発行所　株式会社　朝　倉　書　店

東京都新宿区新小川町6-29
郵便番号　162-8707
電　話　03（3260）0141
FAX　03（3260）0180
https://www.asakura.co.jp

〈検印省略〉

© 2015〈無断複写・転載を禁ず〉

Printed in Korea

ISBN 978-4-254-14102-3　C 3043

JCOPY ＜出版者著作権管理機構 委託出版物＞

本書の無断複写は著作権法上での例外を除き禁じられています．複写される場合は，そのつど事前に，出版者著作権管理機構（電話 03-5244-5088，FAX 03-5244-5089，e-mail: info@jcopy.or.jp）の許諾を得てください．

産総研 田中秀幸著　産総研 高津章子協力

分析・測定データの統計処理

分析化学データの扱い方

12198-8 C3041　A５判 192頁 本体2900円

莫大な量の測定データに対して，どのような統計的手法を用いるべきか，なぜその手法を用いるのか，大学1～2年生および測定従事者を対象に，分析化学におけるデータ処理の基本としての統計をやさしく，数式の導出過程も丁寧に解説する。

前名工大 津田孝雄編著　名工大 荒木修喜・
東海医療科学専門学校 廣浦　学著

医療・薬学系のための 基礎化学

14091-0 C3043　A５判 176頁 本体2400円

臨床工学技士を目指す学生のために必要な化学を基礎からやさしく，わかりやすく解説した。〔内容〕身近な化学／原子と分子／有機化学／無機化学／熱力学／原子の構造／α，β，γ線の発生／付録：臨床工学技士国家試験問題抜粋／他

早大 逢坂哲彌編著　農工大 直井勝彦・早大 門間聰之著

実力がつく 電気化学

―基礎と応用―

14093-4 C3043　A５判 180頁 本体2800円

電気化学を「使える」ようになるための教科書。物理化学の基礎と専門レベルの間がつながるように解説。〔内容〕平衡系の電位と起電力／電解質溶液／電気二重層／電気化学反応速度／物質移動／電気化学測定／電気化学の応用

首都大 伊與田正彦・首都大 佐藤総一・首都大 西長　亨・
首都大 三島正規著

基礎から学ぶ有機化学

14097-2 C3043　A５判 192頁 本体2800円

理工系全体向け教科書〔内容〕有機化学とは／結合・構造／分子の形／電子の分布／炭化水素／ハロゲン化アルキル／アルコール・エーテル／芳香族／カルボニル化合物／カルボン酸／窒素を含む化合物／複素環化合物／生体構成物質／高分子

前日赤看護大 山崎　昶著

やさしい化学30講シリーズ１

溶液と濃度30講

14671-4 C3343　A５判 176頁 本体2600円

化学，生命系学科において，今までわかりにくかったことが，本シリーズで納得･理解できる。〔内容〕溶液とは濃度とは／いろいろな濃度表現／モル，当量とは／溶液の調整／水素イオン濃度，pH／酸とアルカリ／Tea Time／他

前日赤看護大 山崎　昶著

やさしい化学30講シリーズ２

酸化と還元30講

14672-1 C3343　A５判 164頁 本体2600円

大学でつまずきやすい化学の基礎をやさしく解説。各講末には楽しいコラムも掲載。〔内容〕「酸化」「還元」とは何か／電子のやりとり／酸化還元滴定／身近な酸化剤・還元剤／工業・化学・生命分野における酸化・還元反応／Tea Time／他

前日赤看護大 山崎　昶著

やさしい化学30講シリーズ3

酸と塩基30講

14673-8 C3343　A５判 152頁 本体2500円

大学でつまずきやすい化学の基礎をやさしく解説。各講末にはコラムも掲載。〔内容〕酸素・水素の発見／酸性食品とアルカリ性食品／アレニウスの酸と塩基の定義／ブレンステッド-ローリーの酸と塩基／ハメットの酸度関数／Tea Time／他

西岡利勝編

高分子添加剤分析ガイドブック

25268-2 C3058　A５判 288頁 本体7400円

耐久性や物性の改良のためにプラスチック等の合成高分子に加えられた様々な添加剤の分析方法を分かりやすく解説。〔内容〕意義と目的／添加剤分析に使用する測定方法／前処理／各種添加剤の分析法／成形品における添加剤の状態分析

光化学協会光化学の事典編集委員会編

光化学の事典

14096-5 C3543　A５判 436頁 本体12000円

光化学は，光を吸収して起こる反応などを取り扱い，対象とする物質が有機化合物と無機化合物の別を問わず多様で，広範囲で応用されている。正しい基礎知識と，人類社会に貢献する重要な役割･可能性を、約200のキーワード別に平易な記述で網羅的に解説。〔内容〕光とは／光化学の基礎I―物理化学―／光化学の基礎II―有機化学―／様々な化合物の光化学／光化学と生活・産業／光化学と健康・医療／光化学と環境・エネルギー／光と生物・生化学／光分析技術(測定)

上記価格（税別）は 2024 年 2 月 現在

4 桁の原子量表（2017）

（元素の原子量は，質量数 12 の炭素（^{12}C）を 12 とし，これに対する相対値とする。）

本表は，実用上の便宜を考えて，国際純正・応用化学連合（IUPAC）で承認された最新の原子量に基づき，日本化学会原子量専門委員会が独自に作成したものである。本来，同位体存在度の不確定さは，自然に，あるいは人為的に起こりうる変動や実験誤差のために，元素ごとに異なる。従って，個々の原子量の値は，正確度が保証された有効数字の桁数が大きく異なる。本表の原子量を引用する際には，このことに注意を喚起することが望ましい。

なお，本表の原子量の信頼性は亜鉛の場合を除き有効数字の 4 桁目で±1 以内である。また，安定同位体がなく，天然で特定の同位体組成を示さない元素については，その元素の放射性同位体の質量数の一例を（ ）内に示した。従って，その値を原子量として扱うことは出来ない。

原子番号	元素名	元素記号	原子量
1	水素	H	1.008
2	ヘリウム	He	4.003
3	リチウム	Li	6.941†
4	ベリリウム	Be	9.012
5	ホウ素	B	10.81
6	炭素	C	12.01
7	窒素	N	14.01
8	酸素	O	16.00
9	フッ素	F	19.00
10	ネオン	Ne	20.18
11	ナトリウム	Na	22.99
12	マグネシウム	Mg	24.31
13	アルミニウム	Al	26.98
14	ケイ素	Si	28.09
15	リン	P	30.97
16	硫黄	S	32.07
17	塩素	Cl	35.45
18	アルゴン	Ar	39.95
19	カリウム	K	39.10
20	カルシウム	Ca	40.08
21	スカンジウム	Sc	44.96
22	チタン	Ti	47.87
23	バナジウム	V	50.94
24	クロム	Cr	52.00
25	マンガン	Mn	54.94
26	鉄	Fe	55.85
27	コバルト	Co	58.93
28	ニッケル	Ni	58.69
29	銅	Cu	63.55
30	亜鉛	Zn	65.38*
31	ガリウム	Ga	69.72
32	ゲルマニウム	Ge	72.63
33	ヒ素	As	74.92
34	セレン	Se	78.97
35	臭素	Br	79.90
36	クリプトン	Kr	83.80
37	ルビジウム	Rb	85.47
38	ストロンチウム	Sr	87.62
39	イットリウム	Y	88.91
40	ジルコニウム	Zr	91.22
41	ニオブ	Nb	92.91
42	モリブデン	Mo	95.95
43	テクネチウム	Tc	(99)
44	ルテニウム	Ru	101.1
45	ロジウム	Rh	102.9
46	パラジウム	Pd	106.4
47	銀	Ag	107.9
48	カドミウム	Cd	112.4
49	インジウム	In	114.8
50	スズ	Sn	118.7
51	アンチモン	Sb	121.8
52	テルル	Te	127.6
53	ヨウ素	I	126.9
54	キセノン	Xe	131.3
55	セシウム	Cs	132.9
56	バリウム	Ba	137.3
57	ランタン	La	138.9
58	セリウム	Ce	140.1
59	プラセオジム	Pr	140.9
60	ネオジム	Nd	144.2
61	プロメチウム	Pm	(145)
62	サマリウム	Sm	150.4
63	ユウロピウム	Eu	152.0
64	ガドリニウム	Gd	157.3
65	テルビウム	Tb	158.9
66	ジスプロシウム	Dy	162.5
67	ホルミウム	Ho	164.9
68	エルビウム	Er	167.3
69	ツリウム	Tm	168.9
70	イッテルビウム	Yb	173.0
71	ルテチウム	Lu	175.0
72	ハフニウム	Hf	178.5
73	タンタル	Ta	180.9
74	タングステン	W	183.8
75	レニウム	Re	186.2
76	オスミウム	Os	190.2
77	イリジウム	Ir	192.2
78	白金	Pt	195.1
79	金	Au	197.0
80	水銀	Hg	200.6
81	タリウム	Tl	204.4
82	鉛	Pb	207.2
83	ビスマス	Bi	209.0
84	ポロニウム	Po	(210)
85	アスタチン	At	(210)
86	ラドン	Rn	(222)
87	フランシウム	Fr	(223)
88	ラジウム	Ra	(226)
89	アクチニウム	Ac	(227)
90	トリウム	Th	232.0
91	プロトアクチニウム	Pa	231.0
92	ウラン	U	238.0
93	ネプツニウム	Np	(237)
94	プルトニウム	Pu	(239)
95	アメリシウム	Am	(243)
96	キュリウム	Cm	(247)
97	バークリウム	Bk	(247)
98	カリホルニウム	Cf	(252)
99	アインスタイニウム	Es	(252)
100	フェルミウム	Fm	(257)
101	メンデレビウム	Md	(258)
102	ノーベリウム	No	(259)
103	ローレンシウム	Lr	(262)
104	ラザホージウム	Rf	(267)
105	ドブニウム	Db	(268)
106	シーボーギウム	Sg	(271)
107	ボーリウム	Bh	(272)
108	ハッシウム	Hs	(277)
109	マイトネリウム	Mt	(276)
110	ダームスタチウム	Ds	(281)
111	レントゲニウム	Rg	(280)
112	コペルニシウム	Cn	(285)
113	ニホニウム	Nh	(278)
114	フレロビウム	Fl	(289)
115	モスコビウム	Mc	(289)
116	リバモリウム	Lv	(293)
117	テネシン	Ts	(293)
118	オガネソン	Og	(294)

†：市販品中のリチウム化合物のリチウムの原子量は 6.938 から 6.997 の幅をもつ。
*：亜鉛に関しては原子量の信頼性は有効数字 4 桁目で ± 2 である。

©2017 日本化学会　原子量専門委員会